BIBLIOTHÈQUE AGRICOLE

TRAITÉ

DE

ZOOTECHNIE

PAR

ANDRÉ SANSON

PROFESSEUR DE ZOOLOGIE ET ZOOTECHNIE
A L'ÉCOLE D'AGRICULTURE DE GRIGNON
ET A L'INSTITUT NATIONAL AGRONOMIQUE

TOME III

ZOOLOGIE ET ZOOTECHNIE SPÉCIALES
ÉQUIDÉS CABALLINS ET ASINIENS

Troisième édition, revue et corrigée.

PARIS

LIBRAIRIE AGRICOLE DE LA MAISON RUSTIQUE

26, RUE JACOB, 26

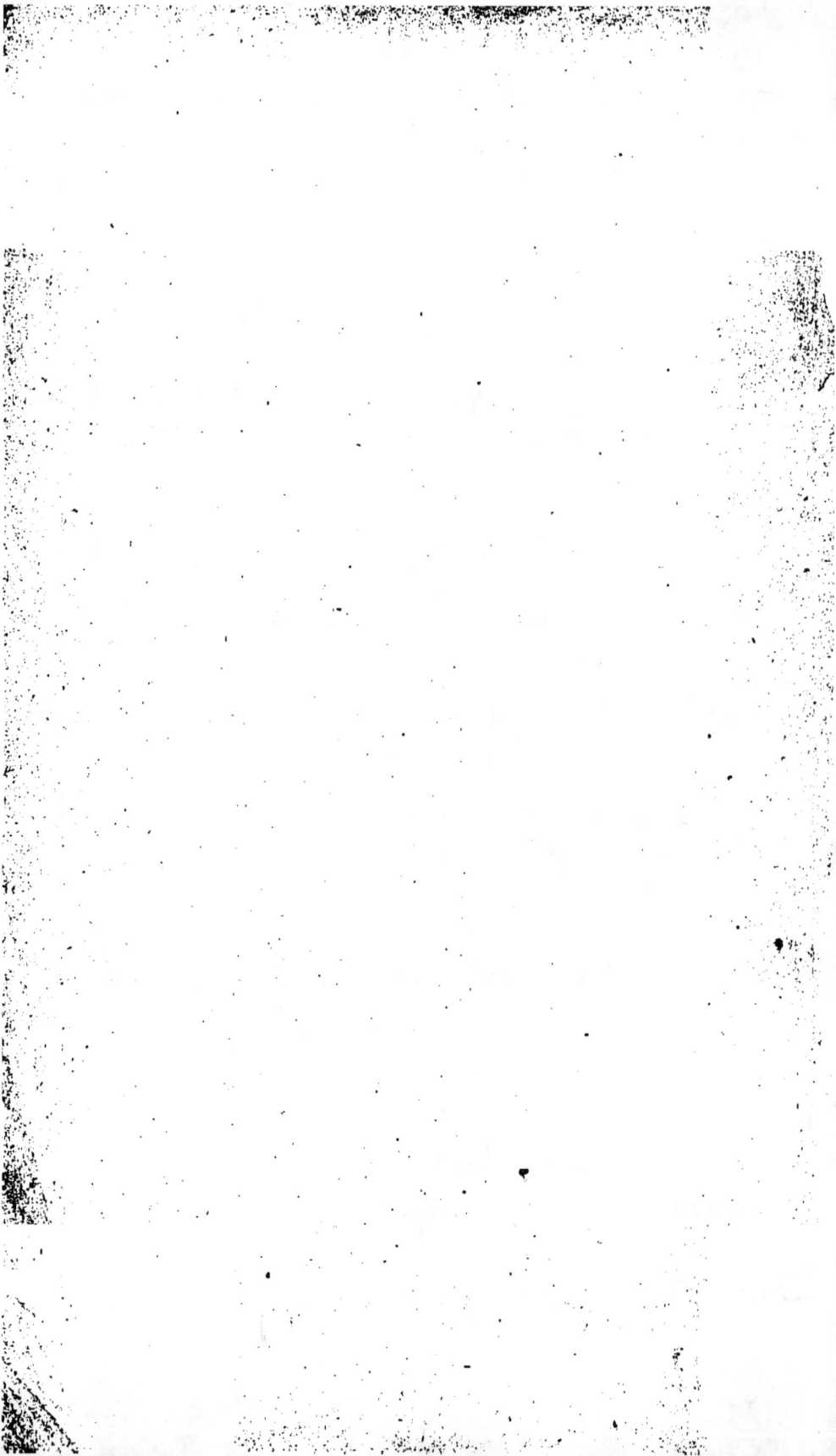

TRAITÉ

DE

ZOOTECHNIE

IMP. GEORGES JACOB, — ORLÉANS.

BIBLIOTHÈQUE AGRICOLE

TRAITÉ

DE

ZOOTECHNIE

PAR

ANDRÉ SANSON

PROFESSEUR DE ZOOLOGIE ET ZOOTECHNIE
A L'ÉCOLE NATIONALE DE GRIGNON
ET A L'INSTITUT NATIONAL AGRONOMIQUE

TOME III

ZOOLOGIE ET ZOOTECHNIE SPÉCIALES
ÉQUIDÉS CABALLINS ET ASINIENS

Troisième édition, revue et corrigée

(2e tirage)

PARIS

LIBRAIRIE AGRICOLE DE LA MAISON RUSTIQUE

26, RUE JACOB, 26

1888

TABLE DES MATIÈRES

DU TOME III

CHAPITRE I. — FONCTIONS ÉCONOMIQUES DES ÉQUIDÉS.

Énumération............ 1
Condition économique de la production chevaline. 2
Condition économique de la production asine et mulassière............. 4
Résumé 8

CHAPITRE II. — RACES CHEVALINES BRACHYCÉPHALES.

Détermination pratique du type spécifique......... 9
Race asiatique 10
Caractères spécifiques 10
Caractères zootechniques généraux 11
Aire géographique 12
Variété arabe 13
Variété anglaise de course. 16
Variété des landes de Bretagne................. 26
Variété du Limousin...... 28
Variété de l'Auvergne 29
Variété des landes de Gascogne 30
Variété de la Navarre..... 31
Variété andalouse 33
Variété de l'Aude......... 33
Variété de la Camargue... 34
Variété de la Corse....... 34
Variété de la Sardaigne... 35
Variété du Frioul......... 35
Variété du Morvan........ 35
Variété d'Alsace-Lorraine. 36
Variété de Trakehnen et de la Prusse orientale 37
Variété du Wurtemberg .. 39

Variétés russes 42
Trotteurs d'Orloff 43
Variétés hongroises 44
Race africaine 46
Caractères spécifiques 46
Caractères zootechniques généraux 47
Aire géographique 47
Variété barbe ou berbère.. 53
Race irlandaise.......... 55
Caractères spécifiques 55
Caractères zootechniques généraux 56
Aire géographique........ 56
Variété des poneys 57
Variétés bretonnes 58
Variétés de Shetland...... 59
Race britannique. 60
Caractères spécifiques.... 60
Caractères zootechniques généraux 61
Aire géographique 61
Variétés de Suffolk, de Norfolk, de Cambridge et de Lincoln................ 63
Variétés boulonnaises..... 64
Variétés cauchoises 66

CHAPITRE III. — Races chevalines dolichocéphales.

Race germanique........	69
Caractères spécifiques	69
Caractères zootechniques généraux	70
Aire géographique........	70
Variétés allemandes	73
Variété normande.	77
Variété comtoise........	78
Variété italienne	78
Race frisonne	79
Caractères spécifiques	79
Caractères zootechniques généraux..............	79
Aire géographique	80
Variété hollandaise.......	82
Variétés flamande et picarde..............	83
Variété clydesdale........	84

Variété poitevine........	87
Race belge..............	89
Caractères spécifiques	89
Caractères zootechniques généraux	89
Aire géographique	90
Variétés du Brabant, de la Hesbaye et du Condroz .	91
Variété du Haynaut et de la province de Namur.....	91
Variété ardennaise	93
Race séquanaise........	94
Caractères spécifiques....	94
Caractères zootechniques généraux	95
Aire géograpique........	96
Variétés percheronnes....	98

CHAPITRE IV. — Populations chevalines métisses.

Caractères distinctifs des métis................	102
Métis anglais............	104
Métis anglo-normands	112
Métis anglo-bretons	119

Métis anglo - poitevins et saintongeois	120
Métis anglo-danois et allemands................	121

CHAPITRE V. — Races asines.

Distinction des ânes et des chevaux	125
Espèces de races asines...	130
Race d'Afrique	130
Caractères spécifiques	130
Caractères zootechniques généraux	131
Aire géographique........	132
Variété égyptienne	134
Variété commune........	135

Race d'Europe...........	136
Caractères spécifiques	136
Caractères zootechniques généraux..............	137
Aire géographique........	137
Variété commune	139
Variété de la Gascogne, de la Catalogne et de l'Italie.	140
Variété du Poitou	140

CHAPITRE VI. — Mulets et bardots.

Caractéristiques.........	144
Variétés de mulets	148

CHAPITRE VII. — Production des équidés.

Méthodes de reproduction. 153
Sélection zootechnique des équidés. 168
Méthode d'examen des formes 172
Cheval de selle. 197
Cheval carrossier. 204
Chevaux de trait 207
Anes 212
Pratique de la monte. 214
Régime des étalons. 222
Régime des mères en gestation 226
Parturition. 232

Allaitement. 244
Sevrage 245
Régime depuis le sevrage jusqu'à l'âge de dix-huit mois 247
Castration 252
Ferrure. 255
Régime à partir de l'âge de dix-huit-mois. 258
Maladies des jeunes équidés. 271
Bases financières de la production. 272

CHAPITRE VIII. — Institutions hippiques.

Définition. 276
Utilité. 277
Etalons nationaux 280
Etalons départementaux ou provinciaux. 284
Etalons approuvés. 286
Etalons autorisés. 287

Primes d'encouragement . 287
Courses. 288
Courses plates. 290
Courses d'obstacles. 297
Courses au trot 298
Concours et expositions. . . 299
Remontes militaires. 302

CHAPITRE IX. — Production et exploitation de la orce motrice.

Aptitude mécanique des équidés. 310
Travail total et travail disponible. 315
Modes du travail 318
Aptitudes spéciales. 321
Rendements comparatifs. . 332
Calcul du travail 342

Alimentation des équidés moteurs 348
Calcul des rations. 358
Composition des rations. . 363
Conduite des moteurs 370
Appareillement des moteurs 374

FIN DE LA TABLE DES MATIÈRES DU TOME TROISIÈME

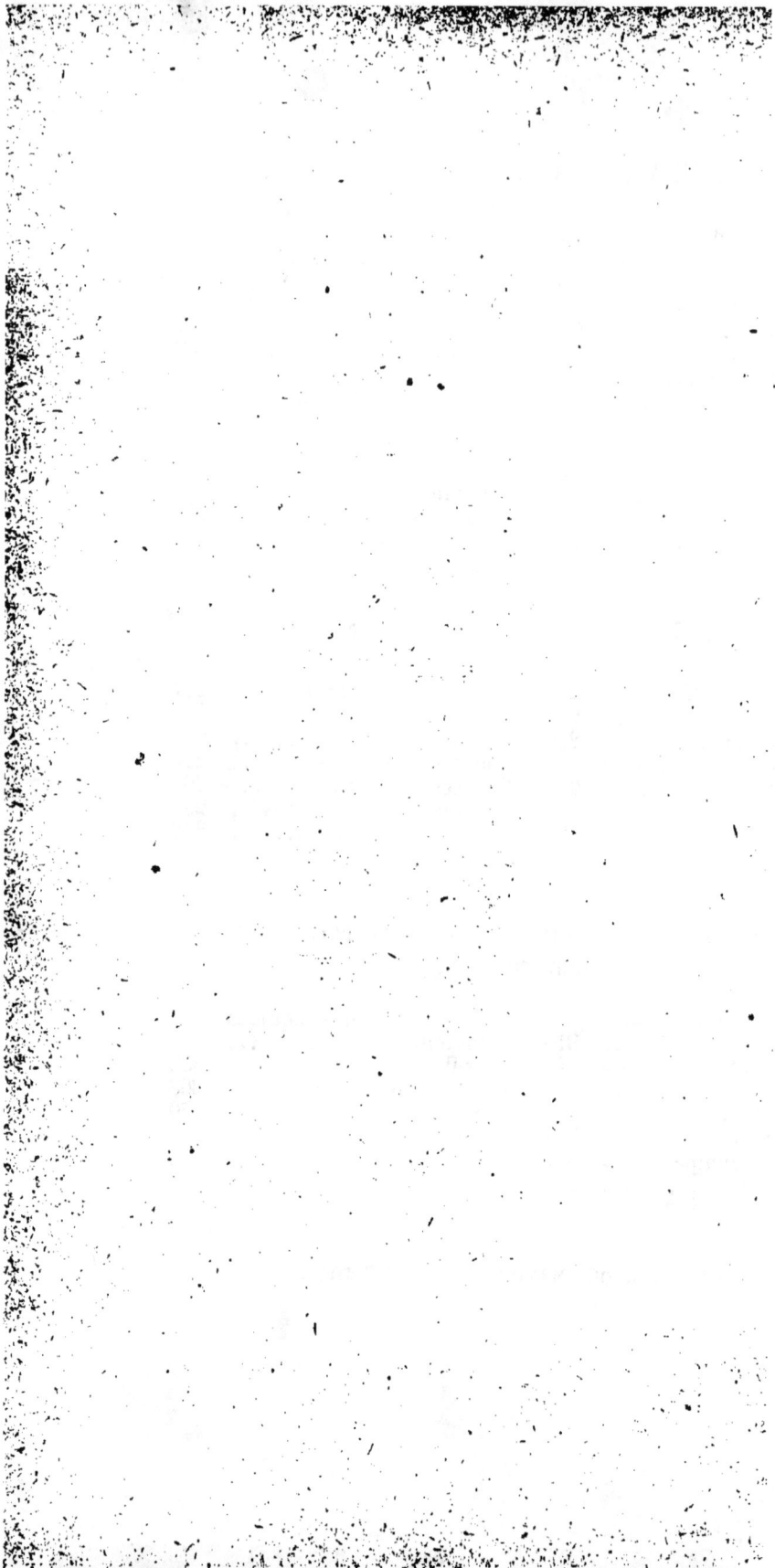

ZOOTECHNIE

ÉQUIDÉS CABALLINS ET ASINIENS

CHAPITRE PREMIER

FONCTIONS ÉCONOMIQUES DES ÉQUIDÉS

Énumération. — Les Équidés n'ont qu'une seule fonction économique à remplir, mais ils l'exercent suivant
des modes divers. Quelque développement que puisse
prendre la consommation de leur chair, comme moyen de
subsistance, il est certain que dans les sociétés civilisées l'hippophagie ne sera jamais qu'un faible accessoire.

Dans ces sociétés, les chevaux sont des moteurs animés. A ce titre, ils ont pris une part si considérable aux
conquêtes de l'homme sur l'espace et sur le temps, que
leur propre histoire se mêle étroitement à celle de la civilisation (1). Il n'y a point lieu de s'étonner qu'ils aient été
si souvent chantés par les poètes. Le cheval est à coup
sûr le plus puissant instrument de progrès, l'auxiliaire

(1) Voyez C.-A. Piétrement, *Les chevaux dans les temps préhistoriques et historiques*. 1 vol. grand in-8° Paris, Germer-Bail-
lière, 1883.

le plus efficace dont l'humanité ait pu se servir dans l'accomplissement de son œuvre d'expansion. L'homme n'a véritablement conquis l'espace qu'à dater de l'instant où le cheval a mis à son service la vélocité de ses jambes, en se ralliant à lui.

En raison de sa taille, du volume de sa masse et de la vitesse de ses allures, le cheval est propre à porter un cavalier ou à traîner un fardeau plus ou moins lourd. De là, dans son emploi pour nos besoins, les deux modes génériques du transport à dos et de la traction, celui-ci se divisant en plusieurs espèces, d'après l'allure, le genre de véhicule et le poids traîné.

Il en résulte réellement cinq fonctions distinctes pour les Équidés : le service de *selle*, qui consiste à porter le cavalier à toutes les allures; celui du *bât*, ou de *bête de somme; l'attelage* de service ou de luxe, qui consiste à traîner, aux allures vives, un véhicule léger portant un petit nombre de personnes; le *trait léger*, avec lourd véhicule et forte charge traînés aux allures vives; enfin le *gros trait*, avec véhicule et charge encore plus lourds, mais lentement traînés.

Le cheval d'attelage, dit encore carrossier, cheval de tilbury, de phaéton, de coupé, etc., et le cheval de trait léger, vont habituellement au trot; le cheval de gros trait ne marche qu'au pas.

Certains individus se prêtent indifféremment, dans une certaine mesure, à ces divers modes d'emploi de leur force motrice, et l'on observe même qu'ils y sont utilisés. Mais c'est en cela seulement qu'apparaît bien la portée de la loi des fonctions spécialisées, réduite à ses justes limites. Là, il est évident que l'intensité du service, de la somme de travail obtenue, est en rapport direct avec l'aptitude naturelle. A chaque fonction des Équidés correspond exactement une forme particulière de l'espèce, ce qu'on appelle une conformation.

Condition économique de la production chevaline. — Il ne fallait pas être doué d'une bien grande dose de perspicacité pour s'apercevoir, encore tout récemment, que les tendances économiques actuelles ne seraient pas précisément favorables à l'extension de la demande des chevaux de selle, par conséquent que l'industrie de leur production devrait songer à restreindre ses limites plutôt qu'à les étendre ; que le cheval de selle ayant à remplir, en dehors des besoins militaires, plutôt une fonction d'agrément et de luxe qu'un service appréciable en chiffres, sa valeur se fondait plus sur les qualités brillantes que sur les qualités solides. La remonte de la cavalerie toute seule n'aurait jamais, jusqu'à ces derniers temps, pu entretenir une industrie sérieuse, les ressources de son budget ne lui permettant pas de lutter contre celles du commerce de luxe, dont elle ne pouvait avoir que les rebuts.

Depuis que les conditions politiques de l'Europe l'obligent à se tenir toujours prête à mobiliser du jour au lendemain des armées nombreuses, la situation a beaucoup changé. L'organisation de ces armées comporte une cavalerie légère aussi forte que possible. En conséquence, il y a de ce côté, pour la production des chevaux de selle, un débouché considérable et assuré. Ce débouché deviendra avantageux à dater du moment où l'administration militaire aura compris que son devoir est de conformer sa conduite aux lois économiques, de subir la condition générale du commerce pour se procurer les chevaux dont elle a besoin, au lieu d'avoir recours à des combinaisons artificielles dont l'inefficacité ne laisse plus aucun doute (1).

Il n'en est pas autrement pour le cheval carrossier, pour celui de trait léger et pour celui de gros trait. L'activité des affaires, la facilité et la rapidité des communications, à mesure qu'elles s'accroissent et rendent plus multiplié le trafic des personnes et des choses, ne font qu'apporter à ces divers modes de la fonction du moteur animé de nouveaux aliments et accroître ainsi sa valeur. On ne peut donc manquer de trouver, dans la situation générale, des conditions favorables à son placement. Mais il n'en

---

(1) Voy. A. SANSON, *La production des chevaux de guerre. Réforme économique*, 15 mai 1877, p. 353.

est pas moins nécessaire d'envisager cette situation au point de vue des conditions locales de débouché plus ou moins proche, qui découlent normalement des aptitudes naturelles ou agricoles. Il y a toujours danger de fausse spéculation à innover en ce genre, autrement que pour ce qui concerne les procédés de fabrication. Le plus sage est de faire ce que fait le plus grand nombre autour de soi, sauf à le faire mieux.

En tous cas les individus les plus avantageux à produire ou à élever sont toujours ceux qui représentent une marchandise de vente courante et un capital plus fréquemment renouvelé.

Pour les chevaux de trait, de même que pour les chevaux de selle, les nouvelles conditions militaires ont apporté un stimulant de plus. Les grandes armées exigent maintenant une artillerie aussi nombreuse que formidable, dont la traction nécessite des moteurs animés en abondance. Il en est ainsi pour les trains de toute sorte. En outre, pour la France en particulier, l'exportation des chevaux de trait s'est beaucoup développée. Dans les cinq années qui ont suivi la guerre de 1870-71, elle a atteint une moyenne d'environ 20,000 chevaux par an, tandis qu'auparavant elle ne dépassait guère 2,000. A l'extérieur comme à l'intérieur, le débouché va donc grandissant pour l'ensemble de la production chevaline française, et les prix de vente ne cessent pas de hausser.

Condition économique de la production asine et mulassière. — Considérée au point de vue spécial qui doit surtout être le nôtre ici, la fonction économique la plus générale de l'âne est celle de bête de somme.

L'âne étalon, appelé *baudet*, en remplit une autre fort importante, particulièrement en France, en Espagne et en Italie. Les belles mules du Poitou qu'il engendre atteignent, avant l'expiration de leur première année, une valeur qui n'est pas moindre de 600 à 800 fr. Et comme, dans l'industrie, les facteurs sont toujours estimés suivant les services qu'ils rendent, évalués en écus sonnants, l'étalon qui procure de tels résultats ne peut manquer d'être lui-même l'objet d'attentions toutes particulières.

Le cours moyen des jeunes baudets est en Poitou de 1,500 à 2,000 fr. On en a vu atteindre jusqu'à 10,000 et 15,000 fr. C'est fort loin, assurément, de l'âne commun, du modeste et infatigable travailleur dont on ne dira jamais tout le bien qu'il mérite. Celui-là, pauvre hère méprisé, ne se vend que dans des cas fort exceptionnels au-dessus de 30 à 40 fr. Pour valoir 100 fr., il faut qu'il soit de la très-grande espèce. Si sa valeur avait équitablement pour base ses services réels, plutôt que le cas qu'on en fait, suivant l'inexorable loi économique, certes, nous n'aurions pas à constater des chiffres si inférieurs. Mais il ne faut voir là qu'une nouvelle preuve de l'iniquité des jugements humains. L'âne n'a pas encore profité de l'émancipation du travailleur, de la glorification du travail, que l'égalité politique contient et que le triomphe du suffrage universel, dans les sociétés humaines, est en train de réaliser. Sterne a célébré les vertus de l'âne. Il y aurait de quoi le rendre fier. Mais parmi ses vertus il a surtout la modestie et la patience. Qu'il compte sur la justice. Son heure arrivera.

Comme animal travailleur, ses aptitudes, ses mérites, sont, eu égard à sa taille et à sa corpulence, considérables. L'âne est en énergie et en puissance nerveuse, en tempérament, supérieur au cheval. Il lui est surtout supérieur comme tenacité au travail, comme résistance à la fatigue, comme *endurance* et comme sobriété. Ce sont là des vertus de tempérament : il a moins de besoins.

En combinant, mais dans des proportions fort inégales, les aptitudes de l'âne et celles du cheval, on a les aptitudes des produits croisés qui résultent de l'accouplement des deux espèces, et notamment du mulet.

Le mulet, par ses qualités particulières, tient plus de l'âne que de sa mère. Il en a la patience, l'énergie et la sobriété ; il en a le tempérament. On n'en peut douter surtout en le comparant aux grosses juments molles et fortes mangeuses du Poitou, dont il dérive. Rien n'est plus opposé que ne le sont, dans ce cas, les deux reproducteurs. Quant à ses fonctions économiques, à lui, elles sont de tout point celles des espèces chevalines, sans en excepter la monture et l'attelage de luxe, dans certains pays, en Espagne, par exemple; de plus, le mulet est comme l'âne une bête de somme, dans les localités montueuses et dans celles qui ne sont pas encore pourvues de bons chemins. Leur nombre va, fort heureusement, toujours diminuant. Il porte à dos aussi sur les champs de bataille, les blessés en litières et en cacolet, sous la conduite des modestes et si méritants soldats du train, que l'on estime moins parce qu'ils ne tuent personne, lorsqu'ils n'ont point à défendre leur propre vie, et qu'ils se bornent à porter secours à tous ceux qui en ont besoin.

Quant au bardot, l'emploi de sa fonction économique comme moteur animé est restreinte à quelques localités de la Sicile, où il est surtout utilisé pour le transport des produits des mines de soufre sur les chemins escarpés des montagnes. Il n'est d'ailleurs produit et exploité que par les pauvres gens, étant inférieur au mulet à cause de sa taille toujours plus petite. Dans les autres parties de l'Europe, sa production n'est qu'accidentelle et par conséquent tout à fait exceptionnelle.

Quoi qu'il en soit, les conjonctures économiques sont extrêmement favorables pour la production des mulets dans nos régions de l'Europe méridionale pour lesquelles ils présentent, en raison de leur tempérament, des avantages considérables. En Italie, ils forment environ la moitié de la population équine. La dernière statistique montre qu'il y a dans la péninsule à peu près autant de mulets que de chevaux. En Espagne, il y en a davantage. Aux États-Unis, leur nombre, qui était en 1873 de 1,310,000, est passé en 1876 à 1,339,350, ce qui indique une demande très-rapidement croissante. Dans les foires spéciales de notre Poitou, les acheteurs sont, d'après Ayrault (1), des Béarnais, des Languedociens, des Dauphinois, des Auvergnats, des Piémontais, des Sardes, des Espagnols et des armateurs de Nantes qui, dit l'auteur,

(1) Eug. AYRAULT, *De l'industrie mulassière en Poitou*, p **8.** In-18, Niort, L. Clouzot, 1867.

« portent au delà des mers le nom et la spécialité de notre province. »

Tous ces acheteurs donnent toujours aux mules la préférence sur les mulets. Ils les paient beaucoup plus cher. Les gens qui veulent absolument tout expliquer n'ont point manqué d'en donner des raisons, dont aucune ne saurait satisfaire quiconque ne se contente point de suppositions. L'hypothèse la plus vraisemblable est que l'ancienne étiquette de la cour pontificale s'opposant à ce que des animaux mutilés soient attelés au carrosse du pape, l'indocilité des mulets entiers a fait adopter les mules pour cet usage, et que les grands d'Espagne et d'Italie s'y sont conformés, ce qui a établi la mode et fait hausser le prix des mules, plus demandées.

Une si grande concurrence d'acheteurs, venus de tant de points différents, ne peut manquer d'assurer la prospérité d'une industrie. Aussi celle de la production des mulets est telle que pendant longtemps, chez nous, une administration maladroite, préoccupée des dangers imaginaires qu'elle faisait courir à la production chevaline, en vue de la remonte de l'armée, s'est appliquée à combattre son extension par tous les moyens dont elle pouvait disposer. Tous ses efforts étant vains, elle y a enfin renoncé. L'administration de la guerre, de son côté, s'est décidée à utiliser des mulets, d'abord pour l'armée d'Algérie, puis pour celles de l'intérieur, en sorte qu'à ce point de vue comme à plusieurs autres, la condition économique de la production des mulets nous fournit des exemples qu'il sera bon de prendre en considération et sur lesquels nous reviendrons en temps opportun.

Le plus topique est celui de la puissance, de la vitalité que procure un débouché des produits toujours assuré et toujours avantageux, puissance et vitalité telles que toutes les ressources et toutes les combinaisons artificielles viennent échouer contre elles, comme ces combinaisons se montrent également impuissantes à les faire naître, lorsque les conditions de ce débouché n'existent pas. Il est vraiment surprenant que des faits si évidents ne soient pas encore parvenus à convaincre même ceux dont les efforts se sont usés à lutter contre eux. Ils n'ont pas, apparemment, ce qu'il faut pour profiter des enseignements de l'expérience.

Résumé. — En somme, on voit que, pour les besoins de l'industrie comme pour ceux des services militaires, la demande est aujourd'hui très-active à l'égard de toutes les espèces d'Équidés. Avec le développement croissant des transactions chez toutes les nations européennes et américaines, l'emploi des moteurs animés dont il s'agit ici ne peut que s'étendre encore davantage. L'avenir est donc assuré aux producteurs, aussi bien que le présent, pour le placement de leurs produits.

Nous verrons ultérieurement la condition fâcheuse qui leur est faite par des circonstances artificielles pour quelques-uns de ces produits, tandis que celle qui résulte du libre fonctionnement des lois économiques est au contraire on ne peut plus favorable. Quant à présent, il suffit de constater que la fonction économique des Équidés, dans ses divers modes, trouve des emplois de plus en plus étendus, qui leur garantissent des débouchés sans cesse grandissant. On peut conséquemment engager sans crainte ses capitaux dans l'industrie de leur production.

CHAPITRE II

RACES CHEVALINES BRACHYCÉPHALES

Détermination pratique du type spécifique. — Pour appliquer sûrement les lois de classification que nous avons dégagées (t. II, p. 114), les commençants surtout ont besoin d'être guidés. Il faut tirer des études crâniologiques complètes, des études de laboratoire, une méthode simple, suffisante pour la pratique courante, et qui soit à la portée de tout le monde. Étant donné un individu quelconque, cette méthode doit permettre, à la simple vue, et à la condition d'une certaine dose d'attention, de le rattacher à sa race naturelle. Chez les Équidés, c'est en vérité chose facile, les caractères distinctifs des types spécifiques étant toujours très-tranchés.

Nous savons que ces caractères sont fournis par les formes de la tête osseuse, dont aucune des principales ne nous est cachée, sur le sujet vivant, par des parties molles.

Il s'agit de déterminer d'abord l'indice céphalique, afin d'éliminer tout de suite les types de l'autre groupe que celui auquel l'individu appartient et de rétrécir ainsi le champ de la recherche ultérieure. Il est clair que si l'indice est, par exemple, celui d'un brachycéphale, par cela seul il ne peut plus être question que de l'une ou de l'autre des quatre races connues du groupe, et non point de l'une quelconque des dolichocéphales.

Les distances qui séparent l'angle externe de l'œil de la base de l'oreille correspondante, et celle-ci de l'oreille opposée, ou l'épaisseur de la nuque, ou encore l'écartement des oreilles, fournissent pratiquement des indications approximatives suffisantes. Chez les brachycéphales,

ces distances sont à très-peu de chose près égales au plus ;
chez les dolichocéphales, au contraire, elles sont nettement toujours très-différentes, et celle de l'œil à l'oreille
est beaucoup plus grande. Les deux oreilles paraissent
rapprochées l'une de l'autre.

Pour distinguer ensuite entre elles les races de même
type céphalique, ce sont les formes des os de la face qui
fournissent des caractères sûrs. Il n'y a pas deux races
dont les types présentent à la fois, avec le même indice
céphalique, les mêmes formes des frontaux, des sus-
naseaux ou du chanfrein, des lacrymaux, et la même direction des petits sus-maxillaires ou de l'os incisif. C'est
dans l'ordre de leur énumération qu'il faut les examiner
invariablement, pour arriver ainsi, d'élimination en élimination, à une diagnose certaine. L'expérience de l'enseignement a montré que la méthode ainsi simplifiée est
d'une application on ne peut plus facile, à la condition
qu'on ait au préalable des connaissances suffisantes sur
l'anatomie du squelette de la tête.

Dans les descriptions qui vont suivre, il ne sera donc
point question ni de crâniologie, ni de crâniométrie complètes des types de race. Nous nous bornerons à ce qui
est suffisant pour les besoins de la pratique usuelle des
déterminations spécifiques. Nous négligerons même d'indiquer, à propos de chaque race, l'indice céphalique. Du
moment que nous réunissons sous le titre commun de
leur type celles qui ont des indices de même ordre, il serait superflu de répéter ceux-ci. Il demeurera entendu
que les races décrites dans le présent chapitre sont toutes
brachycéphales, comme seront dolichocéphales toutes
celles décrites dans le suivant. Nous suivons l'ordre
adopté dans notre classification.

RACE ASIATIQUE (*E. C. asiaticus*).

Caractères spécifiques. — Frontaux larges et plats
(vulgairement tête carrée); apophyses ou arcades orbitaires très-saillantes, dépassant de beaucoup le plan du
front; orbite grand; sus-naseaux rectilignes, en voûte

surbaissée et ployés à angle droit émoussé pour s'unir
aux lacrymaux et aux grands sus-maxillaires; lacrymaux
fortement déprimés dans leur partie faciale; branches du
petit sus-maxillaire formant avec la partie libre des sus-
naseaux un angle très-aigu; arcades incisives petites;
profil droit, dépassé par la saillie des arcades sourcil-
lières; face triangulaire, à base large, limitée par des
lignes nettement
tracées et courbes
à partir des orbites
jusque vers son
milieu (fig. 1).

Formule verté-
brale: cervicales 7;
dorsales 18; lom-
baires 6, dont les
apophyses trans-
verses croissent
régulièrement en
longueur jusqu'à la
quatrième, sont
larges, minces, net-

Fig. 1. — Type de la race asiatique.

tement séparées, celles de la première étant dirigées
obliquement en arrière, tandis que celles de la cinquième
et de la sixième, progressivement décroissantes, sont
obliques en avant, plus épaisses et contiguës, par leurs
bords, au moyen de larges facettes articulaires; sacrées
5 soudées ensemble de très-bonne heure; coccygiennes
en nombre variable.

Caractères zootechniques généraux. — La taille
ne dépasse qu'exceptionnellement 1m 50. Elle descend
souvent jusqu'à 1m 30 et au-dessous. La moyenne est d'environ 1m 40 à 1m 45, avec un corps svelte, élégant, vigoureux, une physionomie noble et fière, une crinière longue
et fine, des membres secs et dépourvus de crins, des sabots solides.

Dans son ensemble, la race présente des poils des
quatre couleurs habituelles aux Équidés; on y observe
toutes les robes; mais les diverses nuances de gris

prédominent; ensuite viennent les robes foncées, baies ou noires.

Cette race est celle des coursiers, des chevaux de guerre par excellence.

Aire Géographique. — La critique historique établit que la race du cheval asiatique a eu pour berceau le plateau central de l'Asie, qui aurait été aussi, selon la tradition biblique, celui du genre humain. De là, cette race s'est étendue, en vertu de sa loi naturelle d'abord, puis des migrations, des invasions et des transactions humaines, dans les cinq parties du monde, où nous la voyons maintenant former des populations plus ou moins nombreuses.

C'est cette vérité incontestable qui a pu faire croire aux observateurs superficiels, plus habitués à consulter leur propre imagination qu'à étudier les faits, qu'elle est l'unique souche de tous les autres chevaux connus.

Elle a été, d'après Piétrement (1), domestique d'abord dans l'Aryane primitive (Asie centrale), à une époque que les *Védas*, l'*Avesta*, nous font présumer; vers l'Occident, elle a suivi d'abord les migrations des Aryas qui nous ont apporté l'usage des métaux, et qui, d'après quelques archéologues, auraient marqué la trace de leurs plus anciennes marches par la construction des monuments mégalithiques. Ce sont ces peuples qui, évidemment, ont appris aux Occidentaux l'usage du cheval comme moteur.

A des époques moins éloignées, elle est passée de la Perse dans la vallée du Nil, en Syrie, puis en Arabie (dont elle a pris le nom pour des raisons que nous verrons), dans les États barbaresques, en Grèce, en Italie, en Turquie, dans le Caucase, en Russie méridionale et en Hongrie; enfin, sous l'empire de l'expansion musulmane, en Espagne et dans le midi de la France avec les Sarrazins. Au Moyen âge, les croisades, en mêlant l'Occident à l'Orient dans un vaste conflit, ont contribué pour leur part à l'introduction de nouveaux chevaux orientaux,

(1) Voyez C.-A. PIÉTREMENT, *Les chevaux*, etc., *loc. cit.*

ramenés par nos chevaliers croisés pour en multiplier dans leurs châteaux la race jugée incomparable.

Plus tard, et à mesure que les transactions avec les peuples d'Orient devinrent moins difficiles, par la diminution du fanatisme religieux, les Anglais, les premiers, s'appliquèrent à s'approprier le type qu'ils ont fait rayonner ensuite sur tout le continent européen, en Amérique, et jusque dans l'Inde et en Australie. Les Espagnols l'avaient eux-mêmes introduit dans l'Amérique méridionale, lorsqu'ils eurent découvert le Nouveau-Monde.

De toutes les races, celle du cheval asiatique a donc évidemment l'aire géographique la plus étendue. C'est à ce point qu'il serait bien impossible de lui tracer des limites bien déterminées (1). En même temps que ce cheval est resté le coursier des peuples les plus primitifs de son pays d'origine, il est devenu partout le moteur le plus luxueux, chez les nations les plus civilisées, qui font des efforts constants pour le maintenir et le reproduire à l'état de pureté, ou pour améliorer à son aide leurs populations chevalines indigènes.

Après tant de migrations purement ethnogéniques ou voulues, on ne saurait être surpris en constatant que la race a donné naissance à de nombreuses variétés, différant surtout entre elles par la taille et par l'élégance des formes corporelles, dépendant à la fois du climat, de la fertilité du sol et de l'état de civilisation des populations humaines au milieu desquelles elles se reproduisent, par conséquent des soins plus ou moins éclairés qu'elles reçoivent. De ces variétés, nous ne décrirons que les principales avec quelque détail, nous bornant à indiquer les autres, à cause de leur moindre intérêt pour les lecteurs européens.

Variété arabe. — Sous le nom de chevaux arabes, on

---

(1) C'est pourquoi, dans la *Carte zootechnique* que nous avons dressée pour notre enseignement à l'école de Grignon, nous nous sommes borné au tracé de son aire naturelle, indiquant par des marques de même teinte sa dissémination sur toutes les autres parties de l'Ancien continent.

confond en Europe plusieurs variétés réellement distinctes
de la race asiatique, et notamment les variétés persane
et syrienne. On confond même généralement encore les
sujets d'une autre race brachycéphale que nous décrirons
plus loin et qui se trouvent dissiminés, un peu partout,
au milieu des populations chevalines d'origine orientale.
Pour les besoins de la pratique, il n'y a pas d'inconvénient bien sensible à se conformer aux usages linguisti-
ques et à conserver ici un nom dû à ce que les aptitudes
de ces chevaux ont été développées par le régime auquel
les guerriers arabes ou sémites les ont soumis depuis
une époque peu antérieure au commencement de l'ère
chrétienne, date historique de leur introduction dans la
péninsule arabique et n'impliquant point, par conséquent,
une question d'origine. Avant cette date, l'Arabie ne nourrissait point de chevaux, mais seulement des chameaux.

Les principaux centres de production des plus beaux
sont maintenant en Perse et en Syrie, surtout en Syrie.
C'est de là que se tirent les étalons les plus estimés. On
les nomme syriens pour les distinguer des autres arabes.
Mais la variété peuple actuellement tous les pays musulmans de l'Asie, de l'Afrique et de l'Europe, depuis la
Perse jusqu'au Maroc, en passant par l'Arabie, l'Égypte,
la Turquie et l'Algérie française. C'est de l'un ou de l'autre
de ces pays qu'ils ont été importés, à diverses époques,
dans l'Europe occidentale.

Le cheval arabe pur de toute alliance hétérogène est le
type achevé de la beauté artistique ou idéale dans son
espèce. Nulle part ailleurs ne se trouve mieux réalisé
l'ensemble harmonique de toutes les régions du corps.
Le physique et le moral, tout est supérieur en lui : il a la
noblesse et la grâce unies à la vigueur. Il réalise souvent
le modèle achevé du cheval de selle. Sa physionomie
(fig. 1) est la plus noble et la plus belle de toutes.

Ses naseaux sont larges, très-ouverts, ses lèvres
minces ; il a la bouche petite, les joues plates, les oreilles
petites, droites, écartées, très-mobiles : son œil, à fleur
de tête, a le regard vif et énergique ; sa physionomie est
à la fois douce et fière.

La taille varie, en Orient, entre 1m 45 et 1m 56, la moyenne se rapprochant plus du premier nombre que du second. La robe est le plus ordinairement d'un gris très-clair, mais les sujets de robe foncée, noire, baie ou alezane, ne sont cependant pas rares. Quant aux aptitudes de la variété, leur haut degré de perfection s'explique par le mode d'éducation auquel les sujets qui la composent sont soumis.

Le vrai croyant, défenseur de l'islam, ne connaît nécessairement d'autre vie que celle du guerrier. Il ne saurait être séparé de son cheval, instrument des anciennes conquêtes de sa race, comme son yatagan. Le coursier arabe fait partie intégrante de la famille; il est le compagnon aimé du musulman, l'agent principal de sa puissance, et il inspire aux poètes de la tente leurs chants les plus enthousiastes. Abd-el-Kader, l'émir des croyants, dont les poèmes nous ont été traduits, en fournit la preuve convaincante.

Il est donc naturel que le cheval arabe soit, de la part du maître, et dès sa naissance, l'objet d'attentions et de soins qui ne l'abandonnent jamais. Celui-ci n'y fût-il pas porté par son goût et par les habitudes de sa race, que l'intérêt ou l'instinct de sa propre conservation l'y pousserait. L'Arabe nomade ne se conçoit qu'à cheval. Avec les conditions naturelles du climat, dans ces soins de tous les instants se trouve l'explication des qualités qui font du cheval arabe le plus sobre, le plus rustique, le plus apte de tous les chevaux aux courses à la fois longues et rapides.

Il n'y a, sur aucun point du globe et dans aucune espèce, un animal plus complètement domestique que celui-là. Jeune poulain à la mamelle, en outre des caresses constantes de tous les habitants de la tente, il reçoit, en supplément du lait de sa mère, du lait de chamelle, et dès que ses dents peuvent les triturer, des rations d'orge concassée et ramollie, dont la quantité augmente à mesure qu'il grandit. Après le sevrage, qui s'opère pour ainsi dire naturellement, il paît les meilleures herbes autour de la tente, mais l'orge devient sa principale nourriture.

Dès que ses reins offrent assez de résistance, il porte le cavalier et commence les exercices gradués qui doivent le conduire à ce haut degré de puissance qu'il atteint à l'âge adulte. Monté d'abord par un enfant, pour de petites courses, il devient ensuite la monture de l'adolescent, puis de l'homme fait, du guerrier, ce qui est en quelque sorte une éducation mutuelle de l'homme et du cheval. Il est façonné peu à peu à endurer sans souffrance la soif et la faim, condition indispensable des hasards de la vie nomade. Et ce qui domine dans tous ces exercices, c'est la sollicitude constante dont ses membres, et surtout ses articulations, sont l'objet pour leur éviter les accidents qui pourraient en altérer l'intégrité.

Variété anglaise de course. — Le cheval anglais de course (*the Race-Horse*) est aussi appelé « pur sang. »

On considère à tort les chevaux de course comme formant une race distincte.

L'histoire sommaire de l'implantation du type asiatique en Angleterre peut être tracée en peu de mots.

Le premier étalon étranger dont l'introduction so't mentionnée dans les anciennes chroniques saxonnes est un cheval turc appelé *The White-Turk* (le turc blanc), acheté par Jacques Ier d'un sieur Place, qui devint plus tard, dit le chroniqueur, maître des haras d'Olivier Cromwell. Villiers, premier duc de Buckingham, introduisit ensuite *The Helmsley-Turk*, puis *Fairfax's Morocco*, étalon qualifié de barbe. Mais les historiens du *Race-Horse*, qui ont établi les généalogies de la tribu, ne tiennent guère compte de ces premières introductions et ne les font pas remonter si haut dans le temps. Le *Stud-Book* emprunte son premier document au commencement du dernier siècle seulement.

En tête du livre généalogique figure *Darley-Arabian*, étalon né en Syrie, et qui a joui d'une grande réputation. Parmi ses descendants immédiats on cite *Devonshire* ou *Flying-Childers*, père d'une longue lignée de *Flying* célèbres, *Bleeding* ou *Bartlett's-Childers*. Ces derniers ont eu pour descendants un autre *Childers*, *Blaze*, *Snaps*, *Sampson* et le fameux *Éclipse*, qui est resté le type du beau cheval de course et le plus renommé de tous par ses succès d'hippodrome et ses admirables proportions.

C'est plus de vingt ans après l'introduction de *Darley-Arabian* que lord Godolphin admit dans son haras le cheval rencontré dans les rues de Paris traînant un tonneau de porteur d'eau, qui est connu sous le nom de *Godolphin-Arabian*. On lui fait quelquefois l'honneur de le considérer comme le premier père, comme la souche de l'arbre généalogique des chevaux de course. C'est à tort, évidemment. Il mourut en 1753, âgé de vingt-neuf ans. Il ne devint célèbre, dit William Youatt, que par les mérites d'un de ses fils, *Lath*, l'un des premiers chevaux de son époque.

« *Wellesley-Arabian*, autre cheval étranger importé en Angleterre, était le type du beau cheval sauvage du désert. On n'a jamais, ajoute le même auteur, déterminé exactement quel était le pays de son origine. Ce n'était évidemment ni un parfait barbe, ni un parfait arabe ; il venait plutôt de quelque province voisine (pourquoi cette supposition ?), où, soit le barbe, soit l'arabe, peuvent acquérir une plus grande ampleur de formes. Ce cheval avait été importé par erreur comme un modèle supérieur d'Arabie, mais il a laissé peu de produits sur lesquels sa réputation puisse se fonder (1). »

On a sans doute fait déjà la remarque, dans l'énumération précédente, que le nom d'aucune jument n'y figure venant d'Arabie ou d'ailleurs. On n'a pas de preuve qu'en aucun temps, en effet, il en ait été introduit. Cette remarque a causé quelque embarras à certains partisans du pur sang, dont la pureté immaculée disparaît, selon eux, sous la moindre souillure. Elle ne saurait, pour notre compte, nous causer aucun souci, et nous n'avons nul besoin, pour expliquer scientifiquement le fait de l'établissement de la race en Angleterre, de supposer avec eux l'existence d'une population équestre tirée de l'An-

(1) W. Youatt, *Histoire du cheval anglais*, dans *The Horse*, Londres, 1846 ; traduction de H. Bouley, *Bibliothèque vétérinaire*. Paris, Labé, 1849.

dalousie par les conquérants normands, et amenée par ces derniers sur le sol britannique lors de la conquête. Ce n'est point avec des légendes, ou même avec des à peu près historiques, que l'on résout les questions d'histoire naturelle. Mais il se peut cependant que les juments d'Angleterre avec lesquelles on accoupla les premiers étalons introduits fussent elles-mêmes du type asiatique impatronisé par les migrations préhistoriques des aryas. Ce qu'on verra tout à l'heure au sujet des courses tendrait à le faire penser.

Quelle que fût la race des premières mères des chevaux anglais de course, il nous suffirait de savoir que les filles de ces mères ont été accouplées avec des étalons arabes, jusqu'au delà d'une quatrième génération, et que les opérations de reproduction ont toujours été accompagnées d'une sélection attentive, pour être assurés que bientôt après l'introduction de ces étalons, il n'y aurait plus eu dans leur descendance que des individus purs de leur race. Tel est infailliblement l'effet de la méthode de croisement continu, si elle a été exactement suivie.

Comment ces chevaux, avec les caractères typiques de leur race qu'ils ont nécessairement conservés (fig. 2), ont acquis ceux à l'aide desquels on les distingue des chevaux orientaux dont ils dérivent, c'est ce qu'il nous reste à examiner. Disons d'abord quels sont ces caractères.

Presque toujours plus haut de taille, le cheval anglais a les lignes du corps plus allongées, moins courbes

Fig. 2. — *Gladiateur*, cheval de course, vainqueur du grand prix de Paris, du derby anglais, etc.

que celles de l'arabe. Moins souple, moins élégant dans ses mouvements, il semble fait uniquement pour aller de l'avant. La gymnastique du galop de course a imprimé à la direction de ses fémurs une déviation devenue héréditaire, et sur laquelle nous avons le premier, vraisemblablement, appelé l'attention. Cette direction du fémur, qui est moins oblique pour une longueur égale, allonge la cuisse, redresse le coxal, élève la croupe et leur communique des formes qui sont tout à fait particulières au cheval anglais et à ceux de ses métis qui en ont hérité.

Enfin, plus volumineux que l'arabe dans toutes ses parties, il en diffère encore par sa robe, où le bai et l'alezan, avec leurs diverses nuances, sont dominants, sinon tout à fait exclusifs. Du reste, il a toute la noblesse, toute la distinction et toute la finesse de l'arabe, ainsi que sa vigueur et son énergie foncière, moins la rusticité et la sobriété que ne comporte point le régime d'après lequel il est élevé.

Les qualités spéciales de ce cheval sont évidemment le résultat de l'action combinée du climat britannique et de l'institution des courses, institution qui remonte bien au delà de l'introduction des étalons arabes plus haut nommés.

En effet, un récit de Fitz-Stephen, qui vivait au douzième siècle, montre que de son temps déjà des courses de chevaux étaient instituées à Smitfield, où il se faisait alors un grand commerce de ces animaux. L'auteur contemporain raconte d'abord les détails concernant les marchés hebdomadaires, qui se tenaient en ce lieu, puis les tournois auxquels y prenaient part les jeunes gens de la Cité, tous les dimanches de carême. « Ensuite, dit-il, la course commence, un cri se fait entendre, tous les chevaux communs doivent se retirer » (ce qui prouve qu'il en existait déjà de distingués). « Deux ou trois jockeys se préparent à se disputer le prix. Les chevaux eux-mêmes frémissent d'impatience sous le frein et s'agitent sans cesse. Enfin le signal du départ est donné : ils s'élancent, se précipitent et dévorent l'espace avec une rapidité sans pareille. Les jockeys, animés par le désir de la gloire et l'espérance du succès, poussent l'éperon dans les flancs de leurs ardents coursiers, brandissent leurs fouets et les excitent de leurs cris. »

Youatt, qui cite ce passage de Fitz-Stephen, y ajoute avec justesse : « Cette description animée, qui conviendrait encore aux courses de nos jours, fournit la preuve que, même avant l'introduction de la race orientale, les chevaux anglais étaient soumis à des épreuves de vitesse (1). »

Il serait bien difficile de ne pas reconnaître après cela, en vérité, que dès le douzième siècle l'Angleterre possédait des chevaux de course, ne pouvant pas appartenir à une race autre que l'Asiatique. C'est donc nécessairement avec des juments de course de cette race, que les étalons tirés d'Orient ont été accouplés.

Mais il n'en est pas moins avéré que l'institution régulière des courses ne date que du règne de Charles Ier. La promulgation des réglements qui les concernent est de la dernière année de celui de Jacques Ier. Elle est donc tout au plus contemporaine de l'introduction du premier étalon arabe, *The White-Turk*. C'était alors des épreuves det vitesse et de fond, qui firent bientôt multiplier le nombre des chevaux propres à les subir avec succès. Elles n'on pas été discontinuées depuis, et il est incontestable que les mérites particuliers des plus célèbres coureurs de l'Angleterre, inscrits au *Stud-Book*, sont dus au mode d'éducation qui leur est imposé pour les préparer aux exercices du turf, en un mot à l'entraînement méthodique, dont nous avons exposé les principes (t. II, p. 278).

C'est l'avis de Percivall. « La grande cause du succès que nous avons obtenu, dit-il, est dans la direction savante et persévérante imprimée à l'élève du cheval. C'est par là que je m'explique, ajoute l'hippologue anglais, non seulement que nous ayons trouvé une race primtive de qualité supérieure, mais encore que cette race ait été progressivement et incessamment perfectionnée dans ses produits par la nourriture, l'éducation et la sélection la plus scrupuleuse. Ces trois circonstances, la dernière surtout, ont exercé plus d'influence sur les qualités de la race que les caractères originels ou les attributs des

_____

(1) *Histoire du cheval anglais*, loc. cit.

parents. C'est en suivant cette marche que nous avons
successivement progressé du bon vers le meilleur, sans
perdre de vue les moyens accessoires, jusqu'à ce que
nous ayons enfin atteint dans la fabrication du cheval une
perfection que le monde ignorait avant nous (1). »

À part ce dernier trait de l'orgueil anglais, que mainte
défaite sur la terre d'Orient n'a point réussi à abattre, on
ne peut que souscrire au reste de l'appréciation. Mais il y
a lieu de dire aussi que, pour les mêmes motifs, le cheval
anglais est l'exacte expression du mode suivant lequel
l'institution des courses est pratiquée. S'il faut en croire
l'auteur de son histoire déjà plusieurs fois cité, ce mode
mériterait en Angleterre, depuis quelque temps, d'assez
vives critiques. Fort sévère dans l'appréciation qu'il
donne des coureurs de son époque, Youatt doit être cité
tout au long ici, parce que, non suspecte de partialité, sa
parole porte avec elle un enseignement dont tous les
éleveurs doivent profiter. On nous pardonnera donc, en
faveur de son importance, l'étendue de la citation, dans
laquelle ces coureurs sont comparés à ceux des anciens
temps.

« Que sont aujourd'hui, se demande William Youatt,
nos chevaux de course? Ils sont plus rapides, ce serait
une folie de le nier ; ils sont plus longs, plus légers,
encore bien musclés, quoique à cet égard ils aient perdu
beaucoup de leurs qualités d'autrefois. Ce sont des animaux aussi beaux qu'il soit possible de les désirer, mais
la plupart sont rendus avant que la moitié de la course
soit achevée, et sur quinze ou vingt, il n'y en a que deux
ou trois qui restent en pleine possession de leur énergie.

« Puis, que deviennent-ils une fois la lutte achevée?
Dans ces rudes courses des premiers temps, le cheval se
représentait dans l'arène sans qu'aucune de ses facultés
eût souffert la moindre atteinte, et dans une longue série
d'années il était prêt à entrer en lutte avec ses rivaux.

(1) PERCIVALL, *Leçon d'introduction au collège de l'Université
de Londres*, en 1854, citation de Youatt, dans *The Horse*, loc. cit.

Aujourd'hui une seule course comme celle du Derby rend le gagnant incapable de courir jamais, et cependant la distance est seulement de un mille et demi. Celle du Saint-Léger est encore plus dommageable pour le vainqueur, quoique la distance ne soit que de moins de deux milles.

« Aujourd'hui, lorsque la course est achevée et que quelques gros enjeux ont été gagnés, l'animal vainqueur est emmené de l'hippodrome les flancs déchirés par l'éperon, les côtes ruisselant de sueur, les tendons forcés, et c'est une chance rare si jamais plus on entend parler de lui ou si l'on y pense : il a rempli le but pour lequel on l'avait élevé, et tout est dit.

« Et par quelle aberration tout cela s'est-il accompli? Comment se fait-il que des hommes honorables et pleins d'habileté aient conspiré ensemble pour altérer le caractère du cheval de course et, par son influence, celui des races anglaises en général? Ce n'est pas le fait d'une conspiration ; c'est la conséquence de la marche naturelle des choses. Le cheval de course du commencement et même du milieu du dernier siècle était un puissant animal, aux formes élégantes, qui avait autant de vitesse qu'on en peut désirer, et qui joignait à cela une puissance d'action inépuisable. Celui qui élevait des chevaux pour le turf, à cette époque, pouvait avoir la conviction bien satisfaisante que l'animal avec lequel il espérait accomplir ses desseins rendrait en même temps d'utiles services à son pays; mais en se proposant de faire des chevaux capables de gagner des prix, il fut naturellement conduit à essayer d'ajouter un peu de vitesse à la puissance d'action. Cette tendance à *alléger* produisit *Mambrino*, *Sweet-Briar* et d'autres, qui avaient perdu un peu de la compacité (*compactness*) de leurs formes, qui étaient débarrassés d'une partie de leur *étoffe* (*coarseness*), mais sans avoir perdu de la capacité de leur poitrine, de la *musculation* développée et puissante de leurs membres, animaux dont la vitesse était certainement accrue, sans que leur vigueur fût en rien diminuée.

« Il n'appartient pas à la nature humaine d'être satisfaite, même de la perfection. On essaya si l'on ne pourrait pas obtenir encore plus de vitesse. On réussit, mais cette fois ce ne fut pas sans amoindrir dans un certain degré la puissance d'action. Tels furent, par exemple, *Shark* et *Grimcrack*, dans lesquels la vitesse fut augmentée un peu aux dépens de la force. Il est facile de se figurer maintenant quelle a dû être la conséquence dernière de ce système.

« Le grand principe étant d'obtenir de la vitesse, c'est aux conditions de la vitesse qu'on s'est principalement attaché dans le choix des reproducteurs, celles d'où dépend la force étant placées en seconde ligne.

« La conséquence de ce système a été la création d'un cheval aux formes allongées, aussi beau que ses prédécesseurs, sinon plus, mais laissant voir aux yeux du véritable connaisseur des muscles moins développés, des tendons moins saillants, un garot plus tranchant, mais recouvert de muscles moins puissants. La vitesse fut portée au degré le plus extrême qui ait jamais pu être rêvé; mais le fond, la force de résistance à la fatigue, l'*endurance*, furent incroyablement diminués. On ne tarda pas à en avoir la preuve. Ces chevaux de nouvelle création ne purent parcourir la distance que leurs prédécesseurs franchissaient avec tant de facilité. Les épreuves tombèrent de mode; on les qualifia avec trop de vérité, hélas! de *dures* et de *cruelles*, et force fut bien de raccourcir de moitié les distances consacrées aux épreuves ordinaires.

« Un tel résultat ne devait-il pas être suffisant pour convaincre les éleveurs de la marche vicieuse qu'il avaient suivie? Sans doute, pour peu qu'ils voulussent se donner la peine de réfléchir. Mais le moyen de réparer cette erreur? Comment retourner sur ses pas et en revenir à l'élément fondamental du bon cheval, la force, la puissance d'action, actuellement que l'élevage était poursuivi dans de faux errements? Et puis les courses de peu de longueur étaient devenues de mode; en deux ou trois minutes l'affaire était terminée; on échappait à ces longues heures d'incertitude qu'exigeaient nécessairement les sept ou huit épreuves de seconde main dans les luttes contestées. Et puis enfin, comment lutter contre la toute-puissance de la mode? Mais quelle force de résistance ont les chevaux? Aucune. On les a élevés pour la vitesse; on l'a obtenue. Les courses avec eux sont devenues populaires parce qu'elles sont très-courtes; elles ne comportent plus de marches alternées comme autrefois, si ce ce n'est pour les prix du roi. Ces courses royales auraient dû être réservées, dans l'intérêt et pour l'honneur du pays, à l'encouragement de l'élevage de l'ancien cheval d'une supériorité sans rivale. On aurait toujours ainsi le moyen de réparer les erreurs commises aujourd'hui par les principaux personnages du sport; et, en vérité, lorsque l'on considère l'état actuel du cheval de chasse et du cheval de route, on voit qu'il y a bien des raisons qui militent en faveur de ce retour vers les errements anciens.

« Il y a une conséquence particulière des courses de peu de longueur qui n'a peut-être pas été suffisamment prise en considération. Dans l'ancien système, les qualités réelles (*trueness*) et la force assuraient presque constamment le prix au cheval qui le méritait le mieux; mais avec les chevaux d'aujourd'hui et les courtes épreuves de deux ou trois cents yards auxquelles on les soumet, le jockey joue un rôle principal dans la lutte. Si les animaux sont à peu près d'égale force, tout dépend de lui. Pour peu qu'il ait confiance dans la force de son cheval, il peut distancer tous ses compétiteurs; ou bien, ménageant sa monture rapide, mais sans fond, jusqu'au dernier moment, il peut atteindre le poteau avec la vitesse d'une flèche avant que son rival ait eu le temps de rassembler son cheval pour lui faire faire le dernier effort.

« On ne saurait nier que la conscience qu'a le jockey de son pouvoir, et le compte qu'il sait être appelé à rendre de la manière dont il en aura fait usage, ont conduit à l'emploi de pratiques plus cruelles dans les courses de nos jours que dans celles des anciens temps.

« L'habitude développait dans le cheval d'autrefois le sentiment de l'émulation et celui de l'obéissance. Une fois la course commencée, il comprenait ce que lui demandait son cavalier, et il n'était pas nécessaire de recourir à l'usage du fouet ou de l'éperon pour le porter en avant s'il était capable de gagner.

Forester est une preuve suffisante de ce que nous avançons. Il avait gagné plusieurs courses rudement contestées ; mais un jour malheureux il entra en lice avec un cheval extraordinaire, *Éléphant*, appartenant à sir Jennisson Shaftoc. La distance à parcourir était de quatre milles, en ligne droite. Ils avaient franchi la partie plate du terrain, et se trouvaient sur le même niveau à la montée. A peu de distance du poteau, *Éléphant* ayant en ce moment un peu gagné sur *Forester*, ce dernier fit tous les efforts possibles pour recouvrer le terrain perdu ; mais voyant qu'ils étaient sans résultat, d'un bond désespéré il se rapprocha de son antagoniste et le saisit par la mâchoire pour le maintenir en arrière ; on eut beaucoup de peine à lui faire lâcher prise.

« Un autre cheval, appartenant à M. Quin, en 1753, se voyant dépassé par son adversaire, le saisit par un membre, et les deux jockeys furent obligés de descendre de cheval afin de séparer leurs montures.

« Les chevaux de nos jours ne sont pas animés de ce sentiment d'émulation et disposés à épuiser toutes leurs forces dans un suprême effort, et il faut, pour que leurs propriétaires puissent gagner le prix de la course, qu'ils soient cruellement excités par leurs cavaliers, jusqu'à extinction de leurs forces ; aussi arrive-t-il souvent qu'ils sortent de l'hippodrome estropiés pour la vie.

« C'est là une conséquence fatale du système actuel ; ce sont là les fonctions des jockeys de nos jours, fonctions qu'un certain nombre d'entre eux accomplissent avec une sorte d'orgueil ; mais un tel état de choses ne devrait pas être toléré, et le système dont il est l'expression devrait être promptement et radicalement réformé (1). »

La critique est dure. Qu'elle soit fondée pour ce qui concerne les chevaux de course de l'Angleterre, c'est ce

_____

(1) W. YOUATT, *Histoire du cheval anglais*, loc. cit., p. 250.

dont on ne saurait douter, en raison de l'autorité de
Youatt en ces matières ; mais on est bien obligé de reconnaître qu'elle ne l'est pas moins pour ceux de tous les
autres pays qui, en ce qui concerne les courses, ont
suivi aveuglément l'impulsion de l'Angleterre, dont ils
ont tout accepté, les modes, le langage, les bêtes et les
gens.

Les courses étant avant tout, en France et en Allemagne, comme en Angleterre, des occasions de jeu et
des spectacles publics, ce qui importe c'est d'arriver vite
au but. L'usage d'y faire figurer des chevaux de deux
ans se généralise de plus en plus, et l'on constate partout la disparition complète des grandes distances et
des courses en partie liée. Faible parcours, faible poids
à porter et gros enjeux à gagner, voilà ce qui domine les
courses actuelles.

Aussi, chez toutes les nations de l'Europe où il s'est
répandu, le cheval de course nous offre le spectacle d'une
élite peu nombreuse de sujets ayant résisté, par la perfection exceptionnelle de leur conformation et par la soli
dité de leur constitution, aux épreuves prématurées et
excessives que l'entraînement leur a fait subir ; le reste
n'est trop souvent composé que d'individus insuffisants,
aux membres faibles et tarés, d'une susceptibilité nerveuse irritable à l'excès, et dont la force de résistance
trahit de bonne heure l'énergique volonté.

Variété des landes de Bretagne. — La vieille terre
de Bretagne possède de temps immémorial une population chevaline d'une rusticité, d'une sobriété et d'une
vigueur à toute épreuve, d'un aspect sauvage comme ses
landes et ses halliers, qui se rattache en toute évidence
au type asiatique, et dont l'introduction en Occident remonte certainement jusqu'à l'époque des menhirs et des
dolmens.

Faire ici l'histoire détaillée de l'origine orientale du
cheval breton des landes nous entraînerait trop loin (1).

_____

(1) Voyez A. SANSON, _Les migrations des animaux domestiques._
Paris, 1872, dans _La Philosophie positive._

Le fait, d'ailleurs, n'étant pas contesté, toute discussion pourrait être à bon droit considérée comme superflue.

Le cheval armoricain est de petite taille, et on le lui a reproché. Du reproche aux tentatives pour faire disparaître son motif, il n'y avait qu'un pas. On l'a franchi par les moyens qui ont paru les plus faciles et les plus prompts. C'est ainsi que les produits de l'accouplement avec la variété anglaise se sont multipliés et ont formé une forte partie de la population. Seuls, les chevaux élevés dans la lande et en pleine liberté, produits à la grâce de Dieu, sous l'œil indifférent ou routinier du paysan attaché à ses vieilles traditions, ont conservé leurs qualités et leurs défauts naturels, leurs qualités surtout.

Ailleurs, sur les collines des environs de Carhaix, de Loudéac, dans ce pays de Cornouaille qui est le plus grand centre de production chevaline et qui fournit les sujets les plus distingués, la doctrine de l'amélioration de la race en élevant sa taille par les étalons a prévalu. On ne s'est disputé que sur la question de savoir à qui donner la préférence, de l'étalon anglais, arabe ou anglo-arabe. Plus ou moins, les trois l'ont obtenue alternativement, mais l'arabe d'abord moins que l'anglais. L'administration des haras a établi un dépôt à Lamballe. Ce dépôt a fait son œuvre. Aujourd'hui elle semble revenue à des pratiques moins blâmables.

Si bien qu'il ne fallait plus guère parler de la rusticité, de la sobriété, de la résistance des chevaux fins de la Bretagne, sans distinguer avec grand soin. Parmi eux, ce qui dominait, c'étaient les individus à encolure légère, à croupe mince, à poitrine aplatie, haut montés sur des membres grêles et sans solidité, vigoureux en apparence et surtout très-irritables, mais incapables de résister à la fatigue ni aux moindres privations. C'est à quoi l'on aurait pu s'attendre en opérant des mariages autant disproportionnés par les mœurs que par les qualités physiques, entre les juments bretonnes et l'étalon anglais, quel qu'il fût. Les bons sujets de taille moyenne qu'on rencontre maintenant sont le produit d'étalons arabes.

En somme, les parties centrales de la Bretagne sont

des localités essentiellement propres à la production et à l'élevage lucratif des chevaux de selle. La nature du sol et l'état de la culture leur communique une constitution solide, nerveuse, fine, une sobriété et une rusticité qui les rendraient précieux, sous l'influence d'un système de multiplication et d'élevage bien entendus. Ce pays peut être considéré comme l'un des bons centres de production de l'espèce chevaline légère qui y a compté de tout temps de nombreux et remarquables représentants.

Variété du Limousin. — On sait qu'après leur défaite par Charles-Martel, dans les plaines de Vouillé, les Sarrazins abandonnèrent la plus grande partie de leur nombreuse cavalerie, dont s'emparèrent les barons du pays. C'est ainsi que les départements actuels de la Creuse, de la Corrèze et de la Haute-Vienne se peuplèrent, par la suite, des descendants de ces chevaux arabes, qui formèrent ce que les anciens hippologues nommaient la race limousine, très-estimée pour le service de la selle, mais dont la population a beaucoup diminué dans ces derniers temps.

Le cheval limousin, de taille peu élevée (1m 50 environ), svelte dans ses formes, avait anciennement un cachet de haute distinction, comme son aïeul oriental, bien que l'aplomb de ses membres laissât souvent à désirer; mais il rachetait ce défaut de construction par une adresse, par une sûreté de pied à toute épreuve, par une rusticité et une longévité peu communes. C'était le cheval de selle le plus élégant et le plus estimé de nos pères. Il avait les membres fins et nerveux, d'une solidité comparable à celle de l'acier, et avec cela un courage et une énergie sur lesquels son cavalier pouvait toujours compter. Il tirait tous ces mérites du sol agreste, aux herbes fines et aromatiques, qui le nourrissait. On en voyait de toute robe.

Pour avoir voulu l'améliorer, on a détruit ses principales qualités. On a cru, là comme partout, qu'il suffirait d'accoupler les juments limousines avec des étalons doués des mérites de conformation que l'on recherchait, pour que leurs produits répétassent fidèlement ces mérites. Des aptitudes résultant d'une longue civilisation ont été tout à coup imposées à ces sauvages, sans aucun souci des moyens de les exercer. Autant vaudrait transporter le pionnier anglais, habitué dès longtemps à sa forte ration de viande, dans les sierras de l'Espagne, pour s'y contenter du sobre repas qui suffit au contemplatif Castillan. Ses forces, à coup sûr, **en seraient énervées, et sa descendance, si elle ne périssait pas, ne serait plus que l'ombre de lui-même.**

C'est ce qui **ne pouvait manquer d'arriver aux rejetons** de l'étalon anglais dans le Limousin. La disproportion, d'abord, [entre la taille et la corpulence du père et celles des mères, a produit des individus mal fondus, aux formes souvent disparates, aux parties mal soudées ensemble, aux longues jambes dont les articulations faibles, par défaut de matière première, **ne peuvent résister à la fatigue la moins prolongée.** De ce défaut, les plus beaux en apparence et les plus harmonieux de formes, les plus énergiques de tempérament, ne sont point exempts. Dans les tailles les moins élevées, représentées par les sujets issus de l'étalon arabe, on rencontre seulement des sujets plus solides, mieux proportionnés, peuplant nos régiments de cavalerie légère.

Mais les éleveurs du Limousin, dégoûtés par les mécomptes que leur ont causés, durant si longtemps, les produits des étalons anglais, ont en grand nombre renoncé à la production chevaline, pour donner tous leurs soins à la production bovine, plus lucrative. Ils ont eu tort, les deux étant parfaitement compatibles.

Variété de l'Auvergne. — Les chevaux auvergnats diffèrent des limousins par une moindre élégance. Leur tête paraît plus forte, parce qu'ils sont plus petits; leur croupe est plus courte, plus anguleuse et plus basse; leurs membres postérieurs sont moins longs; ils ont souvent les jarrets crochus et ils sont clos, avec des pâturons courts.

Cela constitue tout simplement des caractères de montagnard. Élevez le cheval d'Auvergne dans la plaine, dès la seconde génération, sinon dès la première, il ne res-

III.

tera plus rien de ces défauts relatifs de conformation, qui sont, pour le cheval ayant à descendre des pentes rapides, de véritables qualités. Où il marche d'un pied solide et sans faire un faux pas, l'élégant animal aux aplombs irréprochables ne pourrait cheminer cinq minutes sans rouler au fond du ravin. « En général, a dit Gayot, de ce cheval d'Auvergne, les formes très-accentuées et le caractère difficile; un peu de l'entêtement proverbial de l'auvergnat. » En somme, ajouterons-nous, un excellent serviteur, plein d'énergie et de vivacité, sobre, rustique et inusable.

Ce qui était advenu en Auvergne, dans la population chevaline, à la suite des théories administratives, n'est que la répétition de ce que nous venons de voir en Limousin, si ce n'est pis. Le dépôt de remonte d'Aurillac doublait parfaitement celui de Guéret. Les chevaux élégants y étaient tout aussi faibles, pour la plupart, mais encore plus quinteux.

C'est un des effets ordinaires de l'intervention de l'étalon anglais. Avec l'énergie native de cet étalon, les produits héritent d'une constitution physique insuffisante, dont ils souffrent; leurs membres longs, grêles et mal articulés, ne peuvent répondre aux mouvements que commande la volonté; le caractère s'aigrit, et ils deviennent promptement vicieux. Le changement qui s'opère depuis qu'on y a renoncé promet un avenir meilleur.

Variété des landes de Gascogne. — Le cheval landais est un poney dont la taille descend souvent jusqu'à 1 mètre et ne dépasse guère 1m 35. Communément il a la tête un peu forte et les formes du corps anguleuses, avec des membres le plus souvent déviés. Il y en a de toutes les robes. Sobre nécessairement, en raison de son genre de vie, rustique aussi, il étonne par la force motrice qu'il se montre capable de déployer.

Avec ces caractères, qui sont ceux de l'ancienne variété, il est devenu rare. Sa population a subi, elle aussi, l'influence des idées qui se sont succédé sur l'amélioration de la production chevaline.

Lorsque florissait sans partage l'étalon anglais de

course, on vit se produire, principalement dans le département de la Gironde, des chevaux qualifiés de *médocains*, minces de corps, haut montés sur des membres grêles et faiblement articulés, impropres, en somme, à tout service un peu soutenu.

Depuis que dans la circonscription méridionale les étalons anglais ont fait place aux arabes, la région des landes de Gascogne a vu sa situation s'améliorer. On y rencontre maintenant quelques bons sujets capables de servir utilement dans la cavalerie légère, surtout vers la partie qui confine aux Basses-Pyrénées.

Variété de la Navarre. — Le cheval navarrin a eu sa célébrité, comme le limousin. Cette célébrité s'est perdue pour les mêmes motifs. De plus, lui n'a même pas conservé son nom. Il est plutôt connu maintenant sous celui de *cheval de Tarbes* ou *tarbais*.

Il serait plus exact de désigner sa population par l'expression de *variété des Pyrénées*. Elle ne s'est jamais bornée, en effet, à l'ancienne Navarre, encore bien moins à la plaine qui environne la ville de Tarbes. C'est là seulement que se rencontrent ses meilleurs représentants. En réalité elle s'étend tout le long de la chaîne des Pyrénées, dans les départements des Basses et des Hautes-Pyrénées, de l'Ariége et jusque dans ceux de la Haute-Garonne et du Gers. La distinction précise entre elle et celle des Landes est difficile à établir.

Difficile à indiquer serait aussi la date de l'introduction de la race asiatique dans cette région du sud-ouest des Gaules. Des documents archéologiques certains montrent qu'elle y existait déjà dès l'époque de la pierre polie. Elle est donc de beaucoup antérieure à la conquête de l'Espagne par les Maures. Celle-ci n'a pu manquer toutefois de renforcer sa population. Telle qu'elle se présente actuellement, elle a en grande partie reconquis, grâce à la généralisation de l'emploi des étalons arabes, ses anciens mérites, qu'elle avait perdus sous l'influence trop prolongée des étalons anglais, en perdant aussi beaucoup de terrain. Ces étalons engendraient tellement de non-valeurs, que les éleveurs pyrénéens, dégoûtés, comme ceux du Limousin, de la production chevaline, livraient de plus en plus leurs juments à celle des mulets.

Le cheval navarrin atteint au plus la taille moyenne de sa race, de 1m 45 à 1m 50. Il a, en général, la tête un peu forte, mais bien expressive; son encolure est longue et gracieusement souple. Les formes de son corps sont un peu anguleuses; sa poitrine manque souvent d'ampleur et sa croupe est un peu courte. Ses membres sont forts, secs, ses pieds solides et sûrs à l'appui. Il a l'allure souple et cadencée, qui le faisait jadis très rechercher pour le manège. Sa couleur est maintenant le plus souvent foncée. Les robes grises sont devenues rares dans la variété.

Sobre, rustique, vif et courageux, le navarrin a toutes les qualités du cheval de guerre, qu'on lui avait fait perdre en voulant le grandir. Pour s'édifier sur sa valeur pratique, il suffit de faire dans les Pyrénées, si riches en sites admirables, une excursion à cheval ou en voiture. On est étonné de la vigueur dont il fait preuve alors.

Le meilleur centre de production de la variété est dans le département des Hautes-Pyrénées, et notamment dans la plaine de Tarbes, où s'élève l'élite des poulains achetés dans toute la région. Dans les Basses-Pyrénées, les formes sont généralement moins distinguées; elles le sont encore moins dans l'Ariége, où la taille s'abaisse et où les déviations des membres se montrent plus fréquentes, à cause du séjour plus habituel sur la montagne. Il y a dans la région deux dépôts d'étalons nationaux, un à Tarbes et l'autre à Pau, qui ne comptent que des arabes ou des anglo-arabes plus près des formes de l'arabe que de celles de l'anglais.

En son état actuel, la variété navarrine fournit quelques beaux attelages de luxe et un grand nombre de chevaux de selle et de voiture pour les stations d'eaux thermales de son pays; mais son principal rôle est d'en livrer à l'armée pour sa cavalerie légère. Celle-ci pourra s'y remonter abondamment, dès qu'on aura compris que pour le cheval de guerre, la sobriété, la rusticité, le courage, importent plus que la taille et l'élégance des formes. C'est ce qui, espérons-le, ne tardera pas.

Variété andalouse. — Avant que le cheval anglais fût à la mode chez nous pour le luxe, c'est-à-dire avant la la Restauration, l'andalou y occupait le premier rang comme cheval de selle. On ne le distinguait qu'à peine de l'arabe. Le cheval de bataille de prédilection de Napoléon Ier était andalou. Son squelette est conservé au Muséum d'histoire naturelle de Paris.

Toutefois, la population chevaline de l'Andalousie est fort mélangée, et cela depuis un temps immémorial. On y reconnaît plusieurs types naturels, parmi lesquels l'asiatique n'est point le plus nombreux. Le cheval dont il vient d'être parlé, notamment, ne lui appartient pas. Il convient donc de se mettre en garde contre la confusion qui a été faite à cet égard par les auteurs. Ceux-ci, attribuant une origine exclusivement orientale à cette population, et incapables d'ailleurs de distinguer les types naturels, l'ont considérée comme formée entièrement de chevaux arabes établis au sud de l'Espagne et introduits par les Maures. Dans la suite, nous indiquerons les deux types autres que l'asiatique qui ont contribué à sa formation. Pour l'instant, il faut nous borner à ce qui concerne celui-ci.

La variété andalouse de la race asiatique ne diffère pas sensiblement de la navarrine. Entre deux sujets présentant les caractères spécifiques de cette race, l'un andalou, l'autre navarrin, la distinction serait bien difficile, sinon impossible, pour quiconque ne connaîtrait point leurs origines. Il n'en serait pas de même si l'on comparait des groupes pris sans choix dans les deux populations. Le groupe navarrin serait beaucoup plus homogène. Le fond, dans les deux cas, paraît bien avoir été formé par le même courant de migration; mais un autre est venu s'y ajouter en Andalousie.

Variété de l'Aude. — Dans les plaines un peu marécageuses de l'Aude, voisines de la mer, les chevaux vivant librement en troupes appelées *manades*, avec un étalon qui en est le *grignon*. A la saison de la moisson, on va les prendre au pâturage pour dépiquer des céréales. Ils n'ont à peu près que cette fonction.

La population chevaline de ces localités s'y est étendue évidemment en partant des Pyrénées ariégeoises. Les sujets qui la composent sont encore plus petits que ceux de l'Ariége et d'une conformation plus irrégulière. Ils ont en outre une sauvagerie de caractère qui est due à leur genre de vie. Leur seul mérite est dans la sobriété, la rusticité et la vigueur dont ils font preuve.

Variété de la Camargue. — Dans le Delta du Rhône, l'île de Camargue nourrit une population chevaline qui vit exactement dans les mêmes conditions que celles qu'on vient de voir dans l'Aude. Là aussi il y a des manades et des grignons, mais non d'un seul type. Nous signalerons les autres ultérieurement, comme pour l'Andalousie. Parlons seulement de la variété camargue d'origine asiatique.

Le cheval de cette variété est de petite taille, qui ne varie qu'entre 1m 32 et 1m 34. Sa tête est grosse, son encolure grêle et parfois renversée. Les formes de son corps sont anguleuses, son dos est saillant, sa croupe courte et inclinée, souvent tranchante. Ses membres sont minces, peu musclés, souvent déviés, surtout les postérieurs. Les sabots sont relativement larges et souvent plats, mais cependant solides. Il est généralement d'un gris très-clair.

Le cheval camargue est agile, vif, courageux, sobre et d'une grande rusticité. Sa petite taille l'a seule fait négliger jusqu'à présent comme cheval de guerre. C'est évidemment à tort.

Variété de la Corse. — Les chevaux de la Corse ne diffèrent de ceux de l'Aude et de la Camargue que par leur taille et leur robe. Comme eux ils vivent en troupes dans les maquis. Ils ont, comme eux aussi, pour ce motif, le caractère fort indépendant.

Leur taille descend parfois jusqu'au dessous de 1m, et dans les meilleures parties de l'île elle n'atteint pas au delà de 1m 35. Leur robe est noire ou alezane, baie quelquefois, rarement grise.

On est émerveillé, eu égard à leur poids, de la force motrice qu'ils sont capables de déployer, quand on considère surtout leur excessive sobriété. Il n'y en pas de plus rustiques.

Variété de la Sardaigne. — Les chevaux de la Sardaigne ressemblent beaucoup à ceux de la Corse. La seule différence vraiment sensible entre eux est que la taille, chez les premiers, ne descend pas aussi bas que chez les seconds. Elle paraît se maintenir entre 1m 30 et 1m 50. La plus commune est entre 1m 35 et 1m 40. La robe baie y prédomine; après vient la grise; les autres sont en moindre proportion.

Les Sardes, comme les Corses, ont des mœurs particulières. Dans leur île, le régime pastoral est de beaucoup dominant. Les chevaux s'y élèvent en pleine liberté. Aussi sont-ils d'une rusticité à toute épreuve et d'un tempérament solide. Une prouesse exécutée il y a quelques années par une jument Sarde du nom de *Léda*, peut donner une idée de l'énergie dont les sujets de sa variété sont capables. Paul Salvi, bien connu en Europe par plusieurs hauts faits du même genre, a gagné un fort pari en lui faisant faire sous lui la route de Bergame à Naples (distance 1100 kilomètres) en 10 jours. Elle est arrivée au but de la course très-peu fatiguée. Communément les chevaux sardes font de 80 à 100 kilomètres par jour.

Variété du Frioul. — Sur l'origine orientale des chevaux frioulans il n'y avait pas de doute en Italie, même avant que leur type crâniologique eût pu être étudié méthodiquement. En outre, il a été introduit à plusieurs reprises en Frioul des étalons arabes, en vue d'améliorer la population. Elle forme aujourd'hui une variété bien distincte, que les zootechnistes italiens ont à défendre contre la manie du prétendu croisement anglais qui s'est emparée des hippophiles gouvernementaux.

La variété du Frioul a bien des points de ressemblance avec notre variété des Pyrénées. Seulement elle a jusqu'à présent, plus que cette dernière, échappé au trouble apporté, dans ses qualités, par le cheval de course. Pour la décrire en détail, il faudrait répéter presque mot pour mot notre description de la variété navarrine. Ce serait en vérité superflu. On voudra bien s'y reporter.

Variété du Morvan. — Sur les monts du Morvan il existait une population chevaline assez misérable, entretenue particulièrement par les charbonniers, et qui, avec le type naturel plus ou moins dégradé de la race asiatique à laquelle elle appartenait, ressemblait d'ailleurs beaucoup à celles des landes de Bretagne, des monts d'Auvergne et des Pyrénées ariégeoises, déjà décrites. Elle a maintenant à peu près complètement disparu. Signaler son ancienne existence n'a guère d'autre intérêt que celui par lequel elle se rattache à l'histoire des migrations de la race. C'est pourquoi nous n'y insisterons pas davantage ici.

Variété d'Alsace-Lorraine. — Les prairies des bords de la Moselle, qui fournissent un foin renommé, nourrissent des chevaux dont l'ancienne célébrité locale est aujourd'hui bien ternie, mais qui cependant méritent encore une mention, malgré cela. Les petites bêtes lorraines ne le cédaient jadis à aucune pour leur courage inépuisable, leur résistance à la fatigue et surtout leur longévité. De formes très irrégulières, à la croupe avalée, et aux jarrets crochus, l'absence de toute élégance était rachetée chez les chevaux de l'ancienne province de Lorraine par des qualités de fond fort appréciées lorsque, attelés jusqu'à quatre de front à la charrue, ils en défrichaient le sol si compacte. A l'heure qu'il est, la race en est à peu près perdue. C'est à peine si l'on en rencontre encore quelques rares débris chez les plus pauvres paysans du pays.

Il convient d'établir une distinction entre la généralité des produits actuels de la Moselle, résultant d'accouplements disproportionnés avec l'étalon anglo-normand, hauts sur jambes, minces de corps et peu résistants pour ce double motif, et quelques sujets laissés par des étalons arabes provenant du haras grand-ducal de Deux-Ponts. Ces derniers, près de terre et trapus, avec une certaine distinction de formes, dans le train antérieur surtout, ont du moins certaines qualités de résistance. Mais pour se faire une idée de leur proportion dans la population, il suffit de se renseigner dans les statistiques de mortalité de la cavalerie française. Les provenances du dépôt de remonte de Sampigny, que les chevaux lorrains alimentaient, y occupent un des derniers rangs.

Quant aux chevaux de l'Alsace, il est à peine besoin d'en parler. Quelques villages des bords du Rhin, voisins du Palatinat et du duché de Bade, dans l'arrondissement de Wissembourg, se font remarquer par le goût équestre de leurs habitants, qui aiment à élever des chevaux, bien que rien dans leur système de culture ne soit propre à une telle industrie. Le gouvernement leur fournit à grands frais des étalons, et pour quelques rares produits que les hasards de l'hérédité font réussir, ils n'obtiennent qu'une population de sujets hauts sur jambes, tarés, décousus et impropres à un service un peu soutenu.

Il n'y a pas lieu de s'en étonner, lorsqu'on sait que les jeunes chevaux dont il s'agit sont, surtout en Alsace, nourris en hiver avec des navets.

Anciennement, la partie de l'Alsace dont nous parlons possédait, comme la Lorraine, des petits chevaux du type asiatique, rustiques et d'une grande sobriété. Aujourd'hui, grâce aux étalons du dépôt de Strasbourg, et sous l'influence des ressources fourragères misérables, à tel point que les magasins destinés à l'entretien des garnisons de cavalerie ne peuvent jamais s'approvisionner, même pour une faible partie, dans toute l'étendue de l'Alsace, on est arrivé à ce résultat de produire des poulains si généralement mauvais, qu'à peine si on pourrait en rencontrer un passable sur cent. Grêles, décousus, aux membres déjetés et tarés de bonne heure, les produits de l'Alsace, provenant de juments de hasard, témoignent d'une industrie déplorable, sans raison d'être sérieuse.

Variété de Trakehnen et de la Prusse Orientale. — Le roi de Prusse Frédéric-Guillaume Ier a établi, au XVIIIe siècle, à Trakehnen, dans la province orientale de son royaume, un célèbre haras dont le but était principalement de fournir des chevaux aux écuries royales. L'étiquette de la cour prussienne exigeant pour les équipages une robe uniformément noire, tous les produits obtenus au haras de Trakehnen qui ne présentaient point cette robe étaient vendus, et aussi, parmi ceux qui la présentaient, tout ce qui dépassait les besoins des écuries royales. Les mêmes errements furent suivis jusqu'à ces derniers temps.

Le haras de Trakehnen a été fondé et developpé par des importations successives d'étalons et de juments tirés de divers pays, mais surtout des pays orientaux et de l'Angleterre, parmi lesquels le type asiatique a dominé, comme partout. On y a eu en vue la création de deux familles de chevaux, différentes par leurs aptitudes, l'une de chevaux de selle, l'autre de chevaux d'attelage ou carrossiers. Pour la première on a soigneusement reproduit entre eux les deux types purs de l'Orient; pour la seconde, on a procédé par voie de croisement entre ces types et celui de l'Allemagne du Nord.

En somme, il en est résulté, avec le temps, une nombreuse population qui, rayonnant de son centre de production, s'est répandue dans toute l'Allemagne, mais particulièrement dans la Prusse orientale, où se reproduit de préférence le type léger. Suivant l'usage des créateurs de haras, on a donné à cette population le nom de race de Trakehnen. Cette prétendue race, ainsi qu'on le voit, n'est qu'un mélange, en proportions inégales, des trois types spécifiques qui ont contribué à la former.

A cause de la sélection attentive dont elle a été l'objet, et en vertu de l'idée que se font les hippologues de tous les pays sur la beauté chevaline absolue, le type asiatique y domine cependant de beaucoup; et c'est pour cela que, laissant provisoirement de côté les autres, nous considérerons les chevaux de Trakehnen comme une variété de la race asiatique, implantée de nos jours en Allemagne par les Prussiens.

Il ne sera pas nécessaire, cela dit, de décrire ces chevaux en détail. Généralement d'une grande élégance, ils ont les qualités et les défauts des arabes nés et élevés sous le climat et d'après les habitudes de l'Europe moyenne et occidentale. Ils ont conservé l'énergie native de leur souche, mais ils n'en ont plus ni la solidité physique ni la sobriété. Pour bien dire, ce sont des chevaux anglais dits de pur sang, moins les effets de l'entrainement aux courses. Ceux de la Prusse orientale ressemblent beaucoup à nos anciens limousins les mieux réussis Dans les autres parties de l'Allemagne, ils acquièrent plus de taille, et il serait alors bien difficile de les distinguer des anglais. Ils ont pourtant plus d'élégance et de souplesse dans leurs mouvements. Nous allons les retrouver en Wurtemberg.

Variété du Wurtemberg. — Comme les rois de Prusse, ceux du Wurtemberg ont voulu doter leur pays d'une population de chevaux distingués, en instituant, sur les propriétés de la couronne, des haras où se reproduisent, depuis 1817, des étalons et des juments des deux souches orientales, importés à diverses reprises. Trois magnifiques établissements, que nous avons visités avec soin en février 1868, furent fondés à Weil, à Scharnausen et à Kleinhohenheim, dans les environs de Stuttgart, au milieu de sites charmants. Ils ont produit en abondance, sous d'habiles directions, d'excellents chevaux pour les besoins équestres de la noblesse wurtembergeoise et allemande du sud en général.

L'histoire de la fondation et du développement de ces haras a été exposée dans un très-bel ouvrage publié il y a une vingtaine d'années (1). Elle est résumée dans le passage suivant que nous lui empruntons :

« En 1812, *Cham*, étalon turc, acheté en Russie, fit des saillies au haras de Scharnausen. En 1814, *Émir*, étalon arabe, cheval de selle de Sa Majesté pendant les campagnes de cette époque, fut également étalon. Les juments étaient en général de race hongroise, polonaise ou russe. A la même époque, il y avait l'étalon arabe *Mameluk*.

« Les haras du roi ne furent cependant bien organisés qu'en 1817, et c'est deux ans après qu'avec le concours du gouvernement russe, et par les soins du duc de Stroganoff, ambassadeur de Russie à Constantinople, et du comte Rzewusky, on put recevoir un convoi de huit étalons et de douze juments achetés plus particulièrement

(1) Voyez von HUGEL und SCHMIDT, *Die Gestüte und Meierein Sr. Maj. des Koenigs von Würtemberg.* Stuttgart, 1861.

chez les Bédouins, qui débarquèrent à Livourne en 1810 et peuvent être considérés comme la souche du haras actuel.

« C'est des juments que doit partir la généalogie des plus nobles animaux qu'ait eus le Wurtemberg, et les descendants de celles-ci sont encore aujourd'hui l'ornement du haras. C'étaient : *Hasfouaa, Elkanda, Schakra, Marana, Gyran, Abululu.*

« En 1817, le roi avait déjà acheté à Damas deux étalons arabes de la race Saklavi-Djedran : c'étaient *Tajar* (bai) et *Bairactar* (gris clair). En 1824, deux juments de la même race, *Hamdany* et *Czebescie*, vinrent s'ajouter au haras.

« Les croisements, en général, ne réussirent pas ; par contre, le roi eut plus de bonheur avec la production de la race pure. Les animaux s'habituèrent facilement au climat et au régime ; mais encore, dès les premières générations, on constata une augmentation de la taille et du volume en général, sans que l'harmonie des détails et la finesse des poils aient eu à en souffrir.

« Des douze étalons successivement essayés comme reproducteurs, quatre seulement furent reconnus comme pouvant réellement communiquer leurs qualités à leurs descendants : *Goumousch-Bournou, Tajar, Émir* et surtout *Bairactar.* Ce dernier a sailli jusqu'en 1838 et fut tué en 1839, à l'âge de vingt-cinq ans ; il est le père de la grande majorité des chevaux de race arabe des haras du roi ; trente-sept juments poulinières et sept étalons de sa descendance ont été remarqués. Cinq de ces étalons, *Sélim, Amurath, Aleppo, Mazud* et *Bairactar II*, les deux premiers nés de la jument *Saady*, méritent une mention particulière. C'est *Bairactar Ier* qui peut être considéré comme la souche de toute la famille arabe, et malgré les mariages consanguins (aujourd'hui on est à la quatrième génération), peut-être à cause de la consanguinité, tout connaisseur reconnaîtra l'extrême noblesse de la race et son uniformité ; la race peut aujourd'hui être considérée comme constante.

« Les étalons *Goumousch-Bournou* et *Tajar* ne vécurent pas longtemps, et *Émir* servit dans les croisements.

« Divers autres achats furent encore faits ultérieurement en Orient : en 1822, des chevaux nubiens et barbes,
qui cependant ne restèrent pas longtemps au haras ; en
1825, des chevaux (juments et étalons) qu'on disait arabes
et qui se montrèrent être des égyptiens ; en 1827, 1828 et
1829, diverses juments venues par la voie de Marseille ;
des achats en 1836, en Syrie ; en 1852, en Égypte. Un total de trente-huit étalons et de trente-six juments de pur
sang oriental (*arabischen vollblut*) ont été introduits dans
un espace de quarante-cinq ans. »

Sur les appréciations de Hügel et Schmidt, il y a un
point à rectifier. Certainement, personne ne refusera de
constater avec eux l'extrême noblesse des chevaux élevés
dans les haras privés du roi de Wurtemberg. Ces chevaux
ont des qualités éminentes de fond et une conformation
en général irréprochable des appareils d'organes dont
dépend leur aptitude, comme chevaux de selle ou d'attelage léger. Ils ont l'élégance et la souplesse de leurs souches orientales, avec une plus forte corpulence, que le
mode d'élevage dans le nouveau climat leur a communi-
niquée. Sous ce rapport, les deux auteurs allemands ont
raison de dire que la race est uniforme et peut être considérée comme constante.

Mais lorsqu'on examine d'un œil compétent la popula
tion chevaline des trois établissements plus haut nommés, et qui s'y divise en trois catégories d'arabes pur sang
(*arabischen vollblut*), d'anglo-arabes (*englisch-arabischen*)
et de Trakehnen, on y distingue facilement deux types
spécifiques, dont l'asiatique est toutefois celui qui s'y fait
observer le plus souvent, bien que *Bairactar Ier*, auquel
est attribuée la paternité de toute la famille, ne lui appar-
tint point, ainsi que nous le verrons plus loin.

On ne peut donc pas dire exactement qu'il s'agisse là,
pas plus qu'à Trakehnen, d'une race constante, devenue
particulière au Wurtemberg. La race asiatique, de même
qu'une autre que nous décrirons, y a envoyé l'un de ses
embranchements. Celui-ci a donné naissance à une variété comme celles que nous avons déjà vues, et comme
celles qu'il nous reste encore à voir. Elle s'est accom-

modée à son nouveau milieu, grâce aux soins très-attentifs et soutenus dont elle a été l'objet, tout en conservant intacts les caractères de son type spécifique.

En définitive, les chevaux distingués du Wurtemberg, d'origine arabe, ne forment point une race ni distincte ni nouvelle. Ils ne sont, pour une part qui nous a paru la plus forte, cependant, qu'une variété de la race asiatique importée des pays musulmans, implantée, accommodée et multipliée par sélection, contrairement à ce qui eut lieu pour une autre variété du même type que nous allons maintenant étudier.

Variétés russes. — Le vaste empire de Russie est en général peuplé de chevaux du type asiatique, réduits à un état assez misérable par la rudesse du climat, notamment ceux des Cosaques et ceux de la Lithuanie.

D'après Paul Salvi (1) on distingue en Russie les chevaux Kirghisses, Mongols ou Sibériens, Kalmouks, Baskirs, du Don, de l'Ukraine, de Karabagh, Circassiens, Esthoniens et Finlandais, qui sont d'origine asiatique et se distinguent par leur rusticité et leur vigueur. Nous y ajouterons les chevaux Lithuaniens. Ils sont de petite taille et de formes généralement irrégulières, à tête un peu forte.

Nous ne pouvons pas songer à les décrire en détail. Il suffit de les mentionner. Sur divers points, les riches boyards ont établi des haras, où ils se sont appliqués par une sélection plus ou moins suivie et attentive, à créer des familles améliorées du type asiatique, en empruntant des reproducteurs aux contrées musulmanes, à l'Angleterre et à la Prusse.

Mais, parmi les variétés de la race asiatique ainsi formées sur le territoire russe, une seule doit appeler particulièrement notre attention, à cause de la réputation qui lui a été faite en Europe occidentale, et parce que son mode de formation est un objet de controverse zootechnique. Il s'agit des trotteurs d'Orloff, ainsi nommés en

(1) Paul SALVI, *La Russie chevaline et les courses de résistance.* Milan, 1881.

raison du nom de l'auteur de la création et de l'aptitude qu'il s'est appliqué à développer.

Trotteurs d'Orloff. — C'est en 1778 que le comte Orloff Tchesmensky fonda, dans le gouvernement de Voronége, à Khrénovaya, son haras devenu bientôt célèbre, dans lequel il accoupla d'abord avec des étalons arabes des juments danoises renommées pour leur élégance et leur rapidité à l'allure du trot.

Le plus connu de ces étalons fut *Smetanka*, dont nous aurons occassion de parler plus loin, et qui n'appartenait point au type asiatique. Voici ce qu'en dit un auteur allemand : « Le premier père de la race légère d'Orloff fut *Smetanka*, un étalon arabe acheté en Orient en 1775 et importé de là. Par son croisement avec une jument hollandaise, le premier étalon du haras privé, *Borse*, fut engendré. La taille de ce cheval était seulement moyenne, et il se faisait remarquer par la hauteur de ses membres postérieurs relativement aux antérieurs et par sa rapidité extraordinaire au trot (3 werstes en 4 minutes 1/2). Il avait l'avant-bras très-long et très-fort, qui favorisait sa vitesse. »

Beaucoup d'autres étalons orientaux ont contribué à l'opération ; et c'est pour cela que parmi les trotteurs russes, le type asiatique domine comme partout ailleurs, dans les tribus de race orientale.

Par l'ensemble de leur conformation, les trotteurs d'Orloff ressemblent beaucoup à la variété anglaise dite de pur sang ; ils présentent cependant, en quelques-unes de leurs lignes, des différences caractéristiques, dont il nous est facile de nous rendre compte. Ces différences sont accusées surtout dans le train postérieur. La croupe est ici plus arrondie, moins élevée ; les membres sont plus conformes à la loi de similitude des angles. On peut voir en ce fait une nouvelle preuve des effets de la gymnastique fonctionnelle. Les chevaux russes sont entraînés au trot, tandis que les anglais le sont, depuis l'origine de leur variété, au galop de course, dont nous avons fait connaître l'influence sur le redressement du fémur.

Mais on comprend à merveille qu'il ne s'agit point là

de quelque chose qui puisse établir une distinction autre
que celles qui, dans la même race, séparent les varié.és.
Sous les divers rapports de la taille et de la robe, l'anglaise et la russe d'Orloff pourraient être facilement confondues.

Elles le seraient aussi quant à leur origine. Toutes les
deux ont commencé par des importations d'étalons ; pour
toutes les deux il est arrivé un moment où l'on a renoncé
à l'importation des étalons orientaux, pour les faire reproduire par elles-mêmes. Ce moment fut celui où les
éleveurs s'aperçurent que la domination du type oriental
était suffisamment assurée par son intervention répétée
dans la reprodution, pour qu'il n'y eût plus de crainte au
sujet de l'atavisme des premières mères.

Il y avait eu croisement au début, dans le haras de
Khrénovaya, ainsi que nous l'avons vu, et croisement
indiscontinu, par l'accouplement des pères avec leurs
filles et petites-filles, durant la série des générations qui
peuvent se succéder dans l'espace d'une cinquantaine
d'années au moins. Aidé de la sélection à la fois zoologique et zootechnique, c'est-à-dire au double point de
vue du type et de l'aptitude cherchée, un tel mode de
reproduction a conduit au but que nous connaissons. Il a
éliminé la race des mères, pour assurer définitivement
la conquête du terrain à celle des pères venus des pays
orientaux. Au moment où les familles constituées en
Russie ont été admises à se marier entre elles, depuis
longtemps elles ne comptaient plus en fait aucun sujet
métis.

On ne peut donc invoquer l'exemple des trotteurs
d'Orloff comme une preuve de la formation des races
nouvelles par voie de métissage, pour les deux excellentes raisons qu'ils ne sont qu'une variété de la race
asiatique, réserve faite, bien entendu, de ceux qui appartiennent à un autre type, et qu'au moment où ils se sont
reproduits entre eux il n'y avait plus, nous le répétons,
dans leurs familles aucun métis.

Variétés hongroises. — La cavalerie hongroise a été
de tout temps renommée. Le Madgyar aime le cheval et

l'élève avec prédilection. Aussi la Hongrie, qui a la plus grande étendue de son territoire en pâturages et en steppes, exporte-t-elle des chevaux en même temps que des bœufs.

Les chevaux hongrois appartiennent, pour le plus grand nombre, au type asiatique, dont la race s'est étendue de temps immémorial à leur pays, après avoir conquis celui des Cosaques, en franchissant le Caucase, et remonté le cours du Danube.

Ils sont en général de petite taille et ne dépassent pas la taille moyenne; mais comme tous les chevaux orientaux, ils sont remarquables par la distinction et la fierté de leur physionomie. Leur conformation manque souvent d'harmonie, et nous les trouvons, nous autres Français, un peu minces et décousus, habitués que nous sommes à rechercher plus les qualités de la forme que celles du fond; mais la sobriété et l'endurance dont ils font preuve dans leur pays rachètent bien ce que leur aspect et leurs allures peuvent avoir de défectueux. Lorsqu'ils sont, dans leur reproduction, l'objet d'une sélection attentive, comme c'est le cas, depuis longtemps, dans les haras de Mezoehegyes, de Kisber et de Babolna, ils arrivent, comme tous les autres, aux membres réguliers et à la belle conformation qui, dans toutes les races, n'appartiennent jamais qu'à un petit nombre de sujets d'élite. Ceux-ci ne manquent pas plus en Hongrie qu'ailleurs. Dans les écuries des nobles et dans celles des officiers des armées autrichiennes et allemandes du Sud, il est facile d'en avoir la preuve.

Les variétés hongroises, dont la robe présente d'ailleurs les diverses combinaisons des quatre couleurs rencontrées déjà dans cette race, offrent une particularité qui est maintenant facile à expliquer. Il se fait à certains moments, vers l'encolure surtout, une exsudation sanguine à la surface de la peau, une sorte de sueur de sang en nature, due à la présence d'une espèce de filaire, qui n'a du reste pas de gravité. Pour ne s'en point effrayer il est bon d'en être prévenu.

RACE AFRICAINE (*E. C. africanus*).

Caractères spécifiques. — Frontaux incurvés en tous sens ou bombés en segment de sphère; arcades orbitaires peu saillantes; orbites de moyenne grandeur; sus-naseaux continuant la courbe des frontaux jusque vers la moitié de leur longueur, puis présentant une courbe inverse ou rentrante à long rayon et redevenant ensuite convexes jusqu'à leur pointe; en voûte plein cintre et s'unissant sans aucune dépression avec les lacrymaux également bombés et les grands sus-maxillaires; branches du petit sus-maxillaire plus oblique que celles de l'asiatique; arcade incisive également petite; face elliptique; profil en S allongé (vulgairement tête moutonnée (fig. 3).

Fig. 3. — Type de la race africaine.

Formule vertébrale : cervicales 7; dorsales 18; lombaires 5, dont les apophyses transverses présentent des caractères absolument propres au type. Celles de la première, dirigées obliquement en arrière, sont les plus courtes et les moins larges; celles de la deuxième et de la troisième, un peu plus larges et plus longues, sont dirigées perpendiculairement au corps de la vertèbre; celles de la quatrième et de la cinquième, égales en longueur aux deux précédentes et obliquement dirigées en avant, sont séparées l'une de l'autre et ne portent point de facettes articulaires; il en existe seulement au bord postérieur de celles de la cinquième et dernière, pour l'articulation avec le sacrum. Sacrées 5, soudées de bonne heure; coccygiennes en nombre variable.

Les métatarsiens principaux sont plus longs toujours

que chez l'asiatique; ils sont prismatiques à base triangulaire, au lieu d'être cylindriques. La remarque en avait
déjà été faite par Hering (1).

Caractères zootechniques généraux. — La taille
des chevaux de la race africaine est plus élevée que celle
des autres chevaux orientaux. Elle va de 1m 50 à 1m 60.
Ils ont le corps moins ample, la poitrine moins large, la
croupe plus étroite et les membres plus longs, avec des
cuisses toujours un peu grêles. L'ensemble de leur physionomie les rapproche des formes du mulet élégant. Ils
ont d'ailleurs tous les caractères de la finesse et de la
distinction qui appartiennent à tous les chevaux orientaux.

Aire géographique. — La découverte de l'espèce
africaine est de date récente (2). Jusqu'à 1868 elle avait
passé inaperçue parmi les sujets de la race asiatique,
auxquels ses représentants se trouvent mêlés presque
partout, en raison de circonstances que nous allons voir.
C'est elle qui est figurée sur les anciens monuments de
l'Égypte et qui est connue des égyptologues sous le nom
de cheval dongolàwi.

Piétrement (3), se fondant sur des considérations historiques, la croit originaire d'Asie, comme l'autre race
orientale, et pense qu'elle a été domestiquée par les proto-
Mongols, puis introduite en Égypte par les Hyksos, qu'il
considère comme Mongols, tandis que l'autre race l'aurait
été par les Aryas, ce qui n'est point douteux. Elle se trouve
en effet chez les Turcomans, au nord de la Perse.

Les conclusions de l'histoire naturelle ont besoin en
outre de s'appuyer sur des bases moins fragiles que celles
qui dépendent de textes dont les interprétations semblent

---

(1) E. HERING, Description du squelette de l'étalon *Ali-Pacha*,
dans le *Catalogue du Musée de l'école vétérinaire de Stuttgart.*

(2) Voyez A. SANSON, *Mémoire sur la nouvelle détermination
d'un type spécifique de race chevaline à cinq vertèbres lombaires.
(Journal de l'anatomie et de la phyoiologie, de Ch. ROBIN, mai
1868.)*

(3) C.-A. PIÉTREMENT, *Les chevaux,* etc., loc. cit.

devoir rester toujours douteuses. L'origine nubienne attribuée par nous à la race dont il s'agit semble corroborée
par des considérations d'ordre zoologique, d'une valeur
bien autrement solide que celle des hypothèses fournies
par la pure érudition.

La position qu'occupe le type de cette race dans la
série générique à laquelle il appartient le place à côté
des ânes, dont la formule vertébrale est la même. Nul ne
conteste que les deux races de ceux-ci aient eu leur berceau dans la partie occidentale du bassin de la mer
Rouge pour l'une, et dans la partie occidentale de celui
de la Méditerranée pour l'autre. Les plus fortes probabilités sont donc pour que celui de la race chevaline à cinq
vertèbres lombaires soit au nord-est de l'Afrique. C'est
en Nubie, dans le Dongola, qu'existent aujourd'hui ses
représentants les plus complets et les plus beaux. Les
érudits nous montrent, et Piétrement mieux que personne, que les anciens Égyptiens ne se servaient point
du cheval avant l'invasion de l'Égypte par les Pasteurs
ou Hyksos, mais aucun ne nous prouve péremptoirement
que les chevaux étaient absents de la Nubie dans les
temps qui ont précédé cette invasion. Conséquemment,
nous sommes autorisé à conserver, jusqu'à plus ample
informé, à la race en question le nom sous lequel nous
l'avons fait connaître. Fût-elle d'origine asiatique, un nouveau nom pour elle ne pourrait pas d'ailleurs être adopté
sans inconvénient.

Si, dans les temps anciens et autour de son berceau,
cette race a pu être nombreuse, toujours est-il qu'on ne
trouve plus guère nulle part ses représentants à l'état
de pureté autrement que clairsemés au milieu des autres
populations chevalines d'origine orientale. Partout où elle
a été introduite avec celle du type asiatique, celle-ci lui a
été préférée, principalement à cause de la forme de sa
tête, plus en rapport avec les idées répandues sur les
caractères de la beauté. Dans les haras de l'Europe, où la
tête moutonnée est généralement considérée comme dé-
fectueuse, la tête dite carrée étant l'idéal, on s'est appliqué à l'éliminer. Elle s'y manifeste seulement de temps à

autre par atavisme, comme on a pu le remarquer sur plusieurs étalons anglais célèbres.

Cependant, à diverses reprises, des étalons du type africain, achetés dans les pays musulmans, ont été introduits dans ces haras. Parmi les squelettes conservés dans les musées, on en compte plusieurs de ce type bien caractérisé. Il y en a trois dans les galeries du Muséum d'histoire naturelle de Paris, un au musée du Collége des chirurgiens de Londres, deux à l'école vétérinaire de Lyon, un au musée de l'Académie agricole de Hohenheim, en Wurtemberg, et quatre au musée de l'École vétérinaire de Stuttgart. Ces derniers ont appartenu à des sujets dont les noms et l'histoire sont connus; c'étaient des étalons et une jument des haras privés du roi, et ils ont laissé en Wurtemberg une longue lignée. Ils s'appelaient : *Goumousch-Bournou*, *Bairactar*, *Ali-Pacha* et *Ramdy* (1). De même il en était de *Smetanka*, père d'une célèbre famille des trotteurs d'Orloff, dont nous avons parlé. En outre, plusieurs observations en ont été authentiquement faites en Algérie, sur la population chevaline mélangée de nos possessions africaines. Nul doute d'ailleurs que l'attention, éveillée sur le type maintenant bien déterminé dont il s'agit, ne le fasse retrouver dans toutes les populations d'origine orientale. Il a été comme le fil conducteur qui a guidé Piétrement dans ses études si érudites et si intéressantes, qui feront certainement honneur à notre pays.

L'aire géographique de sa race se confond donc, du côté de l'Occident, avec celle du type asiatique, qu'elle y a suivi partout, en une proportion quelconque, mais seulement depuis les irruptions des Sarrasins. Elle est restée étrangère aux migrations anté-historiques des peuples asiatiques dits aryens. Du côté de l'Orient, elle est allée jusqu'en Chine et au Japon, ainsi que chez les Hindous.

(1) Dans le mémoire cité plus haut, il a été fait, par inadvertance, une erreur au sujet du sexe de *Ramdy*. Son squelette y est signalé comme celui d'un étalon, tandis qu'il a appartenu à une jument.

Les principales populations de ce type habitent surtout
le nord du continent africain, la Nubie, l'Égypte, et les
anciens états barbaresques, la Tripolitaine, la Tunisie,
l'Algérie et le Maroc. Celle qui s'était formée dans le sud
de l'Espagne, en Andalousie, lors de l'occupation des
Maures, a été longtemps célèbre, mais elle est aujour-
d'hui bien déchue. En Afrique même, les chevaux barbes
ou berbères n'ont pas pu conserver leur pureté primitive.
La préférence accordée aux étalons de Syrie, appartenant, ainsi que nous l'avons vu, au type asiatique, a fait
que les populations égyptienne, tunisienne, algérienne et
marocaine, andalouse et italienne du sud, sont en grande
majorité composées de métis, chez lesquels l'ensemble
des caractères spécifiques a disparu, de sorte qu'on n'y
rencontre plus cet ensemble complet qu'exceptionnellement.

C'est ainsi qu'il arrive le plus souvent de trouver
réunis, quand on examine leur squelette, le crâne africain avec le rachis asiatique, c'est-à-dire les frontaux et
les sus-naseaux décrits plus haut, avec six vertèbres
lombaires, dont quelquefois la sixième est anormale,
comme Chevallier en a fait connaître un cas recueilli en
Algérie, et comme il en existe un autre au musée de
l'École vétérinaire de Stuttgart (1), ainsi qu'à l'École des
haras du Pin (2).

Le même fait se présente partout où les deux types
orientaux ont été introduits en même temps ou successivement, comme en Angleterre, en France, en Allemagne
et en Russie, pour former les variétés déjà décrites.
Ainsi que nous l'avons fait remarquer, c'est le type asiatique qui domine de beaucoup dans ces variétés, chez
lesquelles l'africain ne se montre qu'à l'état d'exception
plus ou moins rare, surtout avec tous ses caractères réunis, parmi les descendants croisés des premiers sujets
introduits.

Cependant, par suite de circonstances évidemment for-

---

(1) Voy. A. SANSON, mémoire cité.
(2) *Ibid.*, *Journal de l'anat.*, etc., 1878.

tuites, il s'est trouvé que plusieurs des étalons orientaux qui ont contribué à la formation de la tribu maintenant nombreuse établie dans le Wurtemberg, et qui se reproduit dans les haras privés de la couronne, appartenaient au type africain. *Bairactar*, *Ali-Pacha*, *Goumousch-Bournou*, dont les squelettes sont conservés au musée anatomique de l'École vétérinaire de Stuttgart, où nous les avons photographiés en 1868, étaient dans ce cas. Nous avons reconnu l'existence de leurs caractères crâniens sur bon nombre de jeunes sujets alors élevés dans les deux établissements de Scharnausen et de Kleinhohenheim, que nous avons visités, ainsi que sur quelques-unes des poulinières de Weil et de Scharnausen.

Pour donner ici une idée de l'état des choses à cet égard, nous emprunterons au mémoire cité plus haut les détails qui le concernent. « Au moment de ma visite, en février 1868, y est-il écrit, les trois établissements royaux de Petit-Hohenheim (Kleinhohenheim), de Scharnausen et de Weil, aux environs de Stuttgart, si remarquables par leurs excellentes dispositions et par la manière dont ils sont dirigés, contenaient un total de 231 sujets, poulains de un à quatre ans et juments poulinières. Au Petit-Hohenheim, il n'y avait que des poulains des quatre dernières années ; à Weil, que des poulinières ; à Scharnausen, il y avait à la fois des poulinières, au nombre d'une vingtaine, et des poulains. D'après les désignations adoptées au haras, ces sujets se répartissent en trois catégories : arabes pur sang (*arabischen vollblut*) ; anglo-arabes (*englisch-arabischen*), et Trakehnen. On sait que ce dernier nom est donné à une famille de chevaux d'origine arabe, formée par sélection dans la Prusse orientale, et dans laquelle on s'est attaché à reproduire la robe, qui est aujourd'hui constante, mais non le type crânien, ainsi que nous allons le voir.

« En effet, à Weil, sur les soixante-quatre bêtes qui composent la jumenterie, il y en a quinze de la famille de Trakehnen, dont deux au moins, *Neva* et *Sphinx*, sont du type à frontal bombé ; les autres appartiennent au type à frontal plat. Parmi les juments dites de pur sang arabe,

j'en ai noté quelques-unes nominativement, comme ayant
le frontal bombé; ce sont : à Weil, *Dina*, *Kobi*, *Fatime*, etc.;
à Scharnausen, *Nedjid*, *Mululu*. Sur les poulains des trois
catégories, séparés par âge et par catégorie, dans les
deux établissements du Petit-Hohenheim et de Scharnausen, voici ce que j'ai constaté. Je copie mes notes écrites
sur place : « Kleinhohenheim, quatre-vingt-neuf chevaux
de un à quatre ans, par écuries séparées, arabes et anglo-arabes. On y retrouve les deux types crâniens dans
leur plus grande pureté sur les sujets de quatre ans, les
lignes de *Ramdy* et celles de *Sans-Pareil*. Bais, alezans,
gris. » — Cette dernière mention, pour rappeler qu'il n'y
a aucune uniformité dans les robes. — « Scharnausen,
soixante-dix-huit chevaux et juments de divers âges.
Beaucoup de trakehnen noirs des deux types. »

« L'impression qui m'est restée toutefois de l'ensemble
des sujets visités, c'est que le type à profil droit, à frontal plat, y domine surtout parmi les anglo-arabes. Mais
pour la question qui nous occupe, la proportion exacte ne
fait rien; je n'ai donc pas cherché à la déterminer. Il suffi-
sait de constater que le type des premiers ancêtres importés en Wurtemberg s'y est reproduit dans la suite des
générations, malgré les croisements opérés entre les
deux souches orientales. »

Ces détails montrent d'abord que dans les haras du roi
de Wurtemberg on a évité de tomber dans le travers si
commun ailleurs, consistant à avoir la prétention de créer
une race nouvelle, avec sa désignation propre, puisque
les sujets y conservent soigneusement la marque de leur
origine, ainsi que le nom originaire de leur propre race.
On a visé seulement à acclimater les chevaux orientaux;
et nous avons eu déjà l'occasion de faire remarquer qu'on
y a réussi, en formant des variétés des deux races orientales maintenant connues.

Les mêmes détails montrent ensuite que, malgré la prédominance de l'espèce africaine parmi les étalons qui ont
contribué à la formation de ces variétés, il n'y a pas lieu
d'être surpris de voir prédominer au contraire, dans la
population chevaline, l'espèce asiatique, puisque les ju-

ments de cette espèce ont été, dans les haras, à beaucoup près, toujours les plus nombreuses.

Il en a été de même, à plus forte raison, en Angleterre,
au haras de Trakehnen et dans ceux des comtes Orloff,
attendu que parmi les chevaux qui en proviennent, le
type africain se montre encore plus rarement, bien que la
principale famille des trotteurs russes ait eu pour premier père *Smetanka*, authentiquement connu comme
africain.

Nous ne décrirons point les variétés européennes de la
race qui nous occupe en ce moment; ce qui précède suffit, car il nous faudrait répéter en grande partie ce que
nous avons déjà dit au sujet de celles de la race asiatique, qu'elles accompagnent constamment. Nous nous
bornerons à quelques considérations sur la plus importante, celle des chevaux barbes, qui peuple le nord de
l'Afrique.

Variété barbe ou berbère. — De temps immémorial,
les tribus sédentaires du nord de l'Afrique ont élevé des
chevaux. Ceux qu'on rencontre encore aujourd'hui chez
elles n'ont pas cessé d'appartenir, pour le plus grand
nombre, au type que nous considérons comme autochtone,
malgré les fréquentes introductions d'étalons asiatiques
par les conquérants arabes d'abord, puis, en ces derniers
temps, par l'administration française. Ce serait un argument de plus en faveur de notre thèse, s'il en était besoin.

En Algérie, l'on s'est accoutumé, depuis la domination
française, à diviser la population chevaline en deux gran_
des catégories de chevaux barbes et de chevaux syriens,
tous néanmoins qualifiés d'arabes. Les syriens, qui jouissent de la plus haute estime et sont considérés comme
améliorateurs, sont des asiatiques; les barbes de toute
sorte, portant le plus souvent le nom de leur tribu, forment la plèbe; ils sont aux syriens ce que les Kabyles sont
aux Arabes, dans la population humaine.

Ils arrivent pourtant, comme les autres, lorsqu'ils sont
élevés avec soin, à la plus haute distinction; mais ils
n'en diffèrent pas seulement par leurs caractères typiques;
tout l'ensemble de leur corps les fait facilement recon-

naître, parmi leurs voisins d'origine asiatique, en quelque lieu qu'on les considère, aussi bien en Espagne, sous le nom d'andalous, en France, parmi les navarrins, les ariégeois, les camarguais, les limousins, qu'en Afrique dans notre colonie algérienne, à Tunis ou au Maroc.

Le cheval barbe est de taille moyenne ou petite dans sa race. Ses naseaux sont peu ouverts; ses lèvres, minces; sa bouche est petite; ses joues sont fortes; son oreille est quelquefois un peu grande, mais toujours droite et mince; son œil est grand; sa physionomie, très-calme au repos, s'anime bien vite pendant l'action.

La tête est un peu forte; l'encolure, forte, est rouée et abondamment fournie de crins longs et soyeux; le garrot est élevé et épais; le dos et les reins sont courts, larges; la croupe, souvent tranchante, est toujours mince et courte, la queue touffue et la cuisse peu fournie; les membres sont remarquablement forts, aux canons longs, n'ayant pas toujours une direction irréprochable, surtout les postérieurs, dont les jarrets sont souvent clos; mais ce défaut est racheté par des qualités de fond, par une vigueur, une rusticité et une sobriété à toute épreuve.

La robe est de couleur très-variable, comprenant toutes les combinaisons du noir, du blanc et du rouge, qui se montrent uniformes sur certains individus; mais la robe grise domine cependant.

Les auteurs distinguent encore, en Algérie, le barbe du cheval tunisien, habitant les plaines du Chéliff et les environs de Sétif. Celui-ci est tout simplement un barbe grandi et étoffé par le climat humide, mais salubre, de cette partie du littoral algérien.

Si mal conformé qu'il puisse être, le cheval barbe est toujours beau en action, parce qu'il est d'une bravoure à toute épreuve, comme l'asiatique, du reste, quand il a été élevé sous son climat natal. C'est pourquoi, sauf les caractères typiques et les quelques particularités de conformation générale que nous avons signalées, telles que la brièveté du dos, des lombes et de la croupe, les membres plus allongés, moins régulièrement posés, ils ne diffèrent point quant aux aptitudes. N'oublions point d'ailleurs que depuis l'arrivée des Arabes en Afrique les deux types s'y sont constamment mélangés.

Toutefois, lorsque, nous occupant de déterminer l'espèce africaine, nous fîmes appel aux vétérinaires de l'armée d'Afrique pour obtenir d'eux qu'ils voulussent bien rechercher, dans les autopsies qu'ils auraient à faire, la constitution vertébrale qui est un de ses caractères, plusieurs nous firent parvenir des observations confirmatives qui ont été publiées (1) et qui ne laissent aucun doute sur nos conclusions au sujet de la race à laquelle appartiennent les chevaux barbes et leurs dérivés.

RACE IRLANDAISE (*E. C. hibernicus*).

Caractères spécifiques. — Frontaux plats présentant un plan faiblement incliné de haut en bas, avec des arcades orbitaires saillantes; orbites grands; sus-naseaux rectilignes, disposés suivant un plan incliné en sens inverse de celui des frontaux, en sorte qu'au niveau de la suture fronto-nasale, entre les orbites, ou à la racine du nez, il existe un angle rentrant très-obtus; lacrymaux déprimés, se relevant du côté de leur bord interne pour s'unir au bord correspondant du sus-nasal ployé à angle droit émoussé; branches du petit sus-maxillaire courtes et fortement arquées; arcade incisive grande; profil en ligne brisée à angle rentrant très-obtus; face courte et trapézoïde (vulgairement tête camuse) (fig. 4).

Fig. 4. — Type de la race irlandaise.

Formule vertébrale : cervicales 7; dorsales 18; lom-

(1) Voy. A. SANSON, mémoire cité.

baires 6; sacrées 5; coccygiennes en nombre variable. Semblable à celle de l'asiatique.

Caractères zootechniques généraux. — Race petite et trapue, ne dépassant guère la taille de 1ᵐ 60 et descendant jusqu'à celle de 1ᵐ. Formes arrondies, avec la croupe courte et inclinée. Système pileux très-développé; crins de la tête et de l'encolure abondants, ainsi que ceux de la queue et des membres; ceux-ci en sont couverts depuis l'extrémité supérieure des canons jusqu'aux talons. On y observe toutes les robes. Elle fournit des sujets propres à la selle et au trait léger, exceptionnellement au gros trait.

Aire géographique. — Les représentants de cette race se trouvent aujourd'hui sur les îles Shetland, sur les hautes terres de l'Écosse, dans le pays de Galles, en Irlande et sur le littoral armoricain du Continent, dans notre Bretagne. Aucun document historique ne peut faire présumer qu'elle y ait été introduite à aucun moment. Les fouilles de Sirodot, au mont Dol, au fond de la baie du mont Saint-Michel, ont fait découvrir des phalanges d'Équidé fossile qui, par leur volume, se rattachent évidemment à son type. Il est donc vraisemblable qu'avant l'époque géologique actuelle, alors que les îles Britanniques faisaient encore partie du Continent et n'étaient point séparées entre elles, cette race en peuplait toute la partie nord-ouest, qui comprend aujourd'hui l'Irlande, le pays de Galles, le littoral d'Ille-et-Vilaine, des Côtes-du-Nord et du Finistère, ainsi que les fonds de la Manche et ceux du canal qui les sépare. C'est sans doute sur un point central de cette aire, aujourd'hui peut-être envahi par la mer, que se trouve son berceau.

Nous avons des renseignements plus précis sur son extension ultérieure à notre continent. Il est maintenant établi que les Bretons insulaires, fuyant devant l'invasion des Barbares, au Vᵉ siècle, sont venus s'établir sur le littoral armoricain, où leur race se distingue encore aujourd'hui de celle des autochtones (1).

(1) Voy. P. BROCA, *Anthropologie de la Basse-Bretagne.* (*Mémoires de la Société d'anthropologie de Paris;* t. III, p. 169.)

C'est là précisément que se trouve aussi la race chevaline dont nous nous occupons, non moins distincte de
celle qui peuple les landes de Bretagne. Il n'est pas possible de douter, après cela, qu'elle y soit venue en même
temps et des mêmes lieux. Et ces concordances, dont nous
verrons à chaque instant des exemples dans l'histoire des
populations humaines et animales, sont extrêmement
précieuses pour l'ethnogénie, qu'elles fixent par le mu-
tuel contrôle des faits qui s'y rapportent.

La race irlandaise n'avait pas en somme des conditions
assez remarquables pour être douée d'une bien grande
force d'extension. Elle s'est établie solidement en Bretagne, où elle a été fortement tourmentée dans notre
siècle par des croisements ; mais. sauf dans les îles Shetland, où il s'en trouve des représentants, elle n'a envoyé
ailleurs que des individus, non des familles. Son aire géographique proprement dite est donc en définitive assez
bornée, puisqu'elle ne s'étend pas au delà de l'Irlande,
du pays de Galles, en Angleterre, du nord-ouest de
l'Écosse et des îles Shetland, et du littoral de notre
Bretagne française.

Variété des poneys. — Dans les îles Britanniques,
on appelle poney tout cheval de petite taille, mais particulièrement les petits chevaux dits *galloways*, répandus
d'ailleurs dans toutes les exploitations agricoles des trois
royaumes. Ils sont appelés doubles poneys ou encore
cobs quand ils joignent à leur taille peu élevée une corpulence relativement forte. Ils sont remarquables par leur
vigueur et leur solidité.

Leur tête, courte et camuse, attachée à une encolure
forte et pourvue de crins épais, longs et abondants, leur
donne une physionomie qui a quelque chose d'un peu
sauvage, surtout lorsqu'ils ne sont pas l'objet de soins
de toilette bien attentifs. Un fort toupet de crins leur
descend souvent jusqu'au-dessous des yeux.

Les poneys ont l'épaule courte, charnue et peu oblique,
le poitrail ouvert les membres forts et couverts de crins
à leurs extrémités, le corps cylindrique, près de terre,
la croupe courte et fortement musclée, la queue touffue,

le pied petit et solide. Leurs allures ne sont pas allongées, mais ils rachètent par une grande énergie et beaucoup d'endurance le raccourci de leurs mouvements. Ce sont d'excellents chevaux de route et de fatigue. On en rencontre de toutes les robes, mais surtout des alezans aux crins plus clairs.

Variétés bretonnes. — Les chevaux du littoral breton forment des groupes parfaitement homogènes, connus sous les noms impropres de *race de Léon* et de *race du Conquet*. Leurs principaux centres de production sont dans les arrondissements de Brest et de Morlaix (Finistère), entre Lannion et Dinan, dans les Côtes-du-Nord, et aux environs du Conquet, où s'établit la transition entre eux et les chevaux des landes de Bretagne. C'est la partie que les Bretons appellent la *Ceinture dorée* de la Bretagne.

Ces groupes secondaires diffèrent par quelques points, celui de la taille surtout.

Le premier se produit dans les environs de Saint-Pol-de-Léon.

Dans la *variété de Léon*, la taille du cheval breton va de 1m55 à 1m65. Il se présente avec une encolure épaisse, au col disgracieux, à la crinière double et très-fournie de crins. Le corps est court et trapu, avec des reins larges; les côtes sont très-arquées; la croupe est fortement musclée, double et avalée, la queue attachée bas et touffue. Membres forts aux articulations larges et solides, mais pâturons courts, munis de crins abondants. Bon pied. Les diverses nuances de la robe grise dominent, mais le rouan et le bai se rencontrent aussi, plus rarement le noir. L'aptitude au gros trait n'est pas rare.

Dans les Côtes-du-Nord, la conformation subit des modifications qui la rapprochent de celle qui est propre au trait léger. Les chevaux élevés entre Lannion et Dinan sont de taille moins élevée que ceux du pays de Léon; elle oscille entre 1m48 et 1m58. L'encolure, encore forte, est devenue moins disgracieuse; la poitrine a pris de la profondeur; l'épaule s'est allongée, bien qu'elle soit encore insuffisamment oblique; les membres, tout aussi vigoureux, sont plus secs, et la direction en est meilleure, même le plus souvent irréprochable. En somme, les chevaux des Côtes-du-Nord, « dont la physionomie accentuée respire l'énergie et la force, dit Gayot, ont des allures courtes, il est vrai, mais vives et faciles; une constitution excellente : ils sont doux de caractère, durs au travail et très-maniables. Malheureusement, ajoute avec raison le même auteur, ils sont sujets à la fluxion périodique. » C'est dans le groupe dont il s'agit que les robes grises dominent de beaucoup.

Dans la *variété du Conquet*, qui se produit au sud-ouest de l'arrondissement de Brest. La taille ne dépasse pas le minimum indiqué tout à l'heure. Le train antérieur est plus léger et plus distingué, le garrot élevé, le corps long, la croupe droite, souvent mince et pointue. Les membres, dont la direction est moins régulière, se montrent abondamment pourvus de crins sous lesquels le pied disparaît souvent. Mais on trouve à la fois, chez les petits chevaux de trait du Conquet, la rusticité, la sobriété et l'énergie qui caractérisent le bidet des landes bretonnes. Ils sont le plus souvent bais, alezans ou noirs.

Nés dans l'arrondissement de Brest, les poulains passent dans celui de Morlaix vers l'âge de six à sept mois, après leur sevrage. A un an, ils sont conduits dans les Côtes-du-Nord et dans le département d'Ille-et-Vilaine, d'où quelques-uns passent ensuite en Eure-et-Loir, dès qu'ils peuvent fournir un travail un peu suivi. Ceci, bien entendu, ne concerne qu'une partie de la production; l'autre reste dans le pays natal, principalement les femelles, élevées en Bretagne jusqu'à quatre ans, pour être ensuite livrées au commerce, qui les répand surtout dans les départements méridionaux et en Poitou, pour la production des mulets.

Variété de Shetland. — Situées au-dessus du 60e degré de latitude nord, les îles Shetland ont un rude climat, peu propice à la végétation des herbes qui nourrissent les chevaux. Aussi, dans ces îles, encore plus que dans le nord de l'Écosse, la race irlandaise a subi une dégradation qui a réduit sa taille au dernier degré qui se puisse concevoir pour une espèce chevaline.

Les poneys shetlandais ne sont pas beaucoup plus grands qu'un beau chien de Terre-Neuve. Leur peau est recouverte d'une abondante fourrure qui leur donne un aspect sauvage peu gracieux. Ils sont généralement de couleur foncée, roussâtre. Transportés dans nos climats, ils perdent cette fourrure; leur robe devient lisse et brillante comme celle des autres chevaux, et alors l'exiguité de leur corps, la finesse de leurs membres en font de véritables miniatures bonnes pour l'amusement des enfants. C'est à ce titre qu'ils figurent, par exemple, au jardin zoologique du bois de Boulogne, à Paris.

Mais toutefois, comme ils sont doués d'une rusticité et d'une vigueur incomparables, ils ont un travail disponible relativement énorme et peuvent être utilisés pour traîner de petites charges. Ce sont des sauvages qui se civilisent volontiers.

RACE BRITANNIQUE (*E. C. britannicus*).

Caractères spécifiques. — Frontaux très-faiblement incurvés dans le sens longitudinal; arcades orbitaires un peu effacées; sus-naseaux curvilignes à très-long rayon, continuant la courbe des frontaux, en voûte surbaissée; lacrymaux bombés et s'unissant au sus-nasal correspondant sans aucune dépression au niveau de leur suture; grand sus-maxillaire également sans dépression, à crête zygomatique très-saillante;

Fig. 5. — Type de la race britannique.

branches du petit sus-maxillaire très-obliques par rapport à la direction de la pointe des sus-naseaux, et formant ainsi avec ces derniers un angle de près de 45 degrés;

arcade incisive relativement petite; profil en arc de grand
cercle (vulgairement tête un peu busquée), terminée au
bout du nez par une sorte de pan coupé, c'est-à-dire par
une brusque inclinaison de la ligne de profil; face courte,
triangulaire (fig. 5).

Formule vertébrale : cervicales 7; dorsales 18; lombaires 6, dont toutes les apophyses transverses sont
très-larges, rapprochées et d'une grande longueur; sacrées 5 soudées; coccygiennes en nombre variable, mais
ordinairement au-dessous de la moyenne.

Caractères zootechniques généraux. — La
moyenne de la taille y est très-élevée. On y trouve peu
d'individus moins grands que $1^m 60$; bon nombre ont au-
dessus de $1^m 70$. Les masses musculaires sont très-déve-
loppées, les muscles étant plutôt épais que longs, à
coupe tranversale d'un fort diamètre, ce qui entraine une
encolure large et épaisse, un poitrail large, des épaules
fortes, une croupe arrondie, à sillon médian profond, dû
à la saillie des fessiers, des cuisses épaisses et à con-
tour postérieur fortement curviligne.

La race est pourvue des quatre couleurs de poils, dont
les combinaisons donnent toutes les robes. Les crins n'y
sont pas abondants, surtout aux membres.

La forte corpulence des sujets de cette race, leur poids
énorme (souvent plus de 800 kilogr.) leur assurent l'aptitude la plus élevée pour la traction des lourdes charges
à l'allure du pas. Ils sont avec cela relativement lestes et
agiles, à cause de leur conformation régulière et du
grand développement de leur système nerveux.

Aire géographique. — La race britannique, connue
en Angleterre et en France sous différents noms, se reproduit particulièrement sur le littoral, des deux côtés
du détroit du Pas-de-Calais, dans les comtés de Cambridge, de Lincoln, de Suffolk, de Norfolk et d'Essex;
dans les départements du Pas-de-Calais, de la Somme et
de la Seine-Inférieure.

Où doit être placé son berceau? Est-ce en France, ou
bien dans la grande île Britannique? Aucun document
historique ne peut nous éclairer sur la question, comme

nous l'avons été pour la race irlandaise. Nous ignorons si le type naturel a été introduit, à une époque quelconque, de l'ancienne Britannia en Gaule, ou de celle-ci de l'autre côté du détroit.

En considérant que ce détroit n'a pas toujours existé depuis la fin de l'époque tertiaire, à laquelle remonte l'apparition des Équidés; que le sol des iles Britanniques n'a pas toujours été séparé de celui du Continent par la jonction de l'Océan Atlantique avec la mer du Nord, on est fondé à penser qu'il s'est produit un phénomène semblable à celui que nous avons signalé pour l'Irlande et le pays de Galles, au sujet de la race irlandaise, et que celle du cheval britannique, qui occupait auparavant une étendue de terrain dont nous n'avons plus que les parties extrêmes, s'est trouvée partagée entre les deux pays où nous la rencontrons aujourd'hui.

Il n'est guère possible d'admettre, en effet, qu'une race en quelque sorte confinée sur une étroite bande de terrain, entre l'embouchure de la Seine et les bouches de l'Escaut, ait pu se former là. Il ne l'est pas davantage de supposer qu'elle soit originaire des rivages de l'autre côté, encore moins propres à expliquer sa formation. Sirodot a trouvé dans ses fouilles du mont Dol, à côté des ossements que nous avons rattachés au type irlandais, d'autres ossements qui, par leur volume, se rapportent bien au type britannique actuel. D'après cela, nous considérons comme le plus probable que le type spécifique dont il s'agit est apparu sur un point quelconque, mais vraisemblablement central, de l'espace qui embrasse aujourd'hui les comtés de Sussex, de Kent, d'Essex, de Suffolk et de Norfolk, dans l'ancienne Britannia, la Flandre occidentale belge, une partie de chacun de nos département du Nord, du Pas-de-Calais, de la Somme et de la Seine-Inférieure, et la mer qui les sépare.

Telles sont les limites actuelles de l'aire géographique de cette race, dont les sujets, en tant qu'individus, se répandent bien au delà comme travailleurs, et même comme étalons, mais qui ne s'est établie nulle part ailleurs à l'état de familles. Elle contracte des alliances

fortuites ou passagères avec ses voisines. Il semble que
le climat maritime lui soit indispensable et qu'elle n'ait
jamais pu s'en éloigner au delà d'un certain degré, sans
que ses produits ne vinssent à péricliter. Toujours est-il
que nous en connaissons peu qui aient une aire géographique de moindre étendue.

On vient de voir comment nous avons cru qu'il conve-
nait de donner à la race que nous décrivons la qualification de britannique. Il pourrait nous être objecté toutefois
qu'en raison de sa présence des deux côtés du détroit, à
tous les moments que l'histoire peut embrasser actuellement, il n'y a pas plus de motifs pour rattacher son origine à l'ancienne Britannia qu'à l'ancienne Gaule. C'est
incontestable, au premier abord ; mais lorsque nous aurons montré plus loin qu'il existe sur le Continent, dans
le bassin de l'Escaut et dans celui de la Seine, deux autres types autochthones analogues à celui-là par le développement que leur ont fait atteindre les prairies évidemment plantureuses d'un climat humide, on comprendra
que nous ayons été conduit à reporter cette origine du
côté de l'ouest et à la placer sur le sol qui est aujourd'hui
celui de l'Angleterre, plutôt que sur le sol français.

**Variétés de Suffolk, de Norfolk, de Cambrige et
de Lincoln.** — On reproduit avec prédilection, dans
certaines familles du Norfolk notamment, la robe noire,
avec une marque blanche au front ; de là le nom de *Black-
Horse* (cheval noir), considéré par certains auteurs comme
formant une race particulière. D'autres sujets, en raison
de leurs formes, ont été comparés à un tonneau (*Suffolk-
Punch*). Dans le Suffolk et dans le comté voisin d'Essex,
c'est la robe bai clair qui domine, ou bien l'alezane.

Ces variétés sont en général de taille moyenne, mais
es grands chevaux n'y sont pas rares. Quelques-uns,
attelés aux camions des brasseurs de Londres, sont de
véritables colosses, et n'ont pas pour cela des formes
moins correctes. Leur tête, aux joues fortes, à la ganache
empâtée, attachée à une encolure courte et épaisse, paraît
néanmoins relativement petite, parce qu'elle est courte.
Les épaules sont courtes et peu obliques, très-musclées

et séparées par un poitrail démesurément large, tant les
côtes sont arquées. Les membres épais, aux articulations
fortes, sont terminés par des pâturons courts, droits
comme les épaules, nécessairement.

L'intervention de ce que les hippologues nomment
« l'infusion du sang noble, » a eu pour résultat infaillible
de diminuer dans les variétés que nous étudions le nombre des bons chevaux. Pour quelques produits réussis de
métissage, que l'on exhibe avec orgueil dans les expositions publiques, il en est advenu une population composée en majorité des sujets décousus et manqués.

Nonobstant, il n'est point au pouvoir d'un métissage
quelconque de faire disparaître complétement un type
naturel. Le cheval britannique revient donc avec persis-
tance en Angleterre, et ce sont ses caractères typiques
que l'on observe toujours le plus souvent chez les sujets
de gros trait nés dans les comtés que nous avons cités.
C'est de ceux de Cambridge et de Lincoln que se tirent
principalement les grands camionneurs noirs.

Variétés boulonnaises. — De l'avis secret ou avoué
de tout le monde, ce sont les plus importantes des variétés de la race que nous étudions en ce moment.

La taille ne varie qu'entre 1m60 et 1m66. Le minimum
appartient à ce qu'on nomme les *petits boulonnais*; le
maximum, aux *gros*. C'est au groupe des petits que
se rattachaient les juments appelées anciennement *ma-
réyeuses* parce qu'elles transportaient à grande vitesse la
marée à Paris.

Dans les deux variétés les naseaux sont peu ouverts,
la bouche est petite, les ganaches sont fortes, ce qui fait
paraître l'ensemble de la tête court et volumineux; l'oreille
est petite et dressée, l'œil ouvert et vif, mais peu grand.

Le col est épais, donnant à l'attache de la tête un empâtement peu gracieux; l'encolure forte, rouée, paraît
courte; elle porte une crinière touffue et double, rarement longue; le poitrail est large et très-proéminent; la
poitrine ample, à côtes très-arquées; le garrot bas et
noyé dans les masses musculaires latérales; le dos un
peu bas; les reins sont courts et larges; la croupe est

courte et arrondie, fortement musclée, faisant saillie en arrrière des lombes et divisée par un sillon médian ; la queue touffue, mais courte et noyée entre les fesses. Corps court, cylindrique, près de terre. L'épaule est peu oblique ; les membres forts, aux articulations puissantes et larges, ont des tendons volumineux et bien écartés des canons, courts et solides ; bon pied.

Aucune uniformité dans la robe, qui est indifféremment claire ou foncée. On trouve dans la variété boulonnaise toutes les couleurs et toutes les nuances, le bai, le rouan, le gris ardoisé ou pommelé, sans qu'on puisse dire ce qui domine.

On voit, par ces caractères, qu'il s'agit ici d'une constitution véritablement athlétique, et il faut ajouter que le cheval boulonnais ne dément point, pour son compte, l'attribut habituel de l'Hercule antique : il est aussi débonnaire que fort ; on le renomme pour sa docilité. Il est, de plus, leste et agile pour un si volumineux personnage. C'est que chez lui le fond est à la hauteur de la forme, et qu'il est doué d'une vigueur et d'une énergie qui se reflètent dans la douceur de son regard résolu.

Les poulains naissent dans le département du Pas-de-Calais, principalement dans l'arrondissement de Boulogne, qui a donné son nom à la variété, mais aussi dans ceux de Béthune, de Saint-Omer et de Calais. Les pouliches restent dans ces arrondissements, mais les poulains vont dans ceux d'Arras, de Saint-Pol, d'Abbeville, de Péronne ; d'autres traversent la Somme, pour être élevés dans le Vimeux, dans le pays de Caux, et se répandre aussi dans les départements de l'Oise, de l'Aisne, de Seine-et-Marne et d'Eure-et-Loir.

On voit par là que le Pas-de-Calais est plutôt un centre de production qu'un pays d'élevage considérable. Il se fait surtout dans ce département un grand commerce de poulains, dont les mères y sont entretenues au pâturage. Les jeunes, aptes au travail de bonne heure, vont gagner leur vie ailleurs, où ils mangent de l'avoine en exécutant les travaux agricoles. Ce mode de production est une des raisons essentielles de la prospérité de la variété.

III.   4.

C'est à six ou huit mois que leurs producteurs vendent les poulains aux éleveurs du sud du Pas-de-Calais et de la Somme. Ceux-ci les gardent jusqu'à l'âge de dix-huit mois, et les vendent ensuite aux agriculteurs des localités susnommées, dans quelques-unes desquelles on se livre en même temps à la production des poulains de la même race, sous un autre nom.

Tel est le cas de certaines localités de la Normandie, notamment de la vallée d'Auge, dont les produits, élevés dans le Calvados, la Manche et l'Eure, dans les arrondissements de Pont-l'Évêque, de Lisieux, dans le Bessin, sont connus des marchands sous les noms de *caenais*, de *virois*, d'*augerons*, de même que ceux élevés dans le pays de Caux et dans le Vimeux sont désignés comme *chevaux du bon pays*.

La variété des conditions climatériques et agricoles imprime aux caractères secondaires, dans ces diverses localités, des variations relatives principalement à la corpulence. En Beauce, où la robe grise est préférée, on n'introduit que des poulains boulonnais de cette robe, que les observateurs superficiels confondent ensuite avec les vrais percherons.

Les chevaux boulonnais répandus sur toute l'étendue des exploitations agricoles du bassin géologique de Paris viennent presque tous, en définitive, terminer leur carrière dans l'immense centre de consommation qu'ouvre aux producteurs de chevaux de gros trait l'activité de la grande ville.

Ils forment une forte partie des chevaux employés à Paris à l'industrie si considérable des gros transports au pas. C'est là surtout qu'on peut bien juger de leurs mérites. Ils n'ont même pas leurs pareils au monde.

Variété cauchoise. — Une gymnastique particulière, jointe à l'influence du climat et à une sélection attentive, a fait constituer dans le pays de Caux, qui borde le rivage de la Manche, entre l'embouchure de la Seine et celle de la Somme, une variété de la race britannique dont l'étoile pâlit, depuis que l'amélioration des voies de communication a nécessité l'emploi de véhicules rapides, mais brillait encore naguère d'un vif éclat.

Cette variété est celle des *bidets normands* ou *cauchois*, joignant à une forte corpulence une rapidité d'allure qui permettait, sans fatigue pour le cavalier, de leur faire fournir de longues courses, en marchant de ce pas précipité connu sous le nom de pas relevé. Une telle allure n'avait pu être obtenue, évidemment, que grâce à des muscles puissants, stimulés par une grande vigueur. Avant l'établissement des chemins de fer, les herbagers normands, montés sur leurs bidets, allaient en quelques jours jusqu'en Poitou et en Saintonge, pour y acheter leurs bandes de bœufs pour l'engraissement.

En outre de leur allure spéciale, les chevaux cauchois sont reconnaissables, à première vue, indépendamment de leur type spécifique, par un certain cachet de distinction et d'élégance robuste, qui est chez quelques-uns porté même à un haut degré. On a coutume d'écourter leur queue, en y conservant de chaque côté de sa base deux fortes mèches de crins, étalées en panaches lorsque l'animal est en action. Pour ainsi dire noyée entre deux fesses fortement arrondies, elle aurait, sans l'opération qu'on lui fait subir, quelque chose de disgracieux.

Le cheval cauchois commun marche la tête basse, en levant peu les pieds, et semble, dans son allure singulière, toujours sur le point de tomber en butant sur le sol; mais il a néanmoins le pied sûr et les membres d'une grande solidité, qu'il doit à la vigueur de sa constitution musculaire. Plus d'un peintre a eu l'idée de représenter la fermière normande, assise sur sa *bidette* et tricotant tranquillement, lorsque celle-ci, la bride sur le cou, revenant du marché de la ville, l'emporte en la berçant au train accéléré de son pas relevé.

Mais certaines familles cauchoises, qui sont l'objet d'une sélection attentive et de soins particuliers d'élevage, produisent des sujets moins trapus et plus distingués que les autres. Ceux-là ont la tête moins forte, l'encolure un peu plus allongée, le garrot plus haut. Ils sont généralement de robe baie. Exercés au trot, ils acquièrent des lignes plus allongées et des attitudes meilleures. Toutefois, il est difficile de leur faire oublier leur allure héréditaire, et rarement ils passent, quand on les y veut pousser, du pas au trot sans s'abandonner à quelque temps de pas relevé.

Le nombre des bidets du type britannique s'en va diminuant sur le littoral normand. L'usage du tilbury, en se généralisant, fait cesser leur emploi, et les juments sont livrées de plus en plus à la production des chevaux propres à l'attelage. L'ancienne variété cauchoise cède donc de proche en proche le terrain aux métis qui occupent déjà la presque totalité de la Normandie. On peut prévoir le moment où les purs bidets normands auront disparu. Le besoin qui avait fait naître leur variété n'existant plus, il n'y aura pas lieu de les regretter. Nonobstant, on reconnaîtra longtemps encore, comme on la reconnaît dès à présent, la forte musculature de leur croupe et de leurs cuisses parmi les métis du pays de Caux qui leur succéderont. On y reconnaîtra aussi l'ampleur de formes due à la fertilité des herbages de ce pays.

CHAPITRE III

RACES CHEVALINES DOLICHOCÉPHALES

RACE GERMANIQUE (*E. C. germanicus*).

Caractères spécifiques. — Frontaux fortement incurvés dans le sens longitudinal et étroits, avec des
arcades orbitaires tout à fait effacées; orbites petits;
sus-naseaux continuant régulièrement la courbe frontale,
réunis en voûte surbaissée;
lacrymaux un peu déprimés
et se relevant un peu vers
leur bord interne pour établir
la connexion avec le sus-
nasal correspondant; petit
sus-maxillaire long et peu
oblique par rapport à la
direction de la pointe des
sus-naseaux; branches descendantes du maxillaire
courbes, à concavité inférieure; profil fortement arqué depuis le sommet de
l'occipital jusqu'à l'os incisif
(vulgairement tête busquée
ou chanfrein busqué, tête
d'oiseau, tête de lièvre);

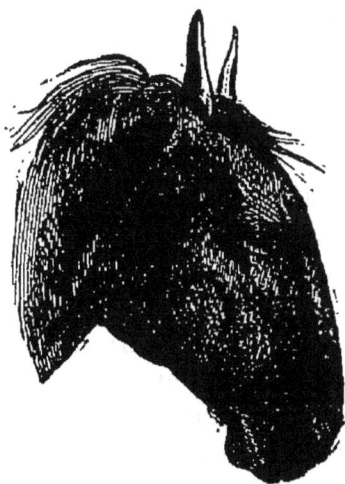

Fig. 6. — Type de la race
germanique.

face allongée, elliptique, anguleuse, à front étroit (fig. 6).
Formule vertébrale : cervicales 7; dorsales 18; lombaires 6, dont les apophyses transverses sont relativement peu longues; sacrées 5 soudées; coccygiennes en
nombre variable.

Caractères zootechniques généraux. — La taille moyenne est très-élevée ; le maximum va jusqu'au delà de 1ᵐ 70 ; le minimum ne descend guère au-dessous de 1ᵐ 60. La conformation générale manque d'élégance.

De tous les types, le germanique est celui chez lequel les oreilles sont le plus rapprochées, ce qui, avec son profil arqué, son front étroit et ses yeux sans saillie, lui donne une physionomie peu intelligente.

La tête est longue, l'encolure relativement grêle, la poitrine peu profonde, le dos et les reins longs, la croupe courte et souvent avalée, avec une attache de queue basse. Les épaules sont plates et insuffisamment musclées ; les cuisses terminées brusquement en arrière et en haut sur une jambe grêle et courte ; les avant-bras courts et les canons longs ; les pieds le plus souvent larges et plats.

Ces caractères de conformation générale, qui sont ceux du type naturel, manquent souvent dans la population actuelle, modifiée par des croisements.

Dans l'ensemble de la race, les poils rouges dominent de beaucoup ; on n'y rencontre que très-rarement des robes autres que la baie et l'alezane avec leurs diverses nuances, pourvues ou non de marques blanches à la tête et aux membres.

Cette race fournit des chevaux de selle et des carrossiers : de ces derniers surtout.

Aire géographique. — Le type spécifique de la race germanique a évidemment pris naissance vers cette partie du continent européen qui forme aujourd'hui le Schleswig-Holstein. Toute l'histoire de sa race, depuis les temps les plus reculés, telle qu'elle peut être écrite maintenant, en témoigne d'une manière irréfragable.

De là cette race, en vertu de son extension normale, a gagné le Mecklembourg, l'Oldenbourg, le Hanovre et les autres pays de l'Allemagne du Nord, tant qu'elle a trouvé, en descendant vers le sud, un climat et des prairies favorables à sa subsistance. De même elle s'est étendue vers le nord, en Danemark, à mesure que le sol s'y est relevé.

Les barbares germains et scandinaves, quand ils se
sont rués sur le monde romain, aux premiers siècles de
notre ère, l'ont entraînée dans leurs incursions vers l'Occident et l'on fait établir, avec les Angles et les Saxons,
dans l'île de Bretagne ; avec les Northmans, sur la côte
gauloise de la mer britannique, à laquelle ils ont donné leur
nom ; avec les Burgundes ou Bourguignons, dans le bassin du Rhône, en France et en Suisse ; enfin en Italie
avec les Ostrogoths et les Lombards, et jusqu'en Espagne
et dans le nord de l'Afrique avec les Vandales. Dans
ces deux derniers pays il se retrouve parmi les chevaux
andalous et les chevaux marocains surtout.

Lorsque Colbert introduisait, dans les temps modernes,
sous le nom de chevaux danois, alors fort à la mode, des
étalons de cette race pour améliorer celle de notre Normandie, il était allé tout simplement puiser à la source.
Et l'on a fait de même en Angleterre.

Des deux côtés de la Manche, malgré des croisements
dont nous aurons à nous occuper en détail, le type introduit par les envahisseurs barbares a persisté. On l'y
retrouve encore dans une proportion qui va toutefois diminuant.

Qu'il nous soit permis de faire remarquer en passant
le concours sérieux que donne ici l'étude des races animales à l'histoire des origines ethnogéniques de notre
Occident. Les traditions les plus solides établissent que
les invasions barbares qui ont détruit le civilisation ro-
maine venaient de deux sources différentes : les unes
(celles des peuples goths), de l'Asie et de l'Orient ; les
autres, du nord de l'Europe, de la Germanie et de la
Scandinavie. Or, sur le sol envahi, nous rencontrons précisément deux types de races chevalines identiques à
ceux qui forment le fond des populations de même genre,
dans les deux patries diverses des envahisseurs. Pourrait-il
être douteux que ces deux types y soient venus avec les
hordes guerrières qui nous ont plongés dans la nuit du
Moyen âge?

Assurément, personne ne le pensera ; et pour ce qui
concerne celui du Nord, dont l'établissement plus restreint

était commandé par le climat même et par ses exigences natives, le nom que sa race a conservé sur le territoire français serait au besoin une preuve de plus.

Ces exigences physiologiques qui empêchent les sujets septentrionaux de se plier aux conditions d'un climat méridional, et qui ont, de notre temps, fait échouer tant de tentatives inspirées par des notions fautives sur la loi d'extension des races, ont avec le temps restreint l'aire géographique violemment imposée au type germain par les invasions barbares. Elle se borne aujourd'hui au Danemark, à l'Allemagne du Nord, à la province rhénane et à la partie de la Hollande qui lui confine, à l'Angleterre et à l'ancienne province française de Normandie. Partout ailleurs, le type primitif n'a point disparu, mais il a subi des dégradations, en se mélangeant au hasard, et n'a laissé que de rares sujets dont il n'y a pas lieu de s'occuper en particulier avec de grands détails.

Dans l'aire actuelle même de la race germanique, ses représentants purs forment partout la minorité. La vogue dont a joui, dans la première moitié de ce siècle, le cheval anglais de course, comme améliorateur universel des races, a fait opérer partout des croisements entre lui et la germanique sous ses différents noms.

Nous devons laisser de côté, pour le moment, les nombreux métis qui en dérivent. Ces métis seront étudiés à part. Les variétés qui s'étaient formées dans la race germanique, tant qu'elle s'est reproduite par elle-même, n'existent plus qu'en petit nombre; il ne nous reste des autres que le souvenir.

Nous savons par là toutefois que les modifications subies ne se rapportaient qu'à la taille. Les peintures du dix-septième siècle nous montrent, attelés aux carrosses des grands, en Angleterre comme en France, des chevaux qui reproduisent exactement le type du pur danois tel que nous le voyons aujourd'hui. La cour de France les tirait de sa province de Normandie ou du Danemark. Ils appartenaient à ce que les écuyers d'alors appelaient les races normande et danoise. Ces écuyers eux-mêmes, qui ont porté si loin la renommée équestre de l'école française,

n'en montaient pas d'autres, jusque vers la fin du dix-
huitième siècle, ainsi que leurs images en font foi. Le
cheval que Bourgelat figure comme représentant l'idéal de
la perfection des formes extérieures et des proportions
est un cheval normand, danois ou allemand, comme on
voudra.

Variétés allemandes. — Les variétés admises dans
l'Allemagne du Nord sont, comme partout, très-nombreu-
ses, étant à la fois fondées sur les provenances provin-
ciales et sur les raisons d'appropriation aux services particuliers que commande la taille des sujets. Il convient
de ne point tenir compte ici de ces distinctions arbitraires et de les englober toutes en trois divisions seulement,
qui en donneront une idée suffisamment juste. La première, qui se produit dans les duchés de Sleswig-Holstein et s'étend aux vallées de l'Elbe et du Weser, jusque
dans l'Oldenbourg, est celle dite des chevaux danois; la
deuxième est celle des chevaux hanovriens, et la troisième
celle des chevaux mecklembourgeois.

Riquet, ancien vétérinaire principal de l'armée française,
qui fut envoyé en 1841 en Hanovre et en Danemark, en
qualité de membre d'une commission chargée d'y acheter
des chevaux pour la remonte de notre cavalerie, nous en
a donné peu de temps après des descriptions que nous
lui emprunterons, comme étant plus exactes que celles
que nous en pourrions faire aujourd'hui, à cause de l'intervention de plus en plus générale des étalons anglais
survenue depuis lors. On voudra bien prendre garde,
toutefois, que l'auteur de ces descriptions s'exprime dans
le langage du temps.

Le principal centre de production des chevaux danois,
dit-il, est dans la Marche d'Oldenbourg, bien qu'ils soient
considérés, dans le commerce, comme originaires du
Holstein. « Tous ces chevaux, en général, ajoute notre
auteur, sont des carrossiers de haute taille, plutôt communs que distingués, à forte charpente, à formes empâtées, à pieds volumineux et plats ; cette espèce de dégé-
nération de l'espèce tient à la nature des pâturages, au
genre d'alimentation et à la préférence que les paysans

accordent à ce genre d'élèves et à la quantité innombrable de bestiaux qui vivent dans les vastes prairies de cette contrée.

« La haute taille et l'embonpoint des chevaux de la Marche d'Oldenbourg tiennent donc à la qualité substantielle des pâturages, qui, comme tous ceux des prairies d'embouchure, contiennent beaucoup de principes nutritifs sur un volume donné, et disposent singulièrement à l'empâtement des formes, plutôt qu'à l'énergie et à la distinction... Du côté d'Altenek, on rencontre des chevaux moins élevés en taille et qui conviendraient parfaitement à la ligne. »

Ils ont tous, dit-il, « la tête carrée (?) et un peu busquée, l'œil beau, le rein bien fait, la croupe arrondie ou légèrement inclinée, beaucoup de ventre, les formes généralement communes et empâtées, les membres assez forts, les pieds volumineux et plats, mais susceptibles de s'améliorer. La taille est de 4 pieds 10 pouces à 5 pieds (1m 57 à 1m 62), et plus même. Ces chevaux sont gros mangeurs, ce qui tient au genre d'alimentation de ces contrées pendant la jeunesse. Les allures sont bonnes, peu brillantes cependant ; mais ils ont du fond et deviennent de bons chevaux après avoir langui jusqu'à l'âge de six ans... — La race oldenbourgeoise qui est propre à la selle est plus légère, meilleure et moins haute de taille que la race carrossière ; ses formes sont moins communes, mais elle est beaucoup plus rare (1). »

Aujourd'hui les chevaux danois tels qu'ils viennent d'être décrits ne sont plus estimés du tout, ni pour la selle ni pour l'attelage ; ils ne servent qu'aux travaux agricoles.

C'est en Hanovre que le croisement anglais s'était fait le plus sentir, dès l'époque à laquelle remonte le travail

---

(1) A. RIQUET, *Documents sur le commerce, l'élève des poulains et les ressources chevalines, dans la plupart des provinces de l'Europe situées au nord et au nord-est de la France. (Recueil de médecine vétérinaire*, 1846. 3º série, t. III, p. 819 et suiv.) Paris, Asselin.

de l'auteur que nous suivons. Il est bon de le faire remarquer, afin qu'on comprenne bien sa description « La race hanovrienne proprement dite, répandue dans plusieurs parties du royaume, a, dit-il, totalement disparu dans quelques contrées. Sa taille est plutôt moyenne que grande ; elle est assez distinguée ; sa tête est légère, parfois un peu busquée, l'œil petit, haut placé, ce qui donne à la tête une expression particulière et la fait nommer *tête d'oiseau*...

« On est dans l'habitude, en Hanovre, de présenter les poulinières aux étalons neuf jours après la mise-bas. Il est rare qu'après la deuxième saillie elles ne soient pas fécondées. La statistique hippique du Hanovre porte le chiffre des saillies par les étalons du haras de Lopshorn, ceux du haras de Celle, des écuries du roi et de ceux des propriétaires qui possèdent des étalons approuvés, à 20,000 saillies environ. Les avortements sont rares, ainsi que la mortalité des poulinières et de leurs poulains.

« Quelques jours après la mise-bas des poulinières, ces bêtes reprennent graduellement le cours ordinaire de leur travaux ; elles sont accompagnées aux champs par leurs jeunes poulains. On ajoute, à la nourriture qu'ils prennent de la mère, du pain, beaucoup de lait de vache dans lequel on met de la farine ; plus tard des herbes tendres leur sont présentées (1). »

Le Hanovre est assurément un des meilleurs pays de toute l'Europe pour la production des forts chevaux de selle et d'attelage, qui sont, en ce pays, la principale source de revenu pour les agriculteurs. Il en sort chaque année plus de dix mille, qui donnent lieu à un commerce très-actif et se répandent surtout dans les diverses parties de l'Allemagne, mais dont beaucoup viennent à Paris.

Quant au Mecklembourg, on distingue dans la population chevaline de ce pays, dit Riquet, la race de luxe, carrossière et de selle, et la race commune ; cette dernière tend de jour en jour à disparaître (1841).

---

(1) *Loc. cit.*, p. 834.

« Comparés aux chevaux normands, avec lesquels ils
ont de la ressemblance, les chevaux du Mecklembourg
sont plus agiles et plus vifs ; leur cadre est parfois trop
long, leur système musculaire et leur charpente osseuse
plus en relief ; les formes sont plus anguleuses qu'arrondies ; la croupe est horizontale ; la couleur dominante des
robes est le bai et le bai brun plus ou moins foncés, souvent zains.

« La race mecklembourgeoise présentait autrefois d'une
manière bien tranchée les caractères suivants qu'on retrouve encore chez quelques chevaux de plusieurs dis-
tricts : la tête carrée, le front large, les yeux grands et
beaux, les oreilles un peu longues, l'encolure fournie,
droite, le garrot saillant, le poitrail assez ouvert, l'épaule
oblique, l'avant-bras bien musclé, la cuisse forte, les
jarrets étroits et peu évidés, les canons longs, les pieds
volumineux, les allures bonnes, trottant en retroussant.
Cette race descend, dit-on, du cheval arabe et de la jument normande (nous savons ce que peut valoir une
telle assertion). Par l'influence du sang anglais, les
formes se sont modifiées pour se rapprocher du type de
ce dernier.

« Aujourd'hui, presque tous les chevaux de luxe achetés
dans le Mecklembourg sont exportés comme chevaux venant d'Angleterre... Quoique la pratique de l'élève du
cheval en Mecklembourg soit raisonnée et bien entendue,
le système général d'élevage dépend du sol, du climat,
du mode de culture et de la manière de voir des grands
propriétaires, qui ont encore de la difficulté (1841) à
abandonner le type d'élève allemand pour adopter le type
anglais.

« Tous les poulains mecklembourgeois et ceux qui y
sont importés du Holstein et du Hanovre commencent à
travailler dès l'âge de dix-huit mois à deux ans, afin de
leur faire gagner par un léger service leur nourriture.

« Depuis leur naissance jusqu'à leur sevrage, les poulains suivent leurs mères au travail ; à un an, ils sont
progressivement soumis au régime sec ; les fourrages des
prairies naturelles et artificielles, l'avoine, le froment,

quelques autres graines et beaucoup de paille hachée,
sont les bases de l'alimentation à l'écurie.

« Au dire des marchands étrangers et de ceux du pays,
le cheval de Mecklembourg est le meilleur et le plus élégant des chevaux du Nord ; la manière de l'élever en augmente le prix ; il est aussi très-remarquable par la douceur de son caractère, par la bonté et la durée de ses
services, par sa souplesse, sa légèreté et la bonté de son
pied (1). »

Au temps où écrivait Riquet, le Mecklembourg était ex-
ploré par des marchands de Francfort, de la Prusse, de
Metz, de Nancy, de Strasbourg, de Lyon, etc. Il en est
de même aujourd'hui, et nous avons pu voir à Manheim,
en 1868, dans les écuries des plus grands marchands de
l'Allemagne, de Berlin, de Francfort, de Munich, de
Vienne, réunis pour les foires du printemps, que les habitudes n'ont pas changé. Seulement la population s'est
beaucoup modifiée, comme celle du Hanovre. Il serait à
présent à peu près impossible, répétons-le en terminant,
d'établir des variétés distinctes entre les chevaux hanovriens, mecklembourgeois, anglais de service et normands,
qui se trouvent dans le commerce. Les anciennes variétés ne se retrouvent que sur quelques individus isolés,
que la routine, dans chaque pays, a fait élever d'après les
antiques errements.

Néanmoins, il était bon de consigner ici les pratiques
usitées autour du berceau de la race germanique, pour
n'avoir plus à y revenir lorsque nous nous occuperons des
métis que cette race a concouru à former.

Variété normande. — Cette variété n'a plus qu'une
importance historique. Pour la décrire, il faudrait reproduire le texte d'anciens auteurs, car il serait impossible,
à l'heure présente, de trouver en Normandie un seul sujet
qui lui appartînt en propre. La population chevaline de la
province est devenue complétement métisse en état de
variabilité désordonnée. Nous la retrouverons à sa place
dans le groupe auquel elle appartient. Il serait sans uti-

_____

(1) *Loc. cit.*, 1847, 3e série, t. IV, p. 439.

lité pratique d'entreprendre ici un travail de restauration
de la variété pure. Nous nous bornerons par conséquent
à signaler son ancienne existence.

Variété comtoise. — La production chevaline n'étant
nullement à sa place en Franche-Comté, nous ne nous
étendrons guère non plus sur la description zootechnique
des chevaux descendant de ceux qu'y introduisirent les
Burgondes. Une grosse tête à l'extrémité d'une encolure
maigre, des formes anguleuses du corps, avec une croupe
très-oblique et des membres faibles terminés par de
grands pieds, tel est le portrait non chargé de ces chevaux,
des deux côtés de la chaîne du Jura, en France et en
Suisse.

Ceux qui habitent le département de l'Ain, et qui sont
connus sous le nom de *dombistes*, n'en diffèrent point.
Comme tous les autres, on a cherché à les améliorer par
des croisements. On y a naturellement échoué, les conditions d'une bonne production chevaline n'existant point
et ne pouvant point être réalisées en un tel pays. La sagesse commanderait d'y renoncer pour consacrer les ressources fourragères aux animaux plus capables de les
utiliser.

Variété italienne. — Dans les maremmes de la Toscane vit à l'état demi-sauvage une population chevaline
assez nombreuse, puisque d'après le dernier recensement
il existe dans les provinces de Florence, de Pise, de
Sienne, de Grossetto, de quinze à vingt-quatre chevaux
par kilomètre carré.

Dans cette partie centrale de l'Italie domine le cheval
appelé *maremmano*, dont les caractères spécifiques sont
exactement ceux de la race germanique. Quant aux formes
générales de son corps et à ses aptitudes, il ressemble
tout à fait à l'andalou de même espèce, qui passe du reste
pour avoir été introduit parfois en Toscane, à titre d'étalon améliorateur. Nous n'avons pas à le décrire ici plus
en détail. Il convient de laisser ce soin aux zootechnistes
italiens, qu'il intéresse particulièrement, en nous bornant
à leur signaler sa caractéristique.

RACE FRISONNE (*E. C. frisius.*)

Caractères spécifiques. — Frontaux légèrement déprimés sur la ligne médiane, à partir de la moitié environ
de leur étendue longi-
tudinale, puis un peu
renflés latéralement ,
jusqu'aux apophyses
orbitaires qui parais-
sent ainsi effacées ; or-
bites relativement pe-
tits ; sus-naseaux très-
longs, renflés à la racine
du nez pour continuer
la courbe des frontaux,
incurvés transversale-
ment et s'unissant sur
la ligne médiane en for-

Fig. 7. — Type de la race frisonne
(juments).

mant un sillon profond, qui se continue dans toute leur
longueur; lacrymaux sans dépression; faible dépression
au niveau de la suture naso-maxilaire ; branche du petit
sus-maxilaire longue, très-peu oblique; arcade incisive
grande. Profil rectiligne, avec faible renflement au niveau
des orbites ; face très-allongée, étroite, élliptique (vulgairement tête de vieille). C'est la face la plus longue qui
existe parmi les Équidés (fig. 7).

Formule vertébrale : cervicales 7; dorsales 18; lombaires 6 ; sacrées 5; coccygiennes en nombre variable,
mais toujours parmi les plus grands qui s'observent.

Caractères zootechniques généraux. — La taille
est toujours grande (jusqu'à 1m70), le squelette grossier,
le corps volumineux, à formes anguleuses, à croupe large,
avec des hanches saillantes, surtout chez les juments. Les
côtes sont généralement peu arquées et les épaules peu
musclées. Les membres longs, volumineux, à articulations
larges et puissantes, doivent surtout leur longueur à celle
des canons, ce qui entraîne des allures sans élégance. Les

masses musculaires sont peu développées par rapport au volume du squelette.

Le type naturel n'est pas beau, à cause de la grande longueur relative de sa tête, aux oreilles longues et souvent un peu pendantes, des lignes peu harmonieuses de son corps et de la grossièreté de ses membres chargés de crins et terminés par de grands pieds.

Toutes les couleurs de poils existent dans l'ensemble de la race, qui se distingue toutefois par l'abondance et la grossièreté des crins de l'encolure, de la queue et des régions inférieures des membres; ceux-ci sont le plus souvent si abondants et si longs, qu'ils recouvrent entièrement le sabot, toujours volumineux et évasé.

Le tempérament est mou, sans vigueur. La race n'est propre qu'à travailler aux allures lentes. En raison du fort poids des sujets, ils disposent cependant d'une grande force motrice, mais beaucoup moindre toutefois, à poids égal, que celle du type britannique, les masses musculaires prenant à ce poids une part moins grande.

Aire géographique. — En étudiant aujourd'hui la partie de l'Ancien Continent que peuplent les représentants de la race en question, on ne se ferait pas une idée exacte de son origine, si l'on ne songeait aux modifications que les phénomènes géologiques ont fait subir à cette partie de l'Europe, et aussi à la lutte que ses habitants soutiennent depuis des siècles pour la disputer aux envahissements de la mer.

On sait qu'à partir du moment où les îles Britanniques ont été séparées du continent, le sol de la Hollande n'a pas cessé de s'affaiser, à ce point que la plupart des polders actuels sont situés au-dessous du niveau de la mer. Les digues qui les protégent doivent être constamment réparées et renforcées.

Plus on s'élève vers le nord de ce curieux pays, plus la production chevaline est cultivée par ses habitants. C'est dans les polders des provinces de Frise et de Groningue que les chevaux sont le plus abondants et qu'on cherche le plus à les améliorer. Au milieu du disparate causé par les croisements, on y retrouve néanmoins dominant le type naturel décrit plus haut, et cela conduit à penser que là doit avoir été primitivement le berceau de sa race. A la fin des temps tertiaires, celle-ci devait s'étendre, du côté de l'ouest, sur le sol aujourd'hui recouvert par le Zuiderzée, sur le Northolland, où nous la retrouvons et jusque sur les basses terres de l'Écosse, où nous la retrouvons aussi.

Ces considérations, tirées de la loi d'extension des races, justifient pleinement, croyons-nous, le nom par lequel nous avons désigné celle dont il s'agit ici. A tout esprit pénétré de l'exactitude de cette loi il ne paraîtra pas douteux, après avoir parcouru les Pays-Bas et étudié leur population chevaline, que les premières familles de cette race se soient formées sur la partie septentrionale de la Hollande, en Frise, et que de là elle se soit étendue à l'est, à l'ouest et au midi, tant qu'elle n'a point rencontré la concurrence d'autres races chevalines. C'est ainsi qu'elle a peuplé les terres fertiles de Groningue, jusqu'à sa rencontre avec la race germanique, celles de la Hollande septentrionale et de la Hollande méridionale, sans doute les parties aujourd'hui recouvertes par la mer, entre les deux provinces et les côtes britanniques, et les comtés de celles-ci où ses représentants subsistent encore, les Flandres belges et la Flandre française, ainsi que la Picardie, maintenue au sud-est par la race belge et au sud-ouest par la race britannique.

Son aire géographique naturelle est facile à tracer d'après cela sur la carte. Elle embrasse une grande partie de la Hollande, une partie de l'Écosse, et se prolonge, par une pointe qui englobe les Flandres, jusqu'en Picardie.

On la retrouve loin de là, entre l'embouchure de la Loire et celle de la Charente, en Vendée et en Poitou ; mais l'histoire de son établissement en ce lieu nous est parfaitement connue. On sait qu'après le desséchement des premiers polders hollandais, Sully, ministre d'Henri IV, chargea Bradley, surnommé en son pays « le maître des digues, » d'effectuer une opération analogue dans les marais de notre littoral. Le canal d'écoulement des eaux y porte encore le nom de canal des Hollandais, en témoignage du fait. Jusqu'alors il n'y avait point, en cette région marécageuse et submergée par la haute mer, de population chevaline, non plus du reste que de population humaine suffisante pour exécuter de tels travaux.

On le comprendra sans peine, Bradley dut amener avec lui de son pays hommes et chevaux, travailleurs et moteurs animés. L'opération dura longtemps, et après le dessèchement de ce qui s'appelle encore aujourd'hui, en Vendée et dans les environs de Rochefort, les marais de Saint-Gervais et de Saint-Louis, les herbages ainsi nommés durent être exploités comme l'étaient et le sont encore les polders de Frise et de Groningue, les premiers conquis de la Hollande, dont le dessèchement remonte à la fin du XVIe siècle. Les juments et les étalons frisons y furent établis et y firent souche, puis de là leur descendance s'étendit aux terres cultivées de l'ancien Poitou. Elle y forma la population de ce qu'on nomme improprement, en la province, la race des juments mulassières, longtemps recherchée pour la production des mulets, à cause de sa forte taille, de ses larges pieds et de ses formes grossières.

Variété hollandaise. — Aujourd'hui l'on ne rencontre presque plus en Hollande d'individus purs de cette variété. Depuis longtemps, dans les polders de Groningue, de la Frise, du Northolland et de la Zélande, on a cherché à améliorer les formes des chevaux par l'emploi d'étalons tirés, soit de l'Angleterre, soit du nord de l'Allemagne, soit de la France, afin de produire des sujets propres aux attelages de luxe. On y réussit peu. Le plus souvent les produits ont des formes incorrectes, sans harmonie, une grosse tête avec des membres grossiers et un corps d'une ampleur insuffisante.

Ce sont les robes baies qui dominent. Le petit nombre des individus qui héritent des formes paternelles sont tardifs et d'un tempérament mou. Ils n'acquièrent un peu d'énergie que longtemps après avoir été soumis, dans un autre climat que le leur, au régime prolongé de l'avoine. En Hollande, ils ne commencent à travailler qu'à la fin de leur quatrième année.

Toute la population, maintenant presque partout composée de métis à divers degrés, est d'ailleurs en état de variabilité désordonnée. Toutefois, elle fait le plus ordinairement retour au type frison, qui imprime aux groupes leur caractéristique non douteuse, seulement avec un peu moins de lourdeur et de grossièreté de formes que dans le type pur, surtout en Groningue et dans le nord de la Frise.

Le peu d'aptitude motrice qui la distingue, la mollesse et la lenteur de ses allures, tiennent à l'absence de gymnastique fonctionnelle autant qu'à l'influence du climat. On croit trop, en Hollande, que l'amélioration des populations chevalines dépend exclusivement du choix des étalons. On n'y fait pas assez tôt ni assez fortement travailler les chevaux, qui passent la plus grande partie de leur jeunesse à paître dans les polders herbeux ou cultivés.

Variétés flamande et picarde. — Les chevaux flamands sont les véritables géants de leur genre. Ils atteignent la plus haute taille et aussi la plus forte corpulence. Le plus souvent, le développement des masses musculaires n'est pas en harmonie avec celui du squelette ; mais lorsque leur élevage a été l'objet de soins méthodiques, il leur arrive de présenter des proportions harmoniques.

Dans les Fandres belges comme dans la Flandre française, il advient souvent que les juments sont accouplées, de propos délibéré ou inconsciemment, soit avec des étalons dits de demi-sang, soit avec des étalons de la grande variété boulonnaise du type britannique. La population flamande est par conséquent un peu mélangée.

Il n'y a vraiment aucune raison valable pour distinguer des chevaux flamands ceux de la Picardie qui leur confinent et que rien n'en différencie. La prétendue race picarde n'existe que pour les Picards. Nous devons donc en décrire la population sous le seul nom qui lui convienne.

Dans la variété flamande, la taille est de 1^m65 au moins

atteignant souvent au-delà de 1m70. Les sujets ont les naseaux petits, la bouche grande, les joues plates, les
oreilles épaisses, longues et un peu tombantes, les yeux
petits. L'encolure est courte et surchargée de crins. La
poitrine est profonde, à côtes insuffisamment arquées.
Le corps est long, à garrot bas, la croupe arrondie chez
les mâles avec des hanches basses, le plus souvent avalée chez les femelles. Les épaules sont dans la plupart
des cas insuffisamment inclinées, les membres très-gros
et abondamment pourvus de crins grossiers, comme la
queue. La peau est épaisse, et les pieds sont toujours
larges et souvent plats. Le tempérament est mou.

Cette variété est celle qui, aujourd'hui, paraît représenter le mieux tous les attributs réunis du type primitif de
la race frisonne. C'est celle qui, en effet, a été le moins
croisée. Elle est généralement de robe baie.

Les principaux centres de production sont en Belgique,
dans les environs de Bruges, de Gand ; en France, dans
ceux de Dunkerque et d'Hazebrouk, dans la vallée de la
Lys, c'est-à-dire, en somme, dans le bassin de l'Escaut.
Aux environs de Bourbourg et dans les parties voisines
de la Flandre occidentale, où l'élevage est le mieux soi-
gné, se trouvent les meilleurs sujets de la variété. C'est
de là que viennent ces colosses que les brasseurs de Paris, comme ceux des villes du Nord, attèlent à leurs camions avec orgueil, et qui sont connus, pour ce motif,
sous le nom vulgaire de chevaux de brasseur.

En Picardie, les poulains naissent dans les environs de
Compiègne, de Laon, de Vervins. Ils sont élevés dans les
arrondissements de Château-Thierry, de Senlis, de Sois-
sons. De là quelques-uns vont en Beauce se mêler aux
chevaux percherons. Ce sont ceux de robe grise. Les
autres, employés aux travaux agricoles dans leur propre
pays jusqu'à l'âge de quatre ans ou plus, sont ensuite
emmenés par le commerce pour l'approvisionnement de
Paris. Il arrive assez souvent que les étalonniers poitevins
vont en Picardie pour remonter leurs établissements.

Variété clydesdale. — Cette variété doit son nom
(dont les Anglais et nos auteurs français font un nom de

race) à la Clyde, rivière d'Écosse, dans la vallée de laquelle se trouve son principal centre de production. Les hippologues anglais supposent qu'elle y a été formée, vers la fin du dix-septième siècle, par le croisement des juments indigènes avec des étalons flamands, tirés de la Hollande par un duc d'Hamilton. L'origine de ces étalons et le fait de leur introduction ne laissent point de doute; mais il ne peut être davantage douteux que les juments réputées indigènes dont il est parlé n'étaient point d'une autre souche que celle des étalons eux-mêmes.

Du reste, il est dit aussi qu'au douzième siècle le roi Jean introduisit dans ses États cent étalons de choix pris dans les Flandres. Les auteurs empiriques, particulièrement en Angleterre, confondent le plus ordinairement l'amélioration d'une race ou d'une variété avec sa formation, dans l'ignorance où ils sont des lois naturelles qui régissent cette formation. Nous l'avons vu pour ce qui concerne la variété des chevaux de course. Nous le verrons encore pour la plupart des autres variétés animales de l'Angleterre, qu'une certaine école a voulu absolument faire dériver du croisement.

Quoi qu'il en soit des dissertations auxquelles les Anglais se sont livrés sur son origine, la variété clydesdale considérée comme pure a tous les caractères du type frison, et cela suffit, d'après les lois naturelles connues, pour l'y rattacher d'une manière certaine. Sa tête est longue, avec des ganaches peu développées; « la ligne du front aux naseaux est presque droite, courbe chez quelques individus, » dit un auteur anglais; « l'encolure est d'une longueur moyenne, l'épaule bien musclée, mais peu oblique; le grand développement des muscles des reins, donnant à la hanche une hauteur apparente, et le garrot épais, font paraître le dos bas; les articulations des membres sont larges et fortes, mais les muscles de la cuisse peu volumineux; les tendons, très-développés, donnent aux canons une forme plate; depuis le genou jusqu'au boulet, ceux-ci sont couverts de crins abondants, qui sont considérés comme une indice de pureté de race; le pied est large, à corne solide.

« La couleur est un indice de la pureté de race, poursuit l'auteur auquel nous empruntons sa description, afin
d'être plus sûr de ne point nous laisser influencer par
notre thèse; « elle est ordinairement baie, brune et
grise; les bais et les bruns sont actuellement les plus
estimés; les gris le sont moins qu'autrefois, et cette couleur était beaucoup plus commune il y a une quarantaine
d'années; on reproche à cette dernière robe de blanchir
avec l'âge et d'indiquer ainsi la vieillesse. Le noir est peu
recherché, et on voit peu de chevaux entiers de cette
couleur; quelques-uns sont gris; le plus grand nombre
est bai ou brun. Les marques blanches indiquent une pure
origine : deux ou trois balzanes sont très-fréquentes; une
seule ou bien quatre sont plus rares. Chez un petit nombre de sujets, ces balzanes montent au-dessus du jarret, et exceptionnellement au-dessus du genou, soit à
l'un des membres antérieurs, soit à tous les deux. Les
chevaux à balzanes sont ordinairement *belle-face*, et ce
signe affecte la forme d'une bande de longueur et de largeur variables. La pelote en tête se rencontre assez souvent, mais l'absence de balzane ou de quelque marque
blanche à la tête est si rare qu'elle fait douter de la pureté
d'origine. On ne voit pas d'alezans, de rouans ou d'isa-
belles parmi les clydesdales...

« L'estime qu'on fait du clydesdale provient en grande
partie de son caractère docile et calme, de la sagesse
avec laquelle il se comporte au tirage. Cette docilité est
due en partie à la douceur avec laquelle il est généralement traité surtout dans le jeune âge, et la sélection a
tellement développé cette qualité qu'il est très-rare d'avoir
des chevaux vicieux...

« La castration a lieu habituellement à l'âge d'un an,
et quelquefois avant le sevrage. Conservé entier, le poulain de deux ans, dans quelques fermes, saillit un petit
nombre de juments, dix à vingt; à trois ans, ce nombre
est fixé ou pourrait l'être à quarante ou cinquante; à
quatre ou cinq ans, le cheval est considéré comme étant
dans toute sa force pour la reproduction. A neuf ou dix
ans, l'étalon, passant pour être moins prolifique, est

moins recherché ; mais cet affaiblissement prématuré provient des excès qu'on lui a imposés à l'âge de trois ou quatre ans, car souvent on estime le reproducteur de pur sang à l'âge de vingt ans et au-delà. Il n'en est pas de même pour le clydesdale : passé douze ans, il fait rarement le métier d'étalon rouleur ; s'il n'est pas complétement usé, il est employé aux travaux de la ferme et ne fait le saut qu'accidentellement. »

Les clydesdales sont, en Angleterre et en Écosse, les chevaux de labour des terres fortes. Ils sont, en propres termes, plus agricoles qu'industriels. On en rencontre peu, en dehors des fermes, attelés aux wagons ou aux camions des villes et des grandes usines. Ils n'ont, pas plus qu'aucun des autres, dans les îles Britanniques, échappé à l'influence de la doctrine du croisement. Ils ont donc, eux aussi, leurs métis, que l'on trouve parfois dans le commerce sous le nom de trotteurs de Norfolk. Nous en avons reconnu, sous ce même nom, parmi les étalons de la Hollande méridionale et de la Zélande. Chez nos voisins d'outre-Manche, le clydesdale est aux chevaux agricoles ce que le cheval de course est aux chevaux de luxe. Il est considéré comme leur améliorateur par excellence. Aussi rencontre-t-on quelques-uns de ses caractères chez les sujets qualifiés de Suffolks.

Les Clydesdales sont répandus dans toute l'Angleterre, mais les étalons se produisent surtout en Écosse, dans l'Ayrshire et les environs, autour de Lanark, Renfrew, etc. Ils ont un registre généalogique, tenu par une société particulière (*Clydesdale Society*) dont l'objet est de les faire valoir commercialement.

Variété poitevine. — Le cheval poitevin est de taille élevée ; il a, comme le flamand, les naseaux petits, les lèvres épaisses et la bouche grande, l'oreille longue et souvent tombante, l'œil petit, la physionomie molle et peu intelligente, les joues fortes, mais plates. Son encolure est forte et chargée de crins, souvent maigre chez la femelle. Le garrot est élevé et épais, le dos bas ; les hanches sont saillantes ; la croupe est large et allongée, la queue volumineuse et attachée haut. La poitrine est profonde, mais plate. Le corps est long. Les membres sont très-gros avec des articulations larges, des canons longs et surabondamment pourvus de crins depuis le genou jusqu'aux pâturons : ces crins sont parfois si longs qu'ils vont jusqu'à recouvrir entièrement le pied, qui est toujours large et plat. Cela est très-estimé en Poitou, en vue de la production des mulets. La robe varie, mais le bai et le gris dominent.

Telle est la variété que l'on appelle *race mulassière*, et dont la population va diminuant beaucoup dans le Poitou. C'est l'établissement du haras de Saint-Maixent qui a commencé, il y a longtemps, le mouvement de diminution, en multipliant les métis dont il sera parlé plus loin. Jacques Bujault, dont l'enthousiasme était véritablement dithyrambique à l'endroit de la jument mulassière, a toute sa vie déploré en termes fort accentués le résultat constaté.

Les poulains naissent dans le Marais et dans la plaine, en Vendée et dans les Deux-Sèvres. Les premiers restent au lieu de leur naissance jusqu'à l'âge de deux ans ; les seconds, après le sevrage, qui a lieu vers sept ou huit mois, vont les y retrouver pour la plupart, et retournent ensuite en Gâtine et dans le Bocage, où ils sont engraissés dans les écuries, depuis la Saint-Jean jusqu'au mois de janvier suivant, à moins qu'ils n'aient été achetés à deux ans, en sortant du Marais, aux foires de la Vendée ou à celles de Saint-Maixent, par les marchands du Berry, de la Beauce et du Midi, qui en enlèvent un grand nombre. Les autres sont vendus durant l'hiver.

Nous verrons ce que deviennent ceux qui vont en Beauce : ce sont tous des mâles qui restent entiers. Quant aux marchands du Midi, ils n'achètent guère que des pouliches de trois ans, formant l'excédant de ce qui est nécessaire pour entretenir la production du pays et pour peupler les départements voisins.

RACE BELGE (*E. C. belgius*).

Caractères spécifiques. — Frontaux plats, déprimés, avec arcades orbitaires très-saillantes ; orbites moyens ; portion faciale des lacrymaux sans dépression et se joignant aux frontaux et aux sus-naseaux suivant une courbe sortante régulière ; sus-naseaux unis aux frontaux sans dépression ni saillie à la racine du nez, en voûte surbaissée, droits jusqu'à la moitié environ de leur longueur , puis à partir de là relevés en courbe jusqu'à leur pointe, ainsi que le bord correspondant du grand susmaxillaire jusqu'à l'angle naso-maxillaire ; au niveau de cet angle, chacun des sus-

Fig. 8. — Type de la race belge.

naseaux s'élargit et s'incurve fortement d'un côté à l'autre, pour former une sorte de renflement ; petit susmaxillaire a branches longues et peu obliques, à arcade incisive grande ; profil indéfinissable autrement que par sa ressemblance avec celui du rhinocéros (vulgairement tête de rhinocéros) ; face ovale (fig. 8).

Formule vertébrale : cervicales 7 ; dorsales 18 ; lombaires 6 ; sacrées 5 ; coccygiennes en nombre variable. Série cervicale très-arquée dans sa partie antérieure ; dorsales et lombaires à corps très-court ; apophyses transverses des dernières très-longues.

Caractères zootechniques généraux. — Taille variable, mais ne dépassant guère 1m 60. Oreilles relativement courtes ; encolure courte, épaisse, à bord supérieur

arqué, à crins peu abondants. La forme de l'encolure
tient à la situation élevée du trou occipital, qui oblige
l'animal à fléchir la partie supérieure de sa tige cervicale,
pour diriger horizontalement son axe visuel; sans cela, le
bout du nez serait porté trop haut, et l'axe visuel oblique.
Corps très-court et épais, cylindrique; croupe large, arrondie, fortement musclée; queue attachée bas et peu
touffue. Membres forts, peu pourvus de crins.

On observe dans la race toutes les couleurs de poil.

Tempérament robuste et souvent très-énergique, surtout dans les petites tailles. Race propre aux allures vives,
en général, quoique peu allongées. Elle fournit en même
temps des chevaux de gros trait, de trait léger et de selle.

Aire géographique. — Les monuments de l'art antique, ceux de l'art roman, nous indiquent le rôle considérable qu'a dû jouer, après la guerre des Gaules, la race
des chevaux belges. Son type est, en effet, souvent reproduit par la sculpture sur ces monuments. Les chevaliers romains l'avaient tiré de la Gaule belgique, vraisemblablement à cause de sa forte corpulence. Les guerriers
franks, à la chute du monde romain, le firent sans doute
aussi descendre de son pays vers le Midi. Toujours est-il
qu'on le retrouve dans la vallée du Rhône, dans l'île de
Camargue et jusqu'en Italie, et que des bas-reliefs de
ces époques, ainsi que les effigies des médailles et des
monnaies trouvées sur le sol des Gaules, le représentent.

L'étude attentive de l'aire géographique actuelle de la
race belge ne permet pas de douter que son type appar-
tienne au bassin de la Meuse, sur quelque point duquel
il s'est formé (1).

Cette aire s'étend aux provinces belges du Brabant,
du Limbourg, de Liége, du Hainaut, de Namur, de Luxem-

_____

(1) Nous avons montré (*Bulletins de la Société d'anthropologie,*
2ᵉ série, t. IX, p. 642, et *Revue archéologique,* 1874) que les ossements d'Équidés accumulés à Solutré en amas énorme, appartiennent, selon toutes les probabilités, à l'espèce du cheval belge,
que les habitants de la station préhistorique allaient chasser dans
le bassin de la Meuse.

bourg, aux Ardennes françaises et aux départements de la Meuse et de la Haute-Marne, jusqu'au plateau de Langres.

La race franchit la Moselle et le Rhin, et fournit des chevaux de trait au palatinat rhénan, sans toutefois s'y implanter. En dehors du bassin de la Meuse, on ne le rencontre que dans la vallée du Rhône et en Suisse sur les Franches-Montagnes, puis en Lombardie, dans les environs de Crémone, où son établissement remonte, selon les probabilités, à l'antiquité. Il ne s'en trouve que quelques sujets plus ou moins purs parmi la population de la Camargue, appartenant, pour la plus grande partie, à la race asiatique.

Elle n'existe maintenant nulle part ailleurs à l'état de famille ; elle ne s'y trouve représentée que par des individus amenés par les transactions commerciales, soit en France, soit en Allemagne, où ils sont toujours en minorité dans la population, pour ce motif que leur pays d'origine, la Belgique, en raison de sa grande activité industrielle, utilise la plupart de ceux qu'elle produit.

Variétés du Brabant, de la Hesbaye et du Condroz. — Le cheval brabançon est le plus gros et le plus lourd de tous les belges. C'est le moteur agricole des terres puissantes et grasses de la province si bien cultivée. Il en est de même de l'hesbignon, dont les formes sont encore plus communes, moins harmonieuses, et le tempérament plus mou. Le condrozien, au contraire, moins volumineux, plus énergique, peut trotter.

La province de Liége, au lieu de s'appliquer à l'amélioration de ses propres chevaux, au moyen des bonnes méthodes de production et d'élevage, tend à se laisser envahir par les métis. Dans le Brabant, au contraire, on observe une forte réaction en faveur du cheval de gros trait, et l'ensemble de sa population s'en est ressentie. Par des soins plus attentifs dans l'éducation des poulains et par un bon choix des reproducteurs, on arrivera sans nul doute à y faire dominer les sujets d'une bonne conformation, bien également musclés, au lieu de ceux à formes décousues qu'on observe encore aujourd'hui.

Variété du Hainaut et de la province de Namur.

— Le gros cheval du Hainaut est fort et robuste; il a le poitrail ouvert et musculeux, les épaules puissantes, les côtes bien arquées et les reins courts. Sa partie faible, dit avec raison Gayot, est le bas des membres, qui n'a pas assez d'ampleur; l'articulation du jarret n'offre pas assez de largeur non plus.

« Du reste, ajoute le même auteur, la population n'est pas complètement homogène dans toute l'étendue de la province; on y distingue deux variétés : l'une exclusivement propre au tirage lent, au gros trait; l'autre plus apte à des services qui réclament plus de rapididité dans l'action. La première, plus répandue, mesure de 1ᵐ 59 à 1ᵐ 64 du garrot à terre : c'est l'espèce favorite du cultivateur, qui l'emploie de bonne heure, et sans trop de ménagement, aux plus rudes travaux des champs; c'est aussi l'espèce privilégiée des grosses industries du carrier, du charbonnier, du brasseur... La seconde variété, moins haute, moins corpulente, plus légère d'ailleurs, est principalement élevée dans le Borinage, en vue du service relativement vite des omnibus et des messageries. C'est toutefois le même cheval au fond; les différences ne se trouvent que dans un développement moindre ou plus considérable, résultant de la nature même des aliments. »

C'est cette même variété que l'on trouve dans le bassin inférieur de la Moselle, dans le Luxembourg, et qui atteint son moindre développement dans les Ardennes, où nous allons maintenant la considérer.

Variété ardennaise. — C'est au milieu d'une population fort mêlée, résultant de croisements opérés en des sens bien divers, qu'il faut aller chercher à présent les rares sujets de type belge qui persistent dans les Ardennes, aussi bien de l'un que de l'autre des deux côtés de la frontière française. Les chevaux ardennais sont petits : là fut leur crime irrémissible aux yeux des hommes qui entreprirent, dans le courant de notre siècle, d'améliorer, en vue des besoins de la guerre, nos races chevalines.

L'auteur cité tout à l'heure rapporte une description de ce qu'était le cheval ardennais vers 1780, et de ce qu'on le voit encore, lorsqu'on le rencontre ayant échappé à l'influence du croisement. « Ce cheval rappelait, dit-il, celui de troupes légères, et plus particulièrement celui de hussards, l'arme qui semblait être sa destination par excellence. Il avait la tête sèche, carrée (?), un peu camuse, l'œil proéminent, les oreilles courtes et bien plantées, la physionomie intelligente et éveillée, l'encolure droite, les épaules plates, le poitrail un peu étroit, le garrot élevé, les hanches un peu cornues, la membrure forte et régulière; les cordes tendineuses larges et bien détachées, mais les jarrets petits et légèrement crochus, la taille flottant entre 1ᵐ 42 et 1ᵐ 52. Cette conformation, courte et ramassée, ne faisait pourtant pas un beau cheval; la famille ardennaise n'a jamais été comptée parmi les races distinguées du pays, mais elle possédait un fonds extraordinaire, beaucoup d'énergie et une grande résistance. Elle vivait longtemps et brillait encore par sa sobriété; ses qualités ont été notoirement énergiques pendant la pénible campagne de Russie. »

Nul n'oserait prétendre que la population chevaline actuelle des Ardennes, dans son ensemble, puisse mériter le même éloge. Durant trop longtemps on a voulu l'améliorer par le croisement, surtout la grandir, en Belgique par les étalons dits demi-sang de l'ancien haras de Gembloux, en France par ceux du dépôt de Charleville, heureusement supprimé. Il faudra beaucoup d'esprit de suite et une judicieuse application des méthodes zootechniques pour la restaurer dans l'uniformité de son type naturel.

Des efforts sont faits en ce sens depuis plusieurs années, surtout dans le département de la Haute-Marne. On y remarque déjà une population chevaline meilleure fournissant d'assez bons moteurs pour le trait léger.

Variété crémonaise. — On appelle en Italie « *race cremonese* » une population chevaline lombarde, au corps court et trapu, à l'encolure épaisse, qui se rattache évidemment à la race belge. Cette population fournit quelques sujets d'une distinction relative, qui figurent dans les rangs de l'armée italienne; mais la plupart sont employés comme chevaux de trait aux transports et aux travaux agricoles.

Il n'y a pas de raisons pratiques pour que nous donnions ici une description zootechnique détaillée de la variété en question, qui se trouve du reste suffisamment caractérisée par l'indication de son origine. L'introduction en a été évidemment faite en Italie dès l'antiquité, comme nous l'avons dit, et si elle a subsisté dans la partie septentrionale de la Péninsule plutôt qu'ailleurs, c'est que là seulement elle a trouvé, en raison de la fertilité du sol, des conditions d'existence qui lui eussent fait défaut au Centre et surtout au Midi.

RACE SÉQUANAISE (*E. C. sequanius*).

Caractères spécifiques. — Frontaux très-faiblement convexes dans le sens transversal, avec des arcades orbitaires peu soillantes; orbite de moyenne grandeur; portion faciale du lacrymal sans dépression; sus-naseaux établissant leurs connexions avec les frontaux et les lacrymaux de façon à continuer une courbe régulière et à former au niveau de la racine du nez un léger renflement; unis sur la ligne médiane en voûte surbaissée et présentant, à partir du tiers supérieur environ, un petit sillon longitudinal, étant l'un et

Fig. 9. — Type de la race séquanaise.

l'autre incurvés transversalement; rectilignes jusqu'à la moitié de leur longueur, puis présentant là une petite courbe rentrante et se courbant ensuite en sens inverse jusqu'à leur pointe; petit sus-maxillaire à branches longues et peu obliques; arcade incisive grande; branches descendantes du maxillaire inférieur un peu curvilignes sortantes au niveau de l'espace interdentaire ; profil onduleux ; face elliptique (fig. 9).

Formule vertébrale : cervicales 7; dorsales 18; lombaires 6; sacrées 4; coccygiennes en nombre variable. Rien de particulier.

Caractères zootechniques généraux. — La taille varie de de 1m55 à 1m65. La tête paraît souvent un peu grosse, mais l'œil est si vif et la physionomie si intelligente, qu'elle ne manque pas pour cela de distinction. L'encolure est généralement de moyenne longueur, mais bien musclée et ornée de crins longs et fins. Le corps est cylindrique, avec une poitrine à côtes bien arquées. La croupe est arrondie, fortement musclée, souvent un peu avalée chez les juments, et l'attache de la queue un peu basse. Les membres sont forts, à larges articulations, bien musclés, avec un petit bouquet de crins seulement en arrière de l'articulation du boulet. Les paturons sont généralement un peu courts et tous les angles des membres, par corrélation naturelle, plus ou moins obtus.

Toutes les couleurs de poils s'observent dans la race ; mais, sous l'empire sans doute d'un préjugé local, la robe gris pommelé y est devenue de beaucoup prédominante.

Du reste, une statistique établie par la compagnie des omnibus de Paris peut fournir à cet égard des idées précises. Sur un effectif total de 13,777 chevaux appartenant presque tous à cette race, on en compte 1,628 bais, 1,146 noirs, 541 alezans, 426 rouans, 168 aubères, 1,462 gris foncé, 390 gris vineux, 185 gris truité, et 7,831 gris divers.

La race séquanaise, connue sous la désignation vulgaire de percheronne, est la race de trait léger par excellence. A ce titre elle jouit d'une réputation universelle. Elle est d'un tempérament vif, alerte, énergique et propre à traîner aux allures rapides de lourdes charges. Les grands trotteurs n'y sont pas rares.

Avant l'établissement des voies ferrées, c'est elle qui s'attelait presque partout aux malles-poste et aux diligences. Aujourd'hui, elle traîne surtout les omnibus. Sa caractéristique zootechnique est l'agilité unie à la force.

Avec cela elle atteint facilement l'élégance des formes, en conservant tous ses caractères zoologiques. C'est ce qui la fait rechercher par toutes les nations qui songent à améliorer leur population chevaline de trait ou qui visent à s'en créer une.

Elle est en effet une de celles qui jouissent en Europe, et même dans le monde entier, de la plus haute considération. Elle a, par ses mérites incontestables, porté partout la renommée de la petite province française où se trouve son meilleur centre de production. Cette renommée des chevaux percherons n'est comparable, en son genre, qu'à celle des chevaux de course de l'Angleterre. De même que ceux-ci sont universellement considérés comme les améliorateurs de toutes les races chevalines dites légères, ainsi en est-il des percherons pour les races de trait. L'Europe entière les envie à la France. On peut le dire à leur égard sans vanité nationale.

Aire géographique. — L'imagination des hippologues, croyant lui assurer par là des titres de noblesse, a fait remonter la race séquanaise jusqu'aux croisades, en lui attribuant une origine orientale. Si, pour être noble, il suffit de se trouver des ancêtres éloignés, la race des chevaux percherons n'a sous ce rapport rien à redouter d'aucune autre, car nous possédons sur son origine un document authentique, prouvant de la manière la plus nette que son type existait déjà aux lieux où elle se trouve à présent, dès l'époque géologique qui a précédé l'époque actuelle. Elle est, comme toutes les autres, du reste, contemporaine du mammouth, caractéristique de la faune des terrains quaternaires. Elle remonte donc au déluge, et à côté d'une telle antiquité, l'époque des croisades est à peine de ce matin.

Mais ce qui donne à cette origine, en même temps qu'un cachet de précision scientifique indiscutable, un caractère particulièrement intéressant, c'est que le type naturel dont il s'agit n'a pas quitté, depuis le temps incalculable qui nous sépare des derniers âges géologiques, ses lieux originaires. Martin a trouvé en 1868, dans le diluvium non remanié du bassin parisien de la Seine,

dans les sablières de Grenelle, si riches en débris de la
faune quaternaire, plusieurs ossements de cheval, dont
un crâne à peu près entier. Ce crâne, conservé au Muséum d'histoire naturelle de Paris, où il a été parfaitement restauré par le rapprochement de ses fragments
brisés lors de son extraction par les ouvriers fouilleurs,
est, croyons-nous, le seul complet de cette époque que la
science possède, et il est à ce titre extrêmement précieux.

Admis des premiers à examiner ses débris avant leur
reconstitution, nous fûmes frappé des ressemblances que
chacun des os présentait avec ceux du crâne de percheron actuel. Depuis, une comparaison méthodique nous a
permis d'en établir la complète identité. D'où l'on est autorisé à conclure que la race actuellement connue sous le
nom de percheronne a eu son centre de formation dans
le bassin parisien de la Seine; et c'est pourquoi nous
donnons à son type le nom scientifique de *sequanius*, tiré
de celui que portait le fleuve à l'époque gallo-romaine.

C'est le seul type, d'ailleurs, auquel ait donné naissance le pays qui s'appelle aujourd'hui la France, ainsi
que nous l'avons vu. A partir du bassin de la Seine jusqu'aux Pyrénées, nous n'avons rencontré, en effet, que
des chevaux dont le type est d'origine orientale, asiatique ou africaine.

Le type séquanien est donc le seul qui soit né au
centre de l'ancienne Gaule, sur le sol qui fut habité par
les *Parisii*. L'aire géographique de sa race, pour des raisons faciles à saisir quand on connaît l'histoire de notre
pays, s'est durant très-longtemps maintenue aux limites
de son bassin originaire. Celui-ci était borné au midi
par des terrains couverts de forêts, qui ne sont pas de
nature à être habités par des chevaux. Nous verrons
ultérieurement qu'elles n'avaient pour hôtes que des au-
rochs et des cochons. A l'ouest, elle rencontrait les sols
granitiques de l'Armorique, à l'est les déserts crayeux de
la Champagne, et au nord les aires géographiques des
races frisonne et britannique.

Présentement même, si la race séquanaise envoie des

représentants presque partout en Europe ; si la plupart des départements français et des États de l'Allemagne, au nord comme au midi, et même l'Amérique, font des efforts pour l'implanter chez eux, en puisant sans cesse à sa source féconde, on peut dire néanmoins que sa véritable aire géographique n'a point dépassé ses limites des anciens temps. On ne trouve nulle part, en dehors du périmètre que nous allons lui assigner, des familles chevalines de son type solidement établies et se reproduisant avec leur identité. Ce ne sont partout que des métis allant rapidement vers la dégradation.

Le centre de reproduction de cette race est dans l'ancien petit pays du Perche, d'où elle tire son nom vulgaire. C'est un pays de collines peu élevées, produisant des herbes succulentes, que les départements de l'Orne, de l'Eure, de la Sarthe, d'Eure-et-Loir et de Loir-et-Cher se sont partagé. L'aire géographique n'embrasse donc actuellement qu'une partie de chacun de ces départements, et l'on peut avoir une idée de leur richesse spéciale par la renommée que nous avons dit appartenir aux chevaux qu'ils produisent. Elle comprend les arrondissements de Nogent-le-Rotrou et de Châteaudun (Eure-et-Loir), de Mortagne (Orne), de Saint-Calais (Sarthe) et de Vendôme (Loir-et-Cher). Cependant elle s'étend un peu vers l'ouest maintenant dans quelques arrondissements de la Mayenne, ceux de Laval et de Château-Gonthier.

Une tentative se poursuit depuis un certain temps en vue d'étendre sa production au Nivernais, pour y former une population de robe uniformément noire. Il n'est pas permis encore de se prononcer sur le résultat.

Variétés percheronnes. — On en distingue deux seulement, qui ne diffèrent que par leur taille et leur poids.

La première, celle du *petit percheron* ou *percheron postier*, haute de 1ᵐ 55 à 1ᵐ 60, représente l'ancien type dans sa pureté. Elle fournissait, comme nous l'avons déjà dit, au temps des malles et des diligences, le cheval de poste par excellence. Elle alimente aujourd'hui principalement le service des omnibus de Paris et celui des transports de marchandises à grande vitesse.

La seconde variété est celle du *gros percheron*, dont la taille est de 1m 60 à 1m 65, et qui est propre au gros trait.

Les poulains du Perche naissent dans les environs de Mortagne, de Bellesmes, de Nogent-le-Rotrou, de Saint-Calais, de Courtalain, de Mondoubleau. Ils sont élevés dans la plaine de Chartres principalement.

La plaine de Chartres est en outre peuplée de poulains appartenant aux races britannique, frisonne et irlandaise. Ces poulains, arrivés à l'âge adulte, trouvent dans le commerce un tel débouché, qu'il n'est point surprenant d'en voir l'introduction très-active.

L'élevage des poulains y est à la fois un moyen et un but. Achetés à l'âge de dix-huit à vingt mois, ils servent avant tout pour les travaux de culture, exigeant peu de force, en raison du peu de consistance du sol arable et de la facilité des façons qui lui sont données. La plaine de Chartres n'en est pas arrivée encore à la culture intensive et aux labours profonds, qui nécessitent d'abondantes fumures. L'assolement triennal y règne presque exclusivement; les récoltes de céréales y dominent, et les fourrages artificiels, introduits par Gilbert, y suffisent seulement à la nourriture des chevaux.

Parmi les céréales cultivées, l'avoine entre pour une forte proportion. C'est la principale source des mérites qui distinguent les chevaux élevés en ce pays, avec le léger travail auquel ils sont de bonne heure soumis.

Nourris abondamment de fourrages artificiels et d'avoine, exercés en tirant la charrette, la charrue et la herse, les poulains se développent dans les meilleures conditions, et ils acquièrent en croissant une constitution solide et vigoureuse, une admirable bravoure. Dès l'âge de dix-huit mois, ils consomment par jour de 3 à 4 kil. d'avoine qui, à mesure qu'ils avancent en âge, sont progressivement portés jusqu'à 8 et 9 kil.

Les éleveurs de la plaine de Chartres n'achètent que des poulains mâles, et ils les conservent entiers. Rien n'est donc plus facile que le choix des étalons parmi cette population si nombreuse. Elle en fournit bon nombre chaque année. Cependant, il y a tendance à la production des chevaux hongres, dont la demande se manifeste de la part des acheteurs étrangers et de celle de quelques-uns des principaux acheteurs français.

En même temps que ces faits donnent la raison de la prospérité incontestable de l'industrie chevaline du Perche et de la Beauce en général, et de celle de la race séquanaise en particulier, ils indiquent donc la voie qu'il y a lieu de suivre pour la maintenir et pour l'améliorer encore davantage. C'en est fini, là, de toute tentative de croisement anglais, et depuis longtemps.

Si donc on rencontre, sous le nom de percherons, dans le commerce, des chevaux appartenant à diverses espèces autres que la séquanaise, ce n'est point parce que les éleveurs du Perche produisent eux-mêmes ces chevaux. Depuis longtemps leur propre production de poulains ne peut plus suffire à la demande des cultivateurs de la Beauce, qui se chargent de l'éducation de ces poulains à partir de l'âge de dix-huit mois, parce que cette demande s'est accrue en raison de celle du commerce, qui les achète dès qu'ils ont achevé leur quatrième année.

Les marchands de Paris et leurs agents parcourent sans cesse les fermes de la Beauce, payant à de hauts prix tout ce qui est disponible. Pour satisfaire à leurs sollicitations constantes, il a fallu recourir à d'autres sources. Ainsi s'est établie la coutume d'introduire en Beauce des poulains tirés du Poitou, du littoral de la Bretagne, de la Picardie et du Boulonnais. Ces poulains, tous de robe grise, comme la plupart des percherons véritables, soumis au régime commun, acquièrent, sous l'influence de l'alimentation de force et de la gymnastique de leurs organes mécaniques, une partie plus ou moins étendue des qualités inhérentes à la race pure et sont vendus sous son nom. Pour exprimer le fait, on a créé un barbarisme. On dit que ces chevaux sont *perchisés*. Les poitevins, les picards et les boulonnais deviennent de prétendus gros percherons ; les bretons, des petits percherons. Leur identité n'est cependant pas difficile à reconnaître, car ils n'ont rien perdu des caractères spécifiques de leurs propres races.

Ce fait a une grande importance pratique, parce qu'il montre le rôle essentiel du mode d'éducation dans le développement des aptitudes, puisque tous les chevaux de provenances diverses élevés en Beauce sont achetés comme percherons, au point de vue de leur emploi comme moteurs animés, et s'acquittent en somme de cet emploi à la satisfaction générale. Mais quand il s'agit de choisir des étalons parmi la population chevaline beauceronne, on s'exposerait aux plus graves mécomptes, si l'on n'avait pas égard à la distinction des caractères spécifiques propres à la race séquanaise, qui se rencontren plus particulièrement dans la variété des petits percherons.

CHAPITRE IV

POPULATIONS CHEVALINES MÉTISSES

Caractères distinctifs des métis. — Sur les confins de l'aire géographique naturelle de chacune des races chevalines, il s'opère entre les types spécifiques de celles-ci des croisements ou mélanges fortuits. Pour un grand nombre, dans divers pays, ces croisements ont été entrepris et poursuivis systématiquement. Il en est résulté partout des familles et des populatious métisses, qu'il serait aussi fastidieux que superflu de décrire en détail. Il suffira de mettre le lecteur en mesure de les distinguer au milieu des populations pures qui les entourent, de les rattacher sûrement aux types qui ont contribué et qui contribuent encore à les former dans les localités où elles se produisent, et de considérer seulement en particulier celles qui, par leur grande étendue ou leurs qualités spéciales, ont acquis une véritable notoriété.

Nous connaissons maintenant la caractéristique de chacun des types spécifiques ou naturels de race chevaline répandus dans l'Ancien Continent. Nous savons en outre par quelle méthode on arrive à pouvoir la déterminer d'une manière certaine. Nous avons vu de plus les modifications imprimées, par les diverses circonstances de la gymnastique fonctionnelle, à chacune des variétés qui se sont formées dans les races chevalines étudiées.

Avec ces éléments d'analyse, un sujet métis étant donné, rien n'est plus facile que de déterminer ses origines, et la diagnose ne laisse plus aucune place au doute, surtout lorsqu'il s'y joint la connaissance de l'histoire de la population dont il provient.

Mais en son absence même, l'examen méthodique des caractères crâniologiques manque rarement de laisser voir les traces non équivoques d'un mélange des formes de la souche paternelle avec celles de la souche maternelle, en proportions diverses.

Si ces deux souches étaient brachycéphales ou dolichocéphales, on remarquera, par exemple, dans la face du métis les frontaux de son père avec les sus-nasaux de sa mère, ou réciproquement; si l'un était dolichocéphale et l'autre brachycéphale, le plus souvent le métis offrira une forme crânienne intermédiaire, cette forme que Broca a nommée mésaticéphale. Les formes crâniennes des chevaux de type pur étant toujours très-nettes, la dolichocéphalie ou la brachycéphalie douteuse caractérise nécessairement le métis. Ou bien enfin, en héritant de la pure forme crânienne de l'un, il aura hérité des formes faciales de l'autre.

Si, par un effet d'hérédité qui s'observe aussi fréquemment, surtout après une ou deux générations de métissage, le métis présente dans toute leur pureté les caractères crâniologiques de l'un de ses premiers ascendants, il aura apporté en naissant la plupart des formes corporelles de l'autre, sinon toutes ces formes.

Les auteurs présentent ces familles métisses, soit comme des races particulières, soit comme étant en voie d'en constituer. Celles qui, par leur importance, valent la peine qu'on les décrive spécialement, sont toutes dérivées d'abord du croisement entre deux seulement des espèces que nous connaissons : le type germanique et la variété anglaise du type asiatique, qui est ce qu'on appelle le « pur sang. » L'union de ces deux types a donné la chimère physiologique nommée « demi-sang, » dont il se produit des variétés en Angleterre, en France, en Allemagne et en Italie, pour les services de l'attelage et de la selle.

Ces variétés étant fabriquées (c'est le mot) de tout point par les mêmes procédés dans les divers pays, elles sont purement nominales et ne diffèrent entre elles que par leur nationalité d'adoption. Elles ont toutes les mêmes origines naturelles, ainsi que nous avons eu déjà l'occasion de l'établir. Nous allons les passer en revue.

Métis anglais. — Le sens pratique des Anglais a fait que l'on peut dire justement d'eux qu'ils n'ont point cherché à réaliser le type chimérique du demi-sang.

Mais on peut dire aussi non moins justement qu'ils excellent particulièrement dans la fabrication des métis. Ils en ont pour toutes les spécialités de service ; et autant qu'il est possible de mettre, dans l'opération de leur reproduction, les bonnes chances de son côté, un tact empirique incomparable leur révèle à cet égard les meilleurs choix qui puissent être faits. Les Anglais sont fort experts en matière de métissage ; mais si l'on concluait de leur incontestable habileté qu'ils évitent les déchets ou même seulement les réduisent à de faibles proportions, on se tromperait grandement. L'énorme quantité des chevaux de cab et d'omnibus de la ville de Londres, tous métis manqués, décousus, et usant rapidement une constitution physique insuffisante, sous l'influence de l'âme paternelle, est là pour montrer qu'en Angleterre comme ailleurs, dans les opérations de métissage, on ne réussit que dans le plus petit nombre des coups.

Nous devons considérer, parmi les métis des îles Britanniques, les *chevaux de chasse*, l'*irlandais* et le *Hunter* anglais, le cheval de voyage ou *Roadster*, le *carrossier du Yorkshire* ou de *Cleveland* et le *trotteur de Norfolk*. Il serait superflu de parler des quelques tentatives qui ont été faites avec la variété de clydesdale, employée alternativement comme type croisant et comme type croisé. Ce sont là des tentatives individuelles et isolées, d'où n'est résulté aucun produit d'une aptitude spéciale bien déterminée, qui est en Angleterre le but de tout métissage.

Les chevaux de chasse bien réussis, qui sont faits pour les plaisirs des privilégiés de la fortune, n'ont pas de prix : on peut donc en manquer beaucoup pour en obtenir un bon. Pour les *hacks* et les carrossiers, cela commence à être différent. S'il est vrai qu'on voit le caprice en faire varier la valeur du simple au double, suivant la qualité de l'acheteur, ces chevaux n'en ont pas moins un cours moyen dans le commerce, et c'est là ce qui importe pour les producteurs.

Le *cheval de chasse irlandais* est de taille moyenne, de formes amples, et fait preuve à la fois d'une grande force musculaire et d'une grande résistance aux fatigues. Il montre une aptitude toute particulière pour le saut des obstacles, et si l'on s'en rapporte au comte de Montendre, il aurait une manière à lui de sauter.

Le cheval irlandais, dit-il, « part des quatre jambes à la fois; lorsqu'il est parvenu à l'extrémité supérieure de l'objet à franchir, ses jambes de derrière sont entièrement retroussées sous lui, et, quand il descend, ses quatre jambes se posent sur le sol ensemble et en même temps. Il suit nécessairement de là, ajoute notre hippologue, une extrême difficulté pour le cavalier de conserver son applomb, difficulté qui n'existe pas au même degré pour les chevaux anglais, puisque le cavalier trouve dans leur manière de sauter une souplesse et une douceur de mouvement dont le saut du cheval irlandais n'a pas les avantages. »

Voici l'appréciation que Gayot en donne à son tour : « Par devant, le cheval est haut et puissant, quoique étroit au poitrail; mais ce manque de largeur, à vrai dire, n'est que relatif et saute aux yeux, à raison du très-grand développement des régions postérieures; il en résulte que le corps est fait en coin, disposition favorable au mouvement en avant (?), correctif heureux des inconvénients attachés au défaut très-commun d'un avant-main qui laisse à désirer. Ainsi le cheval irlandais a beaucoup de train à toutes les allures; il est toujours maître de son élan, si parfaitement maître même, qu'on le voit s'arrêter pendant le saut sur la cime d'un mur ou sur des crêtes de fossés pour se laisser glisser en bas, tomber même en s'appuyant du front contre terre, le cavalier restant en selle. Comme la plupart des produits de nos vieilles races, il est dur dans ses actions, et si vigoureux qu'un bon cavalier seul peut en tirer un grand parti. »

Le cheval de chasse irlandais est un métis anglais de

la race des poneys, ainsi que l'indique sa conformation trapue. Il hérite le plus souvent de l'avant-main paternel et de l'arrière-main maternel ; au moral, ses qualités remarquables dérivent de ses deux souches, et l'habileté des éleveurs consiste à le maintenir à un juste degré de pondération, en ne faisant pas trop dominer, dans son économie, les aptitudes de la variété du cheval de course. Nous retrouverons ce même métis, produit avec bien moins d'intelligence et d'habileté pratiques, dans notre Bretagne française, avec les mêmes éléments naturels.

Il en est autrement du *cheval de chasse anglais* (*the Hunter*). Celui-ci n'est plus guère métis maintenant que par l'origine première des familles auxquelles il appartient, et on lui reproche, sans doute à juste titre, de s'être trop rapproché de la conformation et de l'aptitude des chevaux de course, par une intervention trop fréquente du pur sang dans sa reproduction. Il a été formé par le croisement de ce dernier avec le type germanique introduit en Angleterre avec les Anglo-Saxons, ainsi que nous l'avons déjà dit, puis par un métissage auquel de nouveaux croisements sont venus se substituer, à ce point qu'on ne saurait plus maintenant, en réalité, distinguer *the Hunter* de *the Horse-race* autrement que par l'absence des effets de l'entraînement aux courses.

C'est ce dont David Low se plaignait déjà. Le hunter de l'époque actuelle, dit-il, diffère de beaucoup des chevaux de chasse dont on se servait anciennement. Il a une grande tendance à prendre des formes plus élevées, surtout depuis un demi-siècle, parce qu'on lui a appliqué, quoique avec certaines modifications, le même régime qu'aux chevaux de course, et que, pour lui donner plus de vitesse et d'énergie, on a eu recours au sang de ceux-ci dans des proportions qui ont toujours été en augmentant.

Le portrait que trace David Low du véritable cheval de chasse, en le comparant au cheval de course, dira sur ce sujet tout ce qu'il est bon de savoir.

« Le cheval de chasse, écrit-il, doit posséder de bons quartiers de devant, afin de pouvoir parcourir d'une ma-

nière sûre le terrain inégal sur lequel on le dirige, et
franchir les obstacles qu'il rencontre. Les quartiers de
devant du cheval de course étant bas et ceux de derrière
élevés, il en résulte une grande vitesse sur un terrain
plat; mais, chez le cheval de chasse, ils nuiraient à la
sûreté de la marche; et l'encolure de cerf qui, chez lui,
est parfaitement en rapport avec le galop violent et de
courte durée des courses, se prêterait mal, chez le cheval
de chasse, à la pression de la bride et à l'aisance du
cavalier. Le cou du cheval de chasse doit être suffisamment musculeux, et sa poitrine doit avoir assez de largeur pour indiquer la force sans lourdeur. Les grandes
enjambées du cheval de course ne sont pas exigées du
cheval de chasse. Il doit posséder cette conformation
indiquant la force des régions dorsale et lombaire, c'est-
à-dire qu'il doit être proportionné et avoir le dos modérément court.

« Les deux races de course et de chasse peuvent se
ressembler dans quelques points; ainsi, dans le développement des quartiers de derrière et dans la conformation
des membres; ils doivent avoir le genou et le jarret musculeux, et, au-dessous de ces articulations, l'extrémité
doit être tendineuse et posséder aussi les autres qualités
indiquant qu'un cheval est solidement construit. Le cheval de chasse, cependant, doit avoir les jambes plus
courtes, c'est-à-dire de moindres dimensions par rapport
au corps. Le parfait cheval de chasse anglais est incontestablement la plus belle variété chevaline qui existe
dans aucun pays; elle réunit, dans des propoportions
plus heureuses que celles du cheval de course, la légèreté
des chevaux de sang, originaires des pays chauds, à la
force des anciennes races européennes. En comparant le
cheval de chasse au cheval de course, dans sa conformation, nous trouverons que, s'il lui est inférieur dans les
qualités qui dénotent la vitesse, il le surpasse dans celles
que réclame une destination plus utile. »

Le hunter, tel que l'imagine David Low, est le *rara avis*
du genre. C'est le modèle achevé du cheval de selle,
l'idéal de perfection auquel se sont proposé d'atteindre

tous ceux qui ont rêvé théoriquement l'amélioration des races chevalines par les combinaisons de croisement et de métissage dont nous passons en revue, dans ce chapitre, les produits.

Le *cleveland bai,* ainsi nommé à cause du lieu où se trouve son principal centre de production, dans le comté d'York, et de la robe dominante parmi les individus qui composent les familles métisses dont il s'agit, est le cheval carrossier de l'Angleterre. On l'appelle aussi *carrossier du Yorkshire.* Le Cleveland est en effet un district à herbages plantureux de ce comté, sur les bords de la Tees. L'élevage des carrossiers s'étend aussi aux comtés de Lincoln, de Durham et de Northumberland, situés dans le même bassin, sur le littoral de la mer du Nord.

Dans les derniers siècles, les carrossiers de Yorkshire appartenaient à ce qu'on appelle encore l'ancienne race cleveland, qui n'était alors qu'une variété de la race germanique, dont nous avons signalé l'établissement sur le sol britannique à l'époque de l'invasion des Barbares. Depuis que le croisement avec le cheval de course en a constitué la population à l'état de familles métisses, le type germanique n'y a pas pour cela disparu : la loi de reversion le fait réapparaître à chaque instant dans les métissages, de telle sorte qu'en examinant, sous le rapport des caractères spécifiques, la population des chevaux clevelands, on y peut constater à la fois des sujets présentant le type germanique pur, c'est-à-dire à tête arquée, d'autres présentant celui du pur sang anglais, enfin d'autres qui réunissent, en proportions diverses, les caractères des deux souches, tels qu'un crâne brachycéphale avec des sus-naseaux ou un chanfrein busqués, ou un crâne dolichocéphale avec le chanfrein droit de la variété anglaise du type asiatique.

C'est là un des meilleurs exemples que l'on puisse citer, avec celui des chevaux anglo-normands, qui ont les mêmes origines et dont nous nous occuperons tout à l'heure, de la variabilité désordonnée des familles métisses.

Le fait n'est point contesté quant aux familles de Cle-

veland. Le partisan le plus décidé de la formation possible, par un métissage judicieux, de ce qu'il appelle les
types secondaires, E. Gayot, n'a lui-même pas voulu admettre le terme de race dont s'est servi David Low pour
désigner l'ensemble des familles du Cleveland. « Est-il
bien applicable, dit-il, à une population qui n'est pas
plus homogène intérieurement que parfaitement semblable extérieurement? » Il faut sur ce sujet le laisser
parler. Son appréciation ne sera pas suspecte de partialité, du moins dans le sens qui pourrait la rapprocher
de nos façons propres de voir.

« Le cleveland bai réussi semble réunir en lui, » dit encore David Low, « l'énergie du pur sang avec la vigueur
et la force des races plus communes ; cependant la mode
tend continuellement à donner plus de finesse à ses
formes. L'espèce ayant déjà atteint un certain degré de
race, peut, sans être affectée dans sa nature, recevoir
une addition nouvelle de sang qui la rapproche de plus
en plus du cheval de course; c'est ce qui se fait aujour-
d'hui, et on rencontre quelques beaux attelages à quatre
chevaux appartenant entièrement au pur sang. »

Le conseil était scabreux; la pratique a ses dangers.
Les chevaux destinés à fournir des attelages à quatre,
attelages de luxe s'il en fut, et qui constituent pour le
cheval de véritables sinécures, sont toujours assez forts,
assez corsés, assez membrés surtout; mais en dehors de
cette destination tout exceptionnelle, le cheval trop près
du sang, tout brillant qu'il se montre extérieurement,
« ne possède pas, » disent très-judicieusement les auteurs de *the Horse*, « toutes les qualités désirables pour
« un service ordinaire. Les jambes sont trop fines, ses
« pieds trop petits, son allure trop allongée; il ne sera
« guère propre au trot, à un trot soutenu et prolongé. »
La question du sang revient toujours et partout la même;
nous ne pouvons nous lasser de le faire remarquer. Les
exceptions, si heureuses ou si bien douées qu'elles
soient, n'infirment pas la règle. Pour quelques animaux
réussis, combien ont été manqués! Ceux-ci font honneur
à qui les élève et leur donnent, sans doute, quelque pro-

fit, mais les autres... Il y a par là beaucoup de mécomptes
et de non-valeurs pour ceux qui ne savent pas s'arrêter
à point. Le degré voulu, la dose convenable de sang
donne ces magnifiques carrossiers à longue encolure, au
corps large, un peu long, mais bien tourné, aux os forts,
aux formes puissantes et suffisamment accusées, harmonieuses toujours dans leur ensemble, grands, se plaçant bien, portant beau et allant bellement au travail,
qu'ils accomplissent à la satisfaction du maître. Le manteau est généralement bai et prend les diverses nuances
particulières à cette robe. Cependant le bai vif, avec les
extrémités d'un beau noir, est la nuance la plus estimée.
La couleur grise partage quelquefois avec celle-ci les pré-
férences de la mode. Ceci fait dire encore à David Low :
« Le gris s'est toujours montré dans nos diverses races
de chevaux, depuis le poney des bruyères jusqu'aux
meilleurs chevaux de course et de chasse. On peut donc
trouver des chevaux gris de toute taille et de toute
race. Quoique moins prisée que le bai, cette robe n'est
pas dépourvue de grâce et d'élégance (1). »

Enfin, pour en finir avec les métis anglais, il nous reste
à parler des *trotteurs de Norfolk,* que nous laisserons
encore décrire et apprécier par le même auteur.

« Les trotteurs de Norfolk sont, dit-il, le produit de métissages très-divers. Ceux qui les produisent s'y prennent
avec art et réussissent sans trop suivre la même route.
Ils sont le résultat d'intelligentes combinaisons pratiques
entre l'étalon de pur sang et diverses variétés carros-
sières, de chasse ou de trait, améliorées par des alliances
antérieures. En étudiant leurs généalogies, qu'on établit
toujours avec soin, on y découvre des traces de sang,
mais rien de régulier, rien de fixe, ni quant à la dose, ni
quant à la génération à laquelle se rapporte son introduction, c'est la manière de faire des Anglais; ils ne s'as-
treignent point à des règles invariables, à des théories
rigides ou préconçues; ils observent et conforment leurs

(1) Eug. GAYOT, *La connaissance générale du cheval,* p. 604.
Paris, Firmin Didot, 1861.

pratiques d'une part aux éléments qu'ils mettent en œuvre, et d'autre part au résultat qu'ils entendent réaliser. Ils savent toujours ce qu'ils veulent ; là est leur véritable force. Ils opèrent leur mélange en toute connaissance de cause, sachant mieux que nous ce que doit leur donner l'union réfléchie de tel étalon avec telle poulinière. Voilà comment ils obtiennent un produit égal, ayant même conformation et mêmes aptitudes, en mariant un reproducteur de pur sang ou d'un degré de sang quelconque, tantôt avec une carrossière, tantôt avec une jument de chasse, ou bien avec une jument de trait, *no blood*, ou déjà améliorée par un premier croisement.

« C'est ainsi que se fabriquent, dans les comtés d'York et de Norfolk, ces trotteurs athlétiques et puissants qu'on voudrait voir se reproduire par eux-mêmes, comme il arrive de toute race établie, et qui ne se montrent presque que comme des accidents heureux à un explorateur superficiel, tandis qu'ils sont réellement le fruit des judicieuses combinaisons des praticiens les plus habiles(?). Malheureusement, ces derniers sont clairsemés en tout pays, même en Angleterre, et il en résulte que si, par le procédé usité, on obtient beaucoup de bons chevaux de service, on ne trouve que très-exceptionnellement, parmi eux, des étalons capables. Ceux-ci, par exemple, une fois connus par leurs rejetons, sont largement employés à la production directe du cheval de service, du cheval marchand, par le modèle et les qualités.

« ... C'est l'idéal de la force unie à l'activité. Ce cheval est ensemble et compacte, gros, épais, trapu, corpulent, membru ; sans être distingué, il n'est pourtant pas commun ; il respire l'énergie ; ses mouvements sont libres et rapides ; il est doué d'une grande résistance au travail. C'est un excellent serviteur, un ouvrier capable, toujours prêt et dur à la fatigue, sans trop d'exigences, ni sous le rapport des soins, ni sous celui de la nourriture. Comme père, il donne plus de gros que de distinction : à ce point de vue, il se répète ; il transmet sa bonne et solide structure, mais il n'est pas assez confirmé dans sa propre nature pour se soutenir à sa hauteur sans le secours d'une femelle d'élite. C'est un modèle excellent à reproduire en ce sens qu'il est bon à tout, qu'il attelle aussi bien la voiture du riche que la charrette du fermier, qu'il est parfaitement approprié aux besoins les plus nombreux et les plus généraux du pays; il cultive le sol en achevant de se développer; il suffit à tous les transports agricoles; il serait le moteur par excellence de tous nos omnibus de ville ou de correspondance avec les chemins de fer; il remplacerait enfin avec beaucoup d'avantages tous ces mauvais carrossiers que les enfants d'Israël vont chercher au delà du Rhin, à leur grand profit, sans doute, mais au détriment de la production nationale. Ce qui doit séduire en ce modèle, c'est son éducation facile, son aptitude à remplir toutes sortes de destinations. C'est le cheval moyen dans toute l'acception du mot, et plus encore par la modération de ses exigences propres que par la nature et la quantité du travail qu'il donne (1). »

Pour souscrire à ces dernières appréciations, il faudrait oublier les mérites de nos braves percherons, que les étrangers, les Anglais eux-mêmes, ne méconnaissent pas à ce point. En somme, les trotteurs de Norfolk réussis sont rares et ils ne valent que comme individus. Leurs formes crâniologiques sont très-variables. Ils répètent tantôt celles de la race germanique, tantôt celles de la race britannique ou de la race frisonne, ou enfin celles de la race asiatique, plus ou moins.

Métis anglo-normands. — Les hippologues du dernier siècle ne nous eussent-ils pas transmis la description fidèle de l'ancienne population de la Normandie, en étudiant, avec les données scientifiques que nous avons, la population actuelle, il serait facile d'en rétablir le type. Ses caractères persistent encore chez bon nombre de sujets, parmi les métis qui ont remplacé l'ancienne population.

Considérée dans son ensemble, la première impression que fait éprouver la population actuelle, c'est celle du manque d'homogénéité. Lorsqu'on étudie individuellement

(1) Eug. GAYOT, *loc. cit.*, p. 638.

un certain nombre de sujets, on a bientôt la raison de cette impression. En effet, on observe communément sur ces sujets le défaut d'harmonie entre les diverses parties de l'individu, et cela fournit au physiologiste qui veut étudier les questions d'hérédité de précieux enseignements.

Fig. 10. — Cheval hongre anglo-normand, provenant du dépôt de remonte de Caen.

Les opérations de croisement et de métissage, toujours difficiles à exécuter, dans les races chevalines surtout, ne produisent pas souvent la fusion des caractères que l'on cherche à réaliser. Aussi voit-on parfois réunis, sur le même individu, le train antérieur de l'ancien normand (fig. 10 et 11) avec le train postérieur de l'anglais, et réciproquement. Ceux-là méritent bien le titre qui leur est donné de demisang, en tant que l'expression puisse

Fig. 11. — Cheval hongre anglo-normand, provenant du dépôt de remonte de Caen.

Fig. 12. — Cheval hongre anglo-normand, provenant du dépôt de remonte de Caen.

signifier qu'ils sont moitié normands, moitié anglais. Les familles anglo-normandes comptent assez souvent des rejetons *décousus*. C'est le mot vulgaire dont on se sert pour caractériser ces individus qui semblent faits de de deux pièces mal soudées ensemble.

Toutefois, bon nombre des métis anglo-normands, résultant, ainsi que nous le verrons tout à l'heure, d'un croisement conduit au delà de la première génération, sont remarquables par la beauté *du dessus*. Ils sont, comme dit Gayot, très-près du sang. La tête (fig. 12) reproduit celle du type anglais. Il en est de même pour l'encolure et pour le reste du corps, ou ce qui est appelé le dessus; mais c'est par *le dessous* qu'ils pèchent en général. La bonne conformation des membres est fort rare chez eux. On les rencontre trop fréquemment grêles, démesurément longs, à tendons faillis, aux articulations faibles et tarées, surtout celles des jarrets.

Le reproche qui leur est adressé par ceux-là mêmes qui font le plus de cas du demi-sang, c'est d'être *enlevés*, *hauts montés*, c'est-à-dire de manquer de *gros*, d'avoir un corps svelte sur des membres faibles, ce qui est sans doute justement attribué à l'abus de l'étalon de course.

Mais au milieu de ces produits manqués, à divers degrés, dont la sorte choisie peut être surtout étudiée dans nos régiments de cavalerie, il existe une élite dont les caractères, en vérité, sont ceux du cheval anglais non entraîné. Il serait superflu de la décrire autrement. C'est sur cette élite qu'on s'appuie pour chanter la louange de la prétendue race de demi-sang. Nous n'avons pas à mêler, pour notre compte, une note discordante au concert. Nous ferons observer seulement que, dans ce cas, la race est de sang tout entier, en notant cependant la réserve du double atavisme.

Pour avoir des nombres précis sur les proportions dans lesquelles, en vertu de la loi de reversion, le retour aux souches ascendantes se produit, ainsi que nous l'avions maintes fois observé sur les chevaux anglo-normands de notre cavalerie de réserve et de ligne, nous avons voulu faire un petit travail statistique dans le régiment des dragons de l'Impératrice, alors en garnison à Paris. Les résultats de ce travail ont été reproduits précédemment (t. II). Ils montrent, comme on l'a vu, en proportions variables, les trois types représentés ici de nouveau.

Cependant il faut reconnaître que depuis lors l'ensemble de la population s'est un peu amélioré, en ce sens que la reversion y a été dirigée vers le type asiatique, par l'exclusion de la tête busquée chez les étalons.

Tels sont les caractères variés de la population métisse de la Normandie. Au point de vue zootechnique, cette population se divise naturellement en deux groupes, correspondant chacun à un centre particulier d'élevage et à des conditions locales différentes.

Le premier, qui comprend la plaine de Caen, embrasse les herbages plantureux du Calvados et de la Manche : c'est la basse Normandie. Il produit des chevaux en général d'une taille élevée et d'une assez forte corpulence, particulièrement propres à l'attelage, lorsqu'ils ont une bonne conformation. La tendance est d'y améliorer ce genre de production par tous les moyens dont l'administration dispose : courses au trot, primes de dressage, écoles de dressage, etc.

Le second centre d'élevage est situé dans cette partie du département de l'Orne qui porte le nom de Merlerault. Ch du Hays lui a consacré un intéressant volume (1), où le pittoresque de la forme le dispute à l'abondance des renseignemts utiles. C'est là, ainsi que le fait remarquer l'auteur, c'est dans les herbages du Merlerault qu'ont été produits coup sur coup *Capucine, Palestro,* l'*Africain, Surprise, Vermouth, Bois-Roussel, Fille de l'Air, Magenta, Éclipse, Bayadère,* tous vainqueurs dans les courses de ces dernières années.

« Le sol, dit-il (p. 5), dont quelques parcelles gagneraient à être débarrassées par le drainage d'une surabondante humidité, ainsi que l'ont démontré plusieurs essais heureux, offre dans toute son étendue une constante uni-

(1) Charles du HAYS, *Le Merlerault, ses éleveurs, ses chevaux, et le haras du Pin.* Paris, Librairie agricole, 1866.

formité et présente partout un calcaire argileux, légèrement mélangé de cailloux dans la partie nord-ouest. Seule, une petite plaine, située entre le Merlerault et Nonant, et complètement enchâssée dans les herbages, réunit le sable à l'argile et au calcaire, et doit à cette composition une fertilité remarquable.

« Les eaux sont belles et contiennent de notables quantités de chaux et de fer, circonstances auxquelles il faut attribuer la densité des os et des muscles des animaux élevés dans le Merlerault, la netteté de leurs membres, la vigueur, la longévité et la distinction dont ils sont toujours doués.

« Les affections qui désolent certaines autres contrées d'élevage, le cornage, la fluxion périodique, les engorgements des jambes, etc., y sont complètement inconnues. Les seules maladies qu'on y rencontre se bornent presque toutes à quelques affections du larynx. Certains pays, renommés par l'ampleur séduisante de leurs races chevalines, ont des herbes molles et abondantes, des pâturages plantureux, qui portent à la lymphe et entretiennent le cheval dans un état de somnolence voisin de l'inertie. Il n'y est besoin que de simples fossés, que de clôtures légères pour retenir les animaux dans les enclos qui leur sont assignés. Il n'en est pas de même dans le Merlerault. Le cheval, constamment excité par les herbes et l'action des eaux qui composent son alimentation, est porté aux courses échevelées au milieu des prairies, et souvent les meilleures clôtures sont impuissantes contre ses désirs de l'inconnu, contre ses besoins de se visiter d'un herbage à l'autre.

« Ces herbes vives, énergiques et nutritives, ces eaux saines et toniques, qui donnent aux os du volume et de la densité, aux muscles de la force et de la résistance, poussent assez peu à la taille. Aussi le Merlerault ne fait-il pas indistinctement des chevaux de tous les genres. Voulez-vous y trouver, ajoute l'auteur, quelque chose de parfait? Ne demandez au sol que ce qu'il peut produire. Mais depuis le cheval de sang nerveux et compact, depuis le cheval de selle fort et distingué, depuis le hunter

solide et musculeux jusqu'au cheval brillant de phaéton
et au petit carrossier, le Merlerault ne redoute aucune
rivalité.

« Exiger plus de taille, c'est forcer la nature, et tous
ceux qui, dans cette contrée, ont voulu sacrifier à la
mode du grand carrossier ont échoué complètement.
L'éleveur intelligent n'y conservait autrefois que les poulinières de l'un des trois modèles qui conviennent à son
sol, et il ne choisissait parmi les étalons que ceux appartenant à ces catégories. Trop souvent, de nos jours,
on est sorti de cette sage réserve, et c'est à ces impru-
dences qu'il faut attribuer une bonne part des déceptions
du Merlerault. Quelques éleveurs reviennent, il est vrai,
en ce moment, aux bonnes traditions; bientôt ils en re-
cueilleront les fruits. »

Voilà de sages et judicieuses paroles. Nous les avons
reproduites, parce qu'elles font bien saisir la situation
de la production chevaline dans le Merlerault, en même
temps qu'elles éclairent sur les ressources de cette partie
de la Normandie, qu'il est très-important de distinguer de
l'autre, mentionnée d'abord. Appliquer en effet les mêmes
procédés zootechniques dans les deux situations si essentiellement différentes, comme on l'a si souvent préconisé, c'est méconnaître les principes fondamentaux de la
science. Par là s'expliquent les trop nombreux mécomptes des éleveurs normands, entraînés au courant d'une
direction systématique, inspirée toujours par sa doctrine
absolue.

La vérité des choses autant que l'intérêt des éleveurs
exige que les chevaux normands soient pris pour ce qu'ils
sont, pour des métis dont les mérites ne peuvent être
contestés, à la condition qu'ils soient réussis. Les procédés compliqués de production à l'aide desquels le résultat peut être obtenu nécessitent une attention soutenue
et une grande habileté de métier. Voilà ce dont il importe
surtout de se bien pénétrer. Produire des métis est un
art dans lequel on ne s'improvise pas et qui a, industriellement, le grave défaut de ne réussir que dans le plus
petit nombre des cas.

Les chevaux, en Normandie, sont en général élevés entièrement à l'herbage. C'est à peine si quelques éleveurs soigneux, durant les hivers rigoureux, donnent aux juments et aux poulains des rations de fourrage, à moins qu'il s'agisse de sujets d'élite, promettant de devenir des étalons.

Dans le Merlerault, l'avoine entre plus souvent dans leur nourriture. Ceux du Calvados et de la Manche restent à l'herbage, ou vont dans la plaine de Caen, où ils pâturent au piquet les sainfoins et autres fourrages cultivés en abondance. A quatre ans, ceux qui n'ont pas été élevés dans l'espoir d'en faire des étalons, sont engraissés, pour être mis en vente, sans avoir été soumis à aucun dressage, à aucun exercice méthodique, du moins pour le plus grand nombre. Les pouliches, elles, ont le plus habituellement fait un poulain avant d'être vendues à cet âge, car elles sont en général saillies de deux ans et demi à trois ans.

Tant qu'il n'aura pas été remédié aux vices de l'élevage actuel, on pourra faire de beaux chevaux, on n'en fera pas des bons, qui soient recherchés par le commerce. Ce qu'il faut aux consommateurs, ce sont des sujets qui puissent être mis en service tout de suite, sauf à ménager leurs forces. On l'a bien senti lorsqu'on a pris le parti d'instituer des écoles et des primes de dressage; mais, quelle que puisse être l'utilité de ces institutions, elles seront nécessairement toujours insuffisantes et trop coûteuses. C'est dans la ferme même de l'éleveur qu'il serait désirable de voir introduire l'habitude de soumettre de bonne heure les élèves aux exercices de la gymnastique fonctionnelle, en tirant même un bénéfice direct de leur travail. Les bons chevaux ne se font pas seulement avec des poulinières, des étalons, des herbes et de l'eau. Ces divers éléments fournissent le moule et la matière première. L'intervention active et intelligente de l'artiste est indispensable pour fabriquer l'objet et le façonner à l'usage qu'il doit remplir.

Dans ces dernières années, l'élevage normand s'est beaucoup amélioré sous ce rapport; et en outre des soins mieux entendus dont les poulains et les jeunes chevaux sont entourés, les éleveurs commencent à rechercher avec une attention plus soutenue les reproducteurs qui se rapprochent le plus du cheval anglais fortement membré et étoffé, suivant l'expression consacrée. Aussi la réputation des chevaux anglo-normands s'en est accrue, non seulement pour les attelages de luxe, mais encore pour fournir des étalons à plusieurs départements français laissés à leur initiative, et même à quelques-uns des États étrangers, qui ont pris la coutume de venir s'y approvisionner.

Néanmoins, sur cent poulains qui naissent, il n'y en a guère plus de vingt-cinq qui deviennent de bons chevaux. Cela est dû principalement à ce que les éleveurs normands attachent une importance trop exclusive à l'hérédité. Ils sont parfaitement au courant de tout ce qui concerne les étalons qui, depuis trente ans, ont fait la monte dans leur province, et ils croient à tort que le choix du père suffit à tout. De là leurs nombreux mécomptes.

Métis anglo-bretons. — En décrivant la variété armoricaine de la race asiatique, nous avons dit les effets produits chez elle par son accouplement avec la variété anglaise du cheval de course. Mais nous savons qu'il y a en outre, sur le littoral breton, une autre variété chevaline, appartenant, celle-là, au type irlandais. Elle a été et elle est encore soumise au croisement anglais, et il en résulte une population de métis sur laquelle nous n'insisterons pas, mais que nous devons cependant signaler.

Ces métis anglo-bretons sont facilement reconnaissables, en général, à ce qu'ils présentent le plus souvent, avec une moindre finesse toutefois, le devant de leur père, plus ou moins mal soudé avec l'arrière de leur mère, et tout cela monté sur des membres trop faibles pour la corpulence. C'est une exagération en mal de ce que nous avons déjà reconnu chez le cheval de chasse irlandais, produit suivant la même méthode, mais par des procédés meilleurs.

Par son croisement avec le cheval de course ou par son métissage au moyen de l'anglo-normand, la variété bre tonne donne ses sujets qui ont acquis de la taille, mais elle perd en même temps ses principales qualités de solidité. Le nombre des sujets réussis, qui peuvent devenir de bons chevaux de trait léger ou de bons carrossiers, est très-minime, relativement à la grande masse de produits manqués que nous venons de caractériser.

Il se produit aussi maintenant, sur le littoral breton, quelques métis résultant de l'accouplement des juments du pays avec des étalons trotteurs de Norfolk. Ceux-ci sont en général moins irréguliers de formes que les autres.

Métis anglo-poitevins et saintongeois. — Les chevaux dont nous allons nous occuper sont produits dans la circonscription habitée par la variété du type frison appelée race mulassière, mais principalement dans les prairies de la Vendée et de la Charente-Inférieure, qu'on appelle encore les *Marais*. Les premières, en Vendée, appartiennent au marais de Saint-Gervais; les secondes, des environs de Rochefort, au marais de Saint-Louis. Elles sont divisées en pièces carrées, entourées de fossés pleins d'eau, connues en ce pays sous le nom de *prises de marais*, dont la plupart sont consacrées à l'élevage des chevaux. Le sol en est constitué par des dépôts marins récents, formés d'argiles siliceuses et ferrugineuses. Il produit des herbes fines et aromatiques, dont le foin est à juste titre fort estimé.

Longtemps on n'y a élevé que des bœufs et des poulains de la variété locale, depuis le moment où les dessèchements furent terminés; mais l'administration des haras est venue, fidèle à son système, pour y stimuler la production des chevaux propres à remonter la cavalerie. Les haras de Saint-Maixent et de Saint-Jean-d'Angély d'abord, puis les dépôts d'étalons de La Roche-sur-Yon et de Saintes, ont accompli l'œuvre.

Il est à peine besoin d'ajouter, ces renseignements étant donnés, que la population chevaline des marais de Saint-Gervais et de Saint-Louis, de même que celle des parties intérieures des circonscriptions d'achat des dépôts de remonte, dans les Deux-Sèvres, la Charente-Inférieure et la Charente, n'est composée que de métis anglais à divers degrés, mâtinés en sus de normand, car les étalons employés le plus souvent ont été des anglo-normands carrossiers. Il s'agissait, vu les ressources alimentaires du pays, de créer des chevaux pour la grosse cavalerie.

Il en est résulté une population hétérogène et hétéroclite, forte de corps, haute de taille, grêle de membres et supportée par de larges pieds, livrée à la remonte à l'état brut et sauvage, pour payer, en s'acclimatant à la vie militaire, un large tribut à la maladie, dont les statistiques du ministère de la guerre font foi. Ceux qui en réchappent deviennent à la longue, lorsque l'avoine les a consolidés, de bons chevaux; mais combien ont-ils coûté! On se souvient encore d'un temps où les dépôts de Saint-Maixent et de Saint-Jean-d'Angély livraient à la réforme et à l'équarisseur plus de sujets qu'ils n'en envoyaient dans les régiments, pour n'avoir pas compris les soins particuliers exigés par le tempérament peu robuste des chevaux qu'ils achetaient dans les prises des marais de Saint-Louis et de Saint-Gervais.

Depuis quelque temps, instruit par l'expérience, on s'est décidé à suivre une autre voie. On a mieux choisi les étalons, et des écoles de dressage ont été établies. Il en est résulté la production d'un certain nombre de sujets d'élite, dont quelques-uns se montrent même aptes à être admis comme étalons. Ces sujets ont été fort remarqués aux expositions annuelles de Paris.

D'ailleurs, les beaux sujets anglo-poitevins et saintongeois ne diffèrent point sensiblement des anglo-normands réussis, et cela n'a rien qui puisse être trouvé surprenant. Seulement on constate chez eux le type frison parfois, en outre du germanique et de l'asiatique.

Quant à la majorité de la population, elle a plus de mollesse dans le tempérament et des formes souvent moins élégantes, avec la même insuffisance de solidité dans les articulations.

Métis anglo-danois et allemands. — Les métis que l'on produit dans tous les pays du Danemark et de l'Allemagne du Nord, en Sleswig-Holstein, dans l'Oldenbourg,

en Hanovre, en Mecklembourg, en Prusse, etc., ne diffèrent pas du tout, eux, des anglo-normands. Pour qu'il en
soit ainsi, il y a la meilleure de toutes les raisons. Dans
toutes ces localités, les métis sont produits avec les mêmes éléments et par les mêmes méthodes. Le même type
naturel germanique a été et est encore croisé avec la
variété anglaise du type asiatique, avec le cheval de
course; puis les métis ont été et sont encore accouplés
entre eux. Seulement ici le type croisé est resté dans
son pays originaire.

Ces métis anglo-danois et allemands, qui forment maintenant la plus forte partie de la population chevaline des
localités sus-indiquées, présentent, quant à leurs caractères de taille et d'aptitude, les mêmes variétés que celles
précédemment reconnues dans le type indigène dont ils
dérivent. Il serait donc superflu de les décrire en détail.

Dans toute l'Europe occidentale, on fabrique à présent,
pour les besoins des attelages de luxe, de la chasse et
de la promenade à cheval, au moyen des combinaisons
diverses du métissage entre les deux types naturels
dont il s'agit, des sortes de chevaux qui, lorsque l'opération a réussi, se ressemblent partout. Ce sont des produits artificiels, dont la valeur ne dépend point du lieu
sur lequel ils ont été obtenus, mais bien de l'habileté ou
de l'heureuse chance du producteur. On les trouve avec
les mêmes caractères variables, avec les mêmes qualités
et les mêmes défauts, dans les écuries des marchands de
Londres, de Paris, de Francfort, de Berlin, de Munich, de
Vienne, etc., qui du reste en trafiquent entre eux. Rien,
quand on les y examine, ne peut faire discerner leur provenance ou leur nationalité. L'art qui les produit est cos-
mopolite.

En venant chercher des étalons en Normandie, comme
ils le font maintenant, les éleveurs allemands rendent
seulement un hommage flatteur à l'habileté de leurs confrères français, qui du reste les ont devancés chronologi-
quement dans l'art de produire les chevaux dits de demi-
sang.

Métis divers. — Nous comprenons sous le titre de

métis divers tous ceux qui, produits en dehors des circonscriptions précédemment indiquées, n'ont reçu aucune désignation distincte. Ils résultent du croisement ou du métissage de la plupart des races chevalines, soit avec le type séquanais, dit percheron, soit avec le clydesdale ou le Norfolk, s'il s'agit d'obtenir des chevaux de trait, soit avec l'anglo-normand, pour la production des chevaux de cavalerie surtout.

Ces métis sont élevés, sous l'empire d'une fausse doctrine économique, dans des localités dont les ressources fourragères seraient plus avantageusement employées à la production d'animaux des autres genres. Il faut reconnaître que le progrès des connaissances, en économie rurale, diminue de plus en plus leur nombre et ne tardera point à les faire disparaître. L'intervention et la propagande des administrations des haras, dans tous les pays, prenant pour base la nécessité de pourvoir à la défense nationale, sans se préoccuper autrement de l'intérêt des producteurs, avaient donné l'impulsion à cette industrie factice; la prépondérance que tend à prendre l'esprit de comptabilité est en train de l'anéantir. Il suffit donc de la signaler, sans y insister davantage.

Une description de la population hétéroclite qui a été ainsi formée, surtout dans les départements du centre et de l'est de la France, n'aurait d'autre intérêt que celui de nous montrer une confirmation pleine et entière de deux vérités déjà mises en lumière : 1o que le mérite des populations chevalines ne dépend que pour une part secondaire du choix des étalons qui la reproduisent; 2o que ce mérite arrive à ses limites les plus minimes lorsque ces étalons sont eux-mêmes des métis. Dans ce dernier cas, les conflits d'un atavisme multiple rendent si aléatoire, pour ne pas dire si impossible, l'harmonie de la conformation des produits, qu'on arrive à grand'peine à en rencontrer un bon sur cent. C'est dire ce que peut être, au point de vue économique, une telle industrie, qui ne se maintient nulle part, d'ailleurs, qu'à force de primes et de subventions, et n'est exercée que par les personnes qui ne savent point calculer.

Si l'on a bien saisi le sens de notre classification des types naturels ou des espèces chevalines, on ne s'étonnera point de ne pas voir figurer dans ce chapitre, consacré aux familles métisses, les produits de l'accouplement des juments légères des régions méridionales de l'Europe avec les étalons anglais ou arabes. On ne sera pas davantage surpris que nous n'ayons rien dit des familles anglo-arabes formées en France et en Allemagne, et qu'un hippologue avait naguère qualifiées de *pur sang français*.

Il ne s'agit là ni de croisement ni de métissage, par conséquent point de métis; les mariages ont eu lieu entre variétés d'une seule et même race, en vue de fondre les aptitudes qui sont sous la dépendance des milieux.

Cependant, pour quelques cas, il y a eu croisement et métissage inconscients : c'est lorsque, parmi les sujets confondus sous le nom commun d'arabes, se sont trouvés des individus appartenant au type maintenant déterminé de la race africaine. Le célèbre étalon de course, *Flying-Deutchmann*, en est un exemple frappant, avec sa tête africaine bien nettement caractérisée. Le même fait se produit souvent en Orient, et constamment en Algérie, où la population chevaline est à présent presque en totalité composée de réels métis asiatico-africains, depuis que la domination française a fait donner la préférence aux étalons tirés de la Syrie. C'est ce qui explique comment il est devenu si difficile d'y rencontrer des sujets **présentant tous les caractères du type africain pur.**

CHAPITRE V

RACES ASINES

Distinction des ânes et des chevaux. — En consi-dérant les Équidés dans l'ensemble de leurs attributs, rien n'est plus facile que de distinguer, parmi eux, le groupe des caballins de celui des asiniens, et réciproque-ment. Les formes du corps diffèrent en général très-sen-siblement ainsi que ses attitudes.

La tête des ânes est relativement plus volumineuse; les oreilles sont plus longues, plus larges et plus épaisses. Leur longueur dépasse toujours la moitié de celle de la tête. Le sommet de la tête, la nuque et l'encolure n'ont qu'une crinière rudimentaire, composée de crins rares, courts et fins; la queue est entièrement dépourvue de ces crins dans plus de la moitié supérieure ou basilaire de son étendue, et ceux qui se trouvent sur le reste sont toujours courts et peu abondants.

Toute la tige vertébrale, depuis la nuque jusqu'au sa-crum exclusivement, est disposée sur une ligne sensi-blement droite, ce qui est dû au port de l'encolure, tout différent de celui de l'encolure des chevaux, et au peu de longueur des apophyses épineuses des vertèbres dorsales qui, chez ces derniers, forment la région du garrot. La croupe est toujours plus courte et moins large. Les poils de la robe sont toujours plus longs et de couleurs moins variées. Presque sans exception, ils sont d'un gris souris plus ou moins clair, virant parfois au blanc sale, avec raie cruciale de poils plus foncés le long du dos et sur la région des épaules, ou d'un noir mal teint virant au roux, avec poils d'un gris argenté autour des lèvres, sur les parties postérieures du ventre, dans la région des aines et à la face interne des cuisses.

Les membres, souvent plus volumineux et au moins aussi longs chez certains ânes que chez bon nombre de chevaux, diffèrent toutefois par quelques caractères qui, pour n'avoir point une valeur absolue, n'en sont pas moins à prendre le plus souvent en grande considération.

Le sabot, chez les ânes, a toujours une forme voisine de celle du cylindre, à talons très-hauts, et quand sa forme est conique, la base du cône est supérieure au lieu d'être inférieure.

Mais ce qui a surtout la plus grande portée caractéristique, c'est ce qui concerne les châtaignes. Elles diffèrent en général et par leur nombre et par leur forme. Chez les ânes de toute espèce, elles sont toujours au nombre de deux seulement, au lieu de quatre. Les membres postérieurs en sont absolument dépourvus. A la face interne des avant-bras, au lieu d'être saillantes, constituées par une masse de corne grisâtre, dure et rugueuse, comme chez les chevaux, elles sont plus larges, font à peine saillie, ont une couleur noire de nuance vive, et leur corne est moins consistante.

Tous les auteurs qui se sont occupés de la caractéristique comparative des chevaux et des ânes ont considéré cette particularité relative au nombre et à la forme des châtaignes comme fournissant un caractère zoologique de la plus grande importance. Il paraît cependant extrêmement vraisemblable qu'il y a lieu de faire à son sujet une réserve sérieuse.

Il résulte des recherches de Jules Maury (1) que les châtaignes postérieures étaient complètement absentes chez trois chevaux observés par lui à Montpellier, et que chez deux autres il n'en existait qu'une seule rudimentaire. L'auteur ne relate que des observations faites durant un mois, en ajoutant que dans le cours de sa carrière il a eu souvent l'occasion d'en faire de semblables. Ce qui est intéressant, c'est qu'il a le soin de caractériser les

(1) *Recueil de médecine vétérinaire*, 6ᵉ série, t. I, 1874, p. 150.

sujets sur lesquels il a constaté l'absence complète des châtaignes postérieures. Ces chevaux venaient tous de la Camargue ou de la Corse, ce qui porte à penser qu'ils appartenaient plus ou moins purement à la race africaine, dont le type, comme nous savons, n'a point seulement que ce trait de ressemblance avec celui des ânes en général. On se rappelle qu'il n'a de même que cinq vertèbres lombaires dans le rachis. Il se pourrait donc qu'il n'eût normalement que les châtaignes antérieures.

Chez un cheval né au Japon et ayant figuré à l'Exposition universelle de Paris, en 1878, puis donné au Jardin zoologique du Bois de Boulogne, nous avons constaté également l'absence de châtaignes aux membres postérieurs.

D'après ces faits authentiques, toutes les probabilités sont dans le sens que nous venons de dire, car il n'est guère admissible qu'un caractère zoologique d'une telle valeur puisse manquer par anomalie, comme Goubaux et quelques autres l'ont admis, contrairement aux affirmations non moins risquées de E. Rousseau. Les prétendues anomalies de ce genre ne sont pas autre chose que des phénomènes normaux d'hérédité croisée, ainsi que nous l'avons établi pour ce qui concerne les vertèbres (1).

En tout cas, il y aura lieu de vérifier cette vue, et nous n'y manquerons pas si l'occasion d'examiner de nouveau des sujets purs de la race chevaline africaine nous est offerte. Malheureusement, les occasions de cette sorte sont très-rares.

Pour les études zoologiques, malgré la réserve que nous venons de formuler, les différences énoncées n'en sont pas moins plus que suffisantes dans leur ensemble. Il ne serait guère possible de confondre un âne vivant quelconque, même avec un cheval africain. Les traits généraux de la physionomie sont toujours suffisamment frappants pour que la distinction soit facile, surtout chez les animaux adultes.

(1) A. Sanson, *Mémoire sur la nouvelle détermination d'un type spécifique*, etc., *loc. cit.*

Pour les études paléontologiques, il n'en est pas tout à fait ainsi. A ce sujet, les diagnoses qui ont cours dans les catalogues de la faune quaternaire sont fortement sujettes à révision. Le plus souvent, si ce n'est toujours, fondées sur l'examen de pièces osseuses isolées, ordinairement même seulement de dents, elles n'ont eu pour base que des considérations de volume, dont la valeur ne saurait supporter l'examen de quiconque est bien au courant de l'ostéologie des Équidés en général. Il n'est pas possible d'ignorer en ce cas que bon nombre d'Équidés caballins ont les ossements moins volumineux que ceux de certains Équidés asiniens, et qu'en ce qui concerne notamment les dents molaires, qui jouent le plus grand rôle en paléontologie des Équidés, une distinction quelconque est absolument impossible sur la dent molaire isolée.

Sans doute, ainsi que nous l'avons déjà fait remarquer (1), il n'y a pas de difficulté à distinguer un squelette entier d'Équidé caballin d'un autre d'Équidé asinien. Il n'y en a pas davantage lorsqu'il s'agit même du crâne seulement. Les traits généraux de la physionomie se retrouvent sur ces squelettes qui, d'ailleurs, les commandent. Mais à l'exception de l'apophyse orbitaire du frontal qui, chez les ânes, a des formes tout à fait particulières et très-distinctes de celles qui s'observent chez toutes les espèces chevalines, il n'est, à notre connaissance, que bien peu de pièces isolées du squelette qui puissent permettre d'établir une diagnose à peu près certaine.

Arloing (2) a affirmé le contraire; mais quand on lit attentivement les différences qu'il signale, on est d'abord frappé d'une première cause d'erreur inhérente à sa méthode de recherche. Il a conduit ses études comparatives dans la supposition qu'il n'y aurait qu'une seule espèce chevaline et qu'une seule espèce asine, tandis que nous savons qu'il y a manifestement huit espèces d'Équidés

(1) *Comptes-rendus*, t. LXVI, p. 55.
(2) *Recueil de médecine vétérinaire*, 6ᵉ série, t. III, 1876, p. 312, et *Bulletin de la Société d'anthropologie de Lyon*, 1882.

caballins et deux espèces d'Équidés asiniens, présentant toutes un ensemble de formes ostéologiques différentes. Telle forme de l'âne qu'il avait sous les yeux peut être et est en effet différente de la forme correspondante à laquelle il la comparait chez le cheval ou les chevaux observés en même temps par lui; mais elle peut fort bien être semblable à celle de telle autre espèce chevaline, qu'il n'a ni distinguée ni étudiée. Ensuite, il est clair que les petites différences signalées par lui, en dehors de celles que tout le monde connaissait et qui n'étaient pas en question, ne dépassent pas sûrement la limite des variations individuelles.

Arloing, malgré sa louable intention de faire avancer cette question, d'une certaine importance pour les études paléontologiques, l'a donc en réalité laissée au point où il l'avait prise. Après comme avant, la conclusion que nous avions tirée de nos propres recherches subsiste, savoir que dans l'état de la science il n'est pas possible d'attribuer sûrement un ossement isolé d'Équidé, sauf le frontal muni de son apophyse orbitaire, plutôt à l'une des espèces chevalines qu'à l'une des asines. La prudence scientifique oblige à rester dans le doute. Tout au plus est-il permis d'admettre des probabilités, en se fondant sur les considérations tirées de ce que nous savons sur les aires géograghiques des diverses races des Équidés caballins et asiniens qui nous sont connues.

En contestant cette conclusion, Arloing avait annoncé des preuves que nous étions disposé, comme toujours, à accueillir avec empressement et reconnaissance. Malheureusement, il s'était fait de grandes illusions sur leur valeur. Dans le plus grand nombre des cas, les paléontologistes devront, en présence d'une molaire ou d'un ossement d'Équidé de grandeur moyenne, surtout dans le bassin méditerranéen ou dans ses environs, laisser son espèce indéterminée, s'ils ne veulent courir le risque de se tromper à peu près sûrement. Il est certain que bon nombre de pièces attribuées jusqu'à présent à un *Equus caballus* peuvent tout aussi bien avoir appartenu à un *Equus asinus.*

Les dents incisives de la mâchoire inférieure des ânes ont leur cornet plus profond que celui des incisives correspondantes des chevaux en général, et leur forme reste à peu près régulièrement semblable jusque près de l'extrémité de la racine, de telle sorte que la coupe en est ovalaire sur tous les points de leur longueur, au lieu de devenir triangulaire comme chez les chevaux. Mais la même disposition n'est pas précisément très-rare chez ces derniers qui, lorsqu'elle existe, sont en langage vulgaire qualifiés de *faux bégus*. Une incisive isolée de cheval faux bégu peut donc être facilement prise pour une dent d'âne, et réciproquement.

Espèces de races asines. — Nous avons dit plus haut qu'il y a, dans l'Ancien Continent, deux espèces d'Équidés asiniens seulement. L'une de ces espèces est dolichocéphale, l'autre brachycéphale. Elles sont donc très-faciles à distinguer entre elles, puisqu'il suffit, pour ne point les confondre zoologiquement, de déterminer leur type cérébral. L'une de ces espèces a reçu, dans la classification que nous avons établie, le nom de *E. A. africanus,* l'autre celui de *E. A. europœus.*

RACE D'AFRIQUE (*E. A. africanus*).

Caractères spécifiques. — Dolichocéphale ; frontaux étroits, à arcades orbitaires relevées horizontalement vers leur bord antérieur pourvu de rugosités, et ne s'unissant avec le zygomatique que par l'angle postérieur de leur extrémité, de manière à laisser un espace vide triangulaire entre cette extrémité et lui ; orbite petit ; lacrymal sans dépression ; sus-naseaux rectilignes à pointe faiblement courbée, unis en voûte plein cintre ; petit sous-maxillaire à branches courtes et peu obliques, et à arcade incisive petite, pourvue de dents longues et à cornet très-profond ; profil un peu arqué depuis le sommet du crâne jusqu'au niveau des orbites, droit dans le reste de son étendue ; face ovale (fig. 13).

Formule vertébrale : cervicales 7 ; dorsales 18, dont les apophyses épineuses diffèrent peu de longueur ; lombaires 5, avec des apophyses transverses courtes et obliques en bas ; sacrées 5, petites et courtes ; coccygiennes en nombre variable.

Caractères zootechniques généraux. — La tête est toujours un peu forte. La taille varie beaucoup. Elle ne s'élève guère au-dessus de 1m 30 chez les plus belles variétés, mais elle descend jusqu'au dessous de 1 mètre. Les

Fig. 13. — Ane d'Afrique.

oreilles, toujours plus longues et plus largues proportionnellement que celles des chevaux, sont au repos un peu divergentes, mais elles se dressent dès qu'une circonstance quelconque excite l'animal ou attire son attention. La disposition de l'apophyse orbitaire, qui abrite l'œil, donne à la physionomie un aspect un peu sombre, qui la distingue de celle des chevaux.

La couleur des poils est presque sans exception d'un gris souris plus ou moins clair, allant parfois jusqu'au blanc à reflets bleuâtres. La robe est toujours pourvue, le long de l'épine dorsale, d'une raie de poils plus foncés, de nuance rousse, traversée crucialement, au niveau des épaules et du garot, d'une raie semblable. La crinière très-courte, en quelque sorte rudimentaire, est toujours de la même nuance, ainsi que les crins de l'extrémité de la queue et ceux très-courts qui occupent la face postérieure du boulet. Ces particularités sont surtout accentuées chez les sujets encore jeunes.

La race est remarquable par sa sobriété, sa patience, sa force et sa longévité. Elle est d'un tempérament qui résiste à tout. Il n'y a certes point de machine animale d'un plus fort rendement. Elle endure la faim et la soif, vivant de tout et même presque de rien, digérant le bois aussi bien que l'herbe tendre, sans jamais refuser le service.

En considérant bien les choses, on est conduit à reconnaître qu'il n'y a point de race animale plus précieuse et plus estimable, qui ait rendu et qui rende encore à l'humanité plus de services qu'elle n'en doit à celle de l'âne d'Afrique, à cause de ce qu'on peut bien nommer les vertus de son espèce, qui cependant est assez généralement méprisée et maltraitée. Monture, bête de somme, moteur de traction, l'âne est propre à tout. Il est d'une adresse et d'une solidité incomparables sur les chemins les plus difficiles et les plus escarpés. Jamais il ne fait un faux pas. Sa santé est aussi à toute épreuve. Il va lentement, mais sûrement et sans jamais se lasser.

Aire géographique. — Le besoin de placer le lieu d'origine de tous les animaux sur le plateau central de l'Asie avait fait admettre l'existence, en Perse, des onagres ou prétendus ânes sauvages, considérés comme les ancêtres des ânes domestiques. Des études ostéologiques sérieuses et complètes sont venues clore les controverses sur la véritable place qui convient à ces onagres, en établissant qu'ils doivent être rattachés au groupe des hémiones, et non pas à celui des ânes (1). Ces mêmes études ont conduit leur auteur à placer l'aire géographique naturelle ou le berceau des ânes répandus en ces régions orientales au nord-est de l'Afrique, dans la vallée du Nil, conformément à l'opinion déjà soutenue par H. Milne Edwards et quelques autres naturalistes.

Le fait est, comme l'a déjà remarqué Piétrement, qu'on voit leur espèce figurée sur les plus anciens monuments de l'Égypte, bien avant que le cheval y eût été utilisé, et que c'est en ce pays que cette espèce atteint son plus grand développement et le maximum de ses qualités. On sait qu'elle existait aussi en Palestine du temps des

---

(1) Hector GEORGE, *Études zoologiques sur les hémiones et quelques autres espèces chevalines.* (*Bibliothèque de l'École des hautes études*, section des sciences naturelles. Paris, Masson, t. I.)

Hébreux, et que les plus anciens documents y signalent sa présence comme remontant à une date inconnue à l'état domestique.

Il ne serait pas impossible que les Juifs, en se dispersant, eussent contribué à la répandre dans tous les autres pays du monde. Mais, d'un autre côté, il est certain que des migrations bien antérieures à celles-là l'ont amenée dans notre Europe occidentale. Boucher de Perthes a trouvé en 1833, au fond d'une tourbière de la Somme, de 5 à 6 mètres au dessous du niveau du cours d'eau, avec des silex taillés et des poteries de l'époque de la pierre polie, un crâne d'Équidé dont il a fait don au Muséum de Paris. Ce crâne, déposé dans la galerie d'anthropologie, portait une étiquette écrite de sa main, sur laquelle on lisit : « *Cheval 2480. — Sépultures celtiques. — Os des tourbières de la Somme placés avec les silex taillés et les poteries à 5 à 6 mètres au-dessous du niveau de la rivière. — Abbeville, 1833. — Niveau pris dans la plus grande hauteur. — 4 à 5 mètres niveau moyen.* »

Grâce à l'obligeance amicale de notre collègue M. Hamy, aide naturaliste au Muséum, nous avons pu étudier ce crâne et y reconnaître tous les caractères spécifiques de l'*E. A. africanus* (1). En le donnant comme étant celui d'un cheval, Boucher de Perthes s'était donc trompé. Erreur bien excusable, d'ailleurs, de la part d'un très-habile archéologue tout à fait étranger à l'anatomie zoologique. Ce qui importe, c'est que la présence de ce crâne dans le nord des Gaules, à l'époque de la pierre polie, atteste que sa race y avait été amenée dès lors par des migrations de population humaine, car il n'est pas admissible que cette race y soit arrivée en vertu de sa seule loi d'extension. Ce fait, quoiqu'il soit unique jusqu'à présent, à notre connaissance, suffit pour montrer que l'établissement de la race, partout où elle se rencontre maintenant dans l'Ancien Continent, c'est-à-dire à peu près sur toute son étendue, remonte à cette même époque.

(1) A. SANSON, *Comptes-rendus*, t. LXXIV, p. 68.

L'aire géographique actuelle de la race asine d'Afrique embrasse en effet la plus grande partie de la surface du globe habitable par les hommes. Les qualités que nous avons reconnues à son espèce ont rendu sa diffusion à la fois désirable et facile. Il serait donc aussi superflu qu'impossible d'essayer de tracer cette aire. Il sera plus tôt fait de dire qu'il y a partout des ânes de cette race. Ils sont vraiment cosmopolites dans le sens le plus étendu de l'expression, s'accommodant sans peine à toutes les conditions d'existence, depuis les plus plantureuses jusqu'aux plus misérables.

Ce n'est point que le froid et le chaud, la disette et l'abondance leur soient indifférents. Ils en ressentent, comme tous les animaux, les atteintes ou les bienfaits ; mais seulement, mieux qu'aucun des autres ils ont la faculté de s'y plier.

Pour les décrire plus en détail, nous y n'y admettrons que deux variétés : celle du berceau ou du pays natal, la plus belle, la variété égyptienne, et celle de tous les autres pays, que nous nommons variété commune, ayant subi toutes les dégradations possibles, sous l'influence de conditions d'existence moins bonnes.

Variété égyptienne. — Les ânes de l'Égypte sont renommés pour leur grande taille et leur beauté relatives. Ils ont le corps ample, les formes arrondies et ne sont point dépourvus d'élégance. Leur population est nombreuse, et ils sont l'objet de soins plus attentifs que ceux que reçoivent leur pareils dans toutes les autres parties du monde. Les plus beaux se trouvent surtout dans la Haute-Égypte, où ils rendent de très-grands services aux populations, étant à peu près les seuls moteurs animés qui puissent être employés là pour l'exécution des travaux agricoles et des transports de produits ou de marchandises.

Leur robe est généralement de nuance claire, souvent d'un blanc presque pur, surtout quand ils sont un peu avancés en âge. La connaissance de cette variété, pour nous autres Européens, n'a guère d'autre intérêt que celui de posséder une notion complète de la race zoologique à laquelle elle appartient. Nous ne pouvons point songer à l'introduire chez nous. Dans les conditions où les sujets de sa race y sont exploités et reproduits, elle aurait vite fait de perdre les qualités qui la distinguent, comme les ont perdues ses ancêtres. Les populations qui, en Europe, s'occupent de la reproduction des ânes employés comme moteurs animés, ne sont pas généralement en situation de songer à leur amélioration, ainsi qu'on va le voir par la description de la variété commune, exploitée surtout par les pauvres gens.

Variété commune. — Au moral, tout ce qui a été dit et ce que nous avons répété sur les vertus asines a été mérité et au-delà par les ânes communs disséminés dans toutes les parties de l'Asie, de l'Europe, de l'Afrique, mais abondants surtout en Algérie et dans l'Italie méridionale. En ce dernier pays, ils sont aussi nombreux que les chevaux. Il en est de même en Algérie, surtout en Kabylie.

Au physique, ces ânes, que l'on nomme grisons, bourricauts, souvent en signe de mépris, ont les naseaux étroits, les lèvres minces, la bouche petite, les joues fortes ; l'oreille longue, mais mince et dressée ; l'œil petit, au regard calme ; la physionomie douce et modeste. L'encolure est mince, le dos court et tranchant ; la poitrine étroite ; l'épaule courte et peu inclinée ; l'avant-bras et la cuisse sont minces ; les canons grêles et peu fournis de crins ; le pied est petit, cylindrique, à talons hauts.

La taille dépasse rarement 1 mètre. La robe est peu variée ; le plus généralement elle est d'un gris plus ou moins foncé, avec une raie noire ou rousse s'étendant de l'encolure à la queue, et coupée au niveau des épaules et du garot par une autre transversale de même nuance. Des marques semblables forment des sortes de zébrures le long des membres. Cela semble être le pelage originaire de la race, conservé par le plus grand nombre de ses descendants. Toutefois, on rencontre des individus de robe alezane ou bai brun, ayant le pourtour des lèvres et celui des yeux de nuance plus claire, et la face inférieure du ventre d'un blanc sale, qui se prolonge à la face

interne des cuisses. Cela vient d'un croisement antérieur.

L'âne de variété commune, ainsi décrit, est le modèle
de son espèce pour la sobriété, la docilité, la patience et
toutes les autres qualités si remarquables que nous nous
sommes plus à lui reconnaître. Ce sont là chez lui des
mérites de nature, car il se reproduit et s'élève en grande
partie au hasard, si ce n'est au milieu des mauvais traitements. Pourtant, pas plus que le cheval, il n'est réfrac-
taire aux méthodes zootechniques qui améliorent celui-ci.

RACE D'EUROPE (E. A. Europæus.)

Caractères spécifiques. — Brachycéphale ; frontaux
larges et plats, avec des arcades orbitaires très-larges, à
bord antérieur relevé, ployées vers leur partie moyenne

suivant un angle obtus,
et hérissées sur ce même
bord d'aspérités osseuses
très-accusées, n'établis-
sant avec le zygomatique,
comme chez l'autre es-
pèce, leur connexion que
par l'angle postérieur de
leur extrémité ; orbite relativement petit et faisant
ainsi une forte saillie par
son arcade, qui se pro-
longe beaucoup sur le plan
de la face ; lacrymaux sans

Fig. 14. — Ane d'Europe.

dépression ; sus-naseaux à peu près droits jusqu'à leur
pointe, unis en voûte surbaissée ; petit sus-maxillaire à
branches longues, mais très-obliques, à arcade incisive
grande, pourvue de dents longues, à cornet très-profond ;
profil droit, terminé en une sorte de pan coupé à angle
presque droit ; face triangulaire, à base large (fig. 14).

Formule vertébrale : cervicales 7 ; dorsales 18, dont les
apophyses épineuses sont courtes et peu différentes en

hauteur des premières aux dernières, unies suivant une courbe sortante à très-long rayon ; lombaires 5, avec des apophyses transverses courtes et inclinées en bas ; sacrées 5, petites et courtes ; coccygiennes en nombre variable.

Caractères zootechniques généraux. — La taille est au moins de **1ᵐ** 30 et souvent plus grande. Elle est donc en moyenne beaucoup plus grande que celle de l'espèce africaine. Les oreilles longues, larges et épaisses, couvertes de longs poils sur leurs bords et à l'intérieur, sont toujours portées au moins horizontalement et souvent pendantes. La tête très-forte, les apophyses orbitaires abritant des yeux petits donnent à l'animal une physionomie sombre et sournoise. L'attitude et les formes du corps sont les même que dans l'autre espèce, ces formes sont seulement plus amples ; mais les membres sont toujours considérablement plus volumineux ; ils atteignent souvent, surtout aux articulations, les dimensions qui se rencontrent chez les plus forts chevaux.

La robe des ânes d'Europe est toujours d'un brun plus ou moins foncé, avec des poils fins d'un gris argenté autour des lèvres et des paupières, et à la face interne et supérieure des cuisses, dans la région des aines. Sur tout le reste du corps, les poils sont toujours grossiers, longs et parfois frisés. La crinière, comme chez l'âne d'Afrique, reste toujours rudimentaire. Les crins de la queue ne sont pas davantage abondants ; mais au contraire ceux de l'extrémité des membres entourent ceux-ci et sont souvent assez longs pour recouvrir entièrement le sabot.

Les ânes d'Europe sont principalement exploités pour la production des mulets. La race fournit en outre des moteurs et des ânesses pour la production du lait.

Aire géographique. — Cette race habite actuellement les îles Baléares, la Catalogne, l'Italie, la Gascogne et le Poitou. Elle est en outre répandue un peu partout, se mélangeant avec la variété commune de l'âne d'Afrique. Son aire géographique naturelle embrasse donc le bassin méditerranéen. Elle s'est étendue un peu au-delà, du côté du nord-ouest, jusque dans l'ancienne province de Poitou, qui appartient, comme la Gascogne, au bassin océanien.

Le centre d'apparition du type primitif de l'âne d'Europe est situé sur l'un des points de ce bassin méditerranéen, qu'il est impossible de reconnaître comme ayant été la patrie originaire d'aucune autre espèce d'Équidé. Ce centre d'apparition doit être vraisemblablement placé aux environs des terres qui forment aujourd'hui les îles Baléares, où paraissent réunies les meilleures conditions naturelles d'existence de la race.

Les découvertes de Lartet, dans les cavernes de l'âge du renne, si abondantes en la région méridionale de la France, et celles des autres explorateurs auxquels il a ouvert la voie, établissent que les ossements d'Équidés trouvés dans le sol de ces cavernes doivent être attribués à une espèce de petite taille, que Lartet a cru être chevaline et qu'il a cataloguée comme *E. caballus*. Ses émules on fait de même, sans exception.

Aucun de ces ossements n'est suffisamment complet pour qu'on soit autorisé à en faire une diagnose spécifique, fondée sur des bases anatomiques. Les anatomistes qni ne sont pas à cet égard restés dans le doute ne connaissaient apparemment pas assez les caractères de l'espèce asine décrite ici. Ils ont comparé les ossements quaternaires à ceux de notre variété commune de l'âne d'Afrique, dont les ossements sont en vérité d'un volume beaucoup moindre. Entre ceux du cheval de petite taille auquel Lartet les a attribués et ceux de l'âne d'Europe, il n'y a en réalité point de différence, et surtout pour les dents restées ou non dans leurs alvéoles.

Nous avons eu l'occasion de voir beaucoup de ces ossements, indépendamment des représentations figurées dans le bel ouvrage de Lartet et Christy. A leur seul aspect, et sans avoir égard à leur origine, nous déclarons que, dans l'état de la science, il est impossible de se prononcer sûrement sur la question de savoir s'ils ont appartenu à un Équidé caballin de petite taille plutôt qu'à l'espèce de l'âne d'Europe.

Mais en se fondant sur les considérations zoologiques relatives aux aires géographiques naturelles des Équidés en général, considérations qui conduisent à reconnaître que les Équidés caballins répandus actuellement dans les régions qu'habite avec eux la race de l'âne d'Europe, y ont été amenés postérieurement à l'âge du renne, on ne peut guère douter que les ossements des cavernes dont il s'agit aient appartenu à des sujets de cette race. La conclusion en ce sens est nécessaire. Pour l'éviter, il faudrait admettre l'existence en ces régions, à l'époque quaternaire, d'une race chevaline aujourd'hui complètement éteinte, ce qui ne serait appuyé sur aucun fait.

En résumé, telle qu'elle se présente maintenant, la race de l'âne d'Europe florit surtout un peu en dehors de son aire géographique naturelle, dans l'ancienne province de Poitou. C'est là qu'elle est l'objet de plus de soins que partout ailleurs, à cause de la beauté et de la grande valeur des mulets qu'elle y engendre. Après viennent, sous ce rapport, la Gasgogne, la Catalogne et l'Italie. Ailleurs, les sujets qu'elle fournit ne sont utilisés que comme bêtes de somme. Les femelles, à cause de leur plus grande taille, produisent le lait d'ânesse qui, dans les grandes villes, est recommandé pour réconforter les valétudinaires.

Les variétés qu'on observe dans la race sont peu nombreuses et ne diffèrent entre elles que par le développement de la taille, le volume du corps et celui des membres. Elles sont pour la plupart purement nominales. Nous n'en admettrons que trois, une commune, une pour la Gascogne, la Catalogne et l'Italie, et enfin une du Poitou.

Variété commune. — Tous les ânes de la race d'Europe entretenus sans soins particuliers dans tous les pays, pour servir comme moteurs animés ou pour fournir du lait, forment cette variété commune, ainsi nommée parce qu'elle n'appartient à aucune localité spéciale. C'est celle dont la conformation est la moins correcte et qui atteint le moindre développement, faute de choix parmi ses reproducteurs et d'une alimentation toujours suffisante.

Elle est, en son espèce, le pendant de la variété du même nom reconnue dans l'autre. Nous ne la décrirons pas autrement.

Variété de la Gascogne, de la Catalogne et de l'Italie. — Celle-ci étant employée pour la production des mulets est mieux soignée que la précédente. Elle offre des sujets de grande valeur, réguliers de formes, bien proportionnés, mais dont le corps est toujours un peu étroit et les membres moins forts que ceux de la variété poitevine. Ils ont aussi généralement la taille moins élevée et les poils moins longs, la robe moins bourrue. Assez souvent, les agriculteurs des régions méridionales qui entretiennent des ânes étalons pour la production des mulets, les vont acheter jeunes en Poitou pour les introduire chez eux, dans l'espoir d'en obtenir des mules plus fortes. Les introductions en sens contraire ne s'observent point.

Variété du Poitou. — Le fait qui vient d'être énoncé témoigne que les *baudets* (c'est ainsi que les Poitevins nomment leurs ânes étalons) produits en Poitou sont incontestablement les plus beaux de leur race; ils sont en réalité les plus estimés partout, et l'on cherche à les introduire dans toutes les localités où l'on veut améliorer ou implanter l'industrie des mulets, notamment en Angleterre. Nous devons, pour ce motif, décrire leur variété plus en détail.

La taille de l'âne du Poitou varie de 1m40 à 1m48. Il a les naseaux petits, les lèvres épaisses, fortes; la tête longue et large, par conséquent très-forte, à extrémité mousse; les oreilles longues, épaisses, larges, volumineuses et toujours tombantes; l'œil petit et fortement ombragé, ce qui lui donne une physionomie sombre. Il est généralement épais, trapu, à croupe arrondie, quoique toujours courte, et à membres volumineux terminés par des sabots petits, à talons hauts et serrés.

Sa robe est toujours de nuance foncée, depuis le bai brun jusqu'au noir mal teint et au noir franc, avec le bout du nez et le dessous du ventre d'un gris argenté. La plupart des baudets sont, en Poitou, velus comme des ours. C'est là une des beautés les plus estimées par les connaisseurs.

C'est dans quelques cantons de l'arrondissement de Melle (Deux-Sèvres) qu'on se livre particulièrement à la production des plus beaux baudets. Les propriétaires ou fermiers qui entretiennent chez eux ce que l'on appelle en Poitou un *atelier*, et ce qui sera décrit plus loin à l'occasion de la production des mulets, font naître et élèvent presque tous des ânes, dans toute l'étendue du département, soit pour renouveler leurs propres étalons réformés, soit pour les vendre à leurs confrères.

Un préjugé fort répandu fait croire aux éleveurs poitevins, en général, que l'ânesse réussit d'autant mieux à porter à terme le petit qu'elle a conçu, qu'elle est dans un état de maigreur plus grand. Aussi ne lui donnent-ils, pour la plupart, qu'une nourriture parcimonieuse. C'est là, d'après Eugène Ayrault (de Niort), une des causes de l'élevage si difficile du jeune ânon. Il y en a bien d'autres, que nous indiquerons.

Les ânesses ne sont saillies qu'à une époque très-avancée de la saison. Cela est impérieusement commandé par la fonction principale des étalons. Lorsqu'un baudet a eu des rapports amoureux avec une femelle de son espèce, il ne se soucie plus d'en avoir avec des juments. Il faut donc attendre que la monte de celles-ci soit terminée.

Ainsi fécondées à l'arrière-saison, les ânesses mettent bas à une époque peu favorable. Lorsque le temps de la gestation approche, le précieux fruit est attendu avec une grande anxiété, dans l'espoir que ce sera un mâle. Un mois avant le terme présumé, rien n'égale la sollicitude dont la future mère est entourée: on ne la quitte plus, ni jour ni nuit. Le chef de la famille poitevine ne confie à personne, si ce n'est accidentellement à son propre fils, le soin d'une surveillance de si haute portée pour son intérêt. Si l'ânesse donne sans accident un ânon, une grande joie entre avec lui dans la maison. On ne saurait peindre le désappointement, la consternation qui accompagne la venue d'un produit femelle. L'espoir caressé durant une année, les calculs de la veillée sur l'emploi

futur du prix de vente du baudet, tout cela s'est éva-
noui.

Il n'est pas impossible, et il semble même probable,
que les éleveurs de baudets poitevins, en traitant si mal
leurs ânesses avant la gestation et durant les premiers
mois de celle-ci, obéissent à une idée dont la raison leur
échappe, mais qui a, dans une certaine mesure, son fondement. Ils ont observé, vraisemblablement, que les
femelles affaiblies par les privations donnent plus souvent
que les autres naissance à des produits mâles, ce qui
est, on le comprend, l'objet de leurs plus vives aspira-
tions. Ils négligent pour cela les risques d'avortement,
qui se réalisent pourtant d'une manière fréquente.

Mais le petit une fois né, les soins qui seraient prodigués
au propre enfant de la maison sont peu de chose auprès de
ceux qu'il reçoit. Durant le premier mois de sa vie, on ne
le perd pas un seul instant de vue. Et c'est dans l'exagération précisement de la sollicitude dont il est l'objet que
se trouve le motif plausible des difficultés qu'il rencontre
à franchir sain et sauf ce premier mois, car il s'en faut
de beaucoup que les soins qui lui sont prodigués soient
tous bien entendus.

D'abord, on se garde bien de le laisser téter le *colostrum* de sa mère. Malgré leurs efforts incessants, les
vétérinaires poitevins n'ont pu réussir encore à détruire
le préjugé qui veut que ce premier lait soit un poison.
Toutes leurs démonstrations sur son utilité restent en
général infructueuses. Le premier soin est de traire à
fond et plusieurs fois dans la journée la femelle, ânesse
ou jument, qui vient d'accoucher. Aussi la constipation et
le pissement de sang font-ils périr un grand nombre d'â-
nons.

Le fâcheux effet de l'absence du *colostrum* est encore
secondé par l'action du lait mêlé de farine qu'on leur fait
boire à la place. La mamelle de la mère, que le petit saurait bien trouver tout seul au moment convenable, ferait
beaucoup mieux son affaire. **Mais l'homme a souvent la
sottise de se croire en état de corriger utilement la nature.**

Le premier mois passé, si l'animal a résisté aux soins maladroits, pour la plupart, dont il a été accablé, le tempérament rustique de son espèce prend le dessus. Il n'est pas encore à l'abri, cependant, des indigestions et des maladies inflammatoires que provoquent les trop bonnes chères qu'on lui fait faire. Il faudrait se borner à mieux nourrir la mère, ce qui a lieu, du reste. Une bonne nourrice, voilà ce qui convient surtout à tous les mammifères, dans les mois qui suivent leur naissance. Certes, il périrait beaucoup moins de jeunes ânons en Poitou, si, une fois pleines, les ânesses étaient mieux nourries, et si, après la mise-bas, on se bornait à surveiller l'allaitement naturel, sans intervenir pour en modifier les lois. Seule l'époque avancée de l'année, dans laquelle les petits naissent, justifie des précautions particulières.

Il est de première importance que ces petits n'aient pas froid : on a donc raison de les couvrir de lainages après leur naissance. Il est bon aussi que la mère reçoive de la nourriture verte. Le principal progrès qu'il y ait à réaliser dans l'hygiène des ânons est donc de moins s'en occuper. Il n'est pas défendu de les aimer beaucoup, à cause de leur grande valeur ; mais l'intérêt est de les aimer d'une façon plus intelligente.

Durant longtemps, un autre préjugé non moins pernicieux a nui considérablement à la santé des baudets du Poitou. Pour conserver leur fourrure intacte, on s'abstenait sans exception de leur nettoyer la peau. Les plus estimés portaient feutrés les poils de toutes leurs mues annuelles pendants en sortes de loques qui leur valaient le nom estimé de *gueneuilloux*. Aussi les maladies de peau étaient-elles fréquentes chez eux, surtout aux membres. Le progrès des lumières a enfin eu raison de ce préjugé. La plupart des baudets sont maintenant pansés régulièrement.

CHAPITRE VI

MULETS ET BARDOTS

Caractéristique. — Les mulets, qui ont existé dès la plus haute antiquité, résultent, comme on sait, de l'accouplement des ânes avec les juments ; les bardots, de celui des chevaux avec les ânesses.

En général, les mulets ont la taille plus élevée que celle des bardots, ce qui est dû à ce que, en général aussi, la taille des juments est plus élevée que celle des ânesses. Nous avons montré que, contrairement à l'opinion préconçue généralement admise, il n'y a pas de différence caractéristique pouvant permettre de distinguer sûrement et dans tous les cas un bardot d'un mulet. L'un comme l'autre participe dans des proportions extrèmement diverses des caractères de son père et de sa mère. Cela dépend des puissances héréditaires individuelles en présence.

Les premières opinions énoncées sur ce sujet l'ont été plutôt d'après une hypothèse que d'après l'observation. On pensait que le produit devait toujours ressembler plus à son père qu'à sa mère. Les auteurs se sont ensuite copiés les uns les autres, ce qui est plus commode et plus tôt fait que de vérifier. Les occasions d'observer des bardots étant du reste assez rares partout ailleurs qu'en Sicile, où ils sont communs et appelés *casa mulo* pour les mâles et *casa mula* pour les femelles, c'est-à-dire quasi-mulet ou quasi-mule, il n'est pas étonnant que l'erreur commune à leur sujet se soit perpétuée. Dès qu'elle a pu être soumise à une vérification scientifique, elle s'est évanouie devant les faits bien observés. Cette vérification, nous l'avons faite nous-même en Poitou, puis elle a été répétée ensuite en Sicile par Pagenstecher.

Il ne sera plus possible désormais, à moins de méconnaître les faits constatés rigoureusement, d'admettre, entre les bardots et les mulets considérés en général et au point de vue théorique, d'autre distinction que celle tirée de leur mode différent de production. Celle de leur taille, bien qu'elle soit générale, ne peut cependant pas être caractéristique, parce que, parmi les mulets nés dans les pays méridionaux de l'Europe et dans le nord de l'Afrique, il y en a qui ne sont point plus grands que les plus grands bardots.

En définitive, s'il y a des bardots qui ressemblent plus au cheval, leur père, qu'à l'ânesse, leur mère, il y a aussi des mulets en plus grand nombre, qui ressemblent plus à leur mère, la jument, qu'à l'âne, leur père, pour la raison que le nombre total des mulets est incomparablement plus grand que celui des bardots.

Laissant de côté toute distinction de ce genre, qui n'est d'ailleurs intéressante qu'au point de vue de la physiologie de l'hérédité, et qui à ce titre a été suffisamment examinée en son lieu, nous pouvons donc négliger ici les bardots, pour ne nous occuper que des mulets proprement dits.

La caractéristique de ces mulets serait fort difficile à établir par une description comme celle que nous avons donnée de chacune des espèces chevalines ou asines. La raison en est que parmi eux il n'y a en réalité que des individus absolument dépourvus de formes spécifiques et qu'ils ne sont point aptes à former des races. On n'est plus autorisé à affirmer maintenant qu'ils sont radicalement inféconds entre eux. Bien que nous ne possédions encore que des observations de fécondité relatives aux femelles, l'étude attentive des conditions dans lesquelles ces observations se sont produites, éclairée par nos connaissances actuelles sur la zoologie des Équidés, commande de rester à cet égard sur la réserve. Il ne paraît pas inadmissible que les mâles de la même origine que celle des femelles qui se montrent si facilement fécondes

puissent jouir eux-mêmes de la fécondité. Avant de la
leur refuser, comme nous sommes autorisés à le faire pour
les autres mulets que nous connaissons mieux, il faudrait
les soumettre à une vérification expérimentale qui nous
fait défaut.

Mais toutefois, y eût-il des mâles féconds comme nous
sommes sûrs à présent qu'il y a des femelles fécondes,
nous ne sommes pas moins sûrs que de leur accouplement ne pourrait point résulter la formation d'un type
spécifique ou d'une race de mulets. La loi de reversion
s'y oppose. Ces métis-là, ainsi que tous les autres,
feraient bientôt retour à l'un ou à l'autre de leurs types
naturels ascendants.

Qu'ils soient hybrides ou métis, les mulets, comme tous
les produits d'accouplement croisé, n'ont aucun caractère
fixe. L'extrême variation
de ceux qu'ils présentent
n'empêche cependant pas
que leur identité, en tant
que mulets, puisse être
toujours facilement reconnue. On ne risque guère
de les confondre jamais
ni avec l'âne ni avec le
cheval, parce qu'ils pré-
sentent toujours à la fois,
combinés de bien des fa-
çons, à la vérité, des caractères appartenant aux
deux. Ils sont d'ailleurs

Fig. 15. — Mule du Poitou.

d'autant plus estimés par les connaisseurs que la combi-
naison est mieux fondue, pour ainsi dire; que, dans toutes
les parties, ils participent à la fois des caractères pater-
nels et des maternels. C'est ce qui est réalisé dans le type
que nous mettons ici sous les yeux du lecteur (fig. 15).

En général, le mulet n'a pas le pied petit comme celui
de l'âne, mais il ne l'a pas non plus conformé comme
celui du cheval. Au lieu de former, comme chez celui-ci,
un tronçon de cône, il se rapproche davantage de la

forme cylindrique. Il a les talons hauts et droits, la fourchette peu développée, la corne dure et solide. Son poil est ordinairement ras et rude, le plus souvent noir mal teint ou bai, comme celui de l'âne d'Europe ; mais cependant les mulets de robe grise ou alezane, avec raie dorsale de poils foncés dite *raie de mulet,* et aussi avec des raies transversales de même nuance aux membres, ne sont pas rares. Les sujets alezans passent, à tort ou à raison, pour fort têtus et méchants. On dit proverbialement : « Têtu comme un mulet rouge. »

Par leur longueur, les oreilles tiennent généralement le milieu entre celles de l'âne et celles du cheval : elles ont sensiblement la moitié de la longueur totale de la tête. Chez certains individus, qu'en Poitou l'on qualifie de « bouchards, » elles sont plus longues et un peu pendantes sur le côté, se rapprochant ainsi davantage de la forme propre à celles de leur père. La crinière est le plus ordinairement peu développée, mais parfois autant que chez certains chevaux. Il en est de même pour les crins de la queue, qui cependant, d'après nos propres observations, se rapprochent, dans le plus grand nombre des cas, beaucoup plus de ceux du cheval que de ceux de l'âne.

Enfin, en ce qui concerne les châtaignes, tous les observateurs bien placés pour voir des mulets en grand nombre sont d'accord pour reconnaître qu'ils en ont tantôt quatre, tantôt trois et tantôt deux seulement. E. Rousseau et Goubaux se sont à cet égard tenus également loin de la vérité, le premier en soutenant qu'ils n'en ont jamais que deux, l'autre qu'ils en ont toujours quatre. Dans certains cas, les deux postérieures sont complètement développées et tout à fait semblables à celles de la mère ; dans d'autres, elles restent plus petites et à peine visibles ; dans d'autres enfin, il n'y en a qu'une très-petite ou pas du tout.

Par leur tempérament, et par conséquent par leurs aptitudes et leur longévité, les mulets tiennent beaucoup plus de l'âne que du cheval. Ils sont d'une sobriété qui les rend précieux, et leur rendement mécanique est très-élevé .Ils portent ou traînent des charges auxquelles ne

pourraient point suffire des chevaux de même poids, et
ils trouvent l'énergie nécessaire au déploiement d'un tel
travail dans des matières alimentaires que ces chevaux
ne digéreraient point : exemple les roseaux dont vivent
les mules travailleuses dans le sud-est de la France. Ils
ont le pied sûr et le pas régulier des ânes, et avec cela
souvent les allures vives aussi rapides que celles des chevaux les plus légers. Ces qualités les approprient surtout
aux climats méridionaux où règne la sécheresse, et où en
effet ils sont surtout répandus et utilisés.

La voix des mulets n'est exactement ni celle de l'âne
ni celle du cheval. On ne peut point dire qu'ils hennissent,
non plus qu'ils braient. Cependant, pour l'ordinaire, elle
se module plutôt de façon à rappeler le braiement que le
hennissement. Quelques-uns cependant braient franchement, tandis que d'autres hennissent sur un registre bas
et voilé.

Variétés de mulets. — D'après ce qu'on vient de voir
au sujet de l'extrême variabilité des formes caractéristiques, chez les produits du croisement opéré entre les
ânes et les chevaux, il est facile de comprendre que les
variétés n'y peuvent être établies qu'en prenant pour base
les différences dans la taille et le développement du corps.
Ces différences sont dues à la fois aux reproducteurs et
aux conditions de milieu dans lesquelles les produits se
développent.

Les mulets qui, comme ceux du nord de l'Afrique, sont
pour la plupart fils d'ânes d'Afrique, beaucoup moins
grands, comme on sait, que les ânes d'Europe, et aussi
de juments moins grandes que ne le sont en général
celles qui, en Europe, font des mulets, ne peuvent être
que de petite taille. Ceux de l'Italie et des régions méridionales de la France participent aussi nécessairement
des conditions qui restreignent le volume des animaux
naissant en ces régions. Ceux du Poitou, ayant pour
père et mère des individus de grande taille et se développant dans un milieu aussi favorable que possible,
atteignent souvent une taille, un volume et un poids que
ne dépasse nulle part aucune espèce chevaline.

On peut donc admettre deux variétés de mulets, reconnues d'ailleurs généralement et classées par exemple
pour les services de l'armée française, qui, avec raison,
en emploie beaucoup et devrait même en employer davantage pour le transport de ses bagages et de ses pièces
d'artillerie. L'une de ces variétés est celle des mulets légers, dits *mulets de bât*; l'autre celle de mulets lourds,
dits *mulets de trait*. Elles ne diffèrent pas seulement par
le poids : elles diffèrent aussi par la conformation.

Le mulet de type léger, qui naît en Algérie, en Italie,
dans le midi et dans le centre de la France, et exceptionnellement dans l'ouest, est ou bas et trapu, ou svelte,
élancé, mince de corps, haut sur jambes. Il a la tête forte,
l'encolure grêle, le dos voussé, la croupe courte et tranchante, les membre fins et secs dans leurs régions inférieures. Toujours énergique et vif, il a souvent les allures
rapides. Il étonne par sa force, eu égard à son faible
poids. Il n'est pas rare de lui voir porter, sans fléchir
sous le faix, une charge de 300 kilogrammes. En Sicile,
d'après Pagenstecher, les plus petits transportent sans
broncher, sur les sentiers escarpés des montagnes, leurs
deux pains de soufre pesant ensemble 120 kilogrammes.

Le mulet de type lourd, qui se produit exclusivement
en Poitou, a au contraire l'encolure épaisse et bien musclée, un poitrail ouvert, une poitrine ample et profonde,
le dos droit, des reins larges, une croupe large et arrondie, des cuisses et des avant-bas fortement musclés, des
membres forts, aux articulations larges et solides. Il
atteint souvent la taille de 1ᵐ 70 et un poids de plus de
700 kilogrammes. Avec ces dimensions, c'est un limonnier de premier ordre, que l'on rencontre souvent, sur
les routes du sud-est. de la France, en remplissant la
fonction. Dans les grandes exploitations agricoles de la
même région, dans le Gard et dans l'Hérault, les travaux
sont exécutés par des mules nées en Poitou, qui ne
s'éloignent pas beaucoup de ces mêmes dimensions.

Comme nous l'avons dit en exposant les fonctions économiques des Équidés, la France exporte un grand nombre
de mulets de cette variété forte, dont la plupart, pour ne

pas dire tous, naissent en Poitou. Mais si tous y naissent, c'est le plus petit nombre qui s'y développe complètement. L'industrie de leur production nous offre un des plus remarquables exemples de la division du travail appliquée aux industries animales. Un tiers au plus des mulets poitevins restent dans la province au-delà de leur première année.

A la saison d'automne, il y a des foires où sont conduits, après leur sevrage, tous les produits de l'année que les paysans poitevins appellent *gitons* ou *gitonnes*, selon le sexe. Ceux-là seuls qui n'ont pas trouvé preneur au prix minimum désiré, lors de la dernière foire, retournent à la ferme pour n'être plus mis en vente que l'année suivante, à l'état de *doublons* ou de *doublonnes*. A la liquidation de ceux-ci, il reste encore, pour la même cause, un petit reliquat, qui forme les *mules* ou les *mulets d'âge*, c'est-à-dire les sujets âgés de trois à quatre ans, en très-petite minorité dans la population générale, l'intérêt bien évident étant de vendre les produits dès la première année.

Il n'est pas rare que le prix des gitonnes atteigne jusqu'à 1,000 fr. et plus, tandis que celui des mules d'âge ne dépasse guère 1,800 fr. Comme une mule, à partir de sa deuxième année, dépense à peu près autant d'aliments que la jument mulassière, il est clair qu'entre les mains du paysan poitevin elle ne produit en deux ans et demi ou trois ans que 1,000 fr. au plus, tandis que la jument, en ce même temps, produit 1,600 fr. au moins et au plus 2,400 fr., en supposant que les deux opérations réussissent également.

Les jeunes mules, à taille et à conformation égales, sont toujours plus recherchées et plus estimées que les mulets. Cela se comprenait au temps où seules elles étaient attelées aux carrosses des grands d'Espagne et d'Italie, à commencer par celui du pape. Maintenant on ne se l'explique plus autrement que par l'habitude prise.

Les jeunes mulets vendus en Poitou sont achetés par des marchands qui les emmènent, soit en Espagne (1),

(1) D'après Herrera, dont le livre sur l'agriculture espagnole a

soit dans les parties méridionales de la France, dans les
départements viticoles ou montagneux du Lot, de Tarn-
et-Garonne, de l'Ariège, des Pyrénées-Orientales, de
l'Aude, de l'Hérault, de l'Aveyron, du Tarn, de la Lozère,
de la Haute-Loire, du Gard, de la Drôme et de l'Isère, où
ils sont élevés. Dans ces départements, il se produit aussi
des mulets, comme dans ceux de la Gascogne, au sud-
ouest; mais, ainsi que nous l'avons dit plus haut, leur
variété n'est pas à beaucoup près aussi estimée, les
sujets n'en étant pas aussi forts.

Les plus forts et les plus beaux mulets du Poitou se
produisent dans l'arrondissement de Melle, département
des Deux-Sèvres. Cet arrondissement est abondamment
pourvu des établissements, appelés *ateliers*, où sont entretenus les baudets pour la monte publique des juments.
Ces établissements se font entre eux une grande concurrence, soit pour l'achat des étalons, soit pour les prix de
la saillie, qui sont descendus au dernier degré du bon
marché.

Il a été fait, il y a quelques années, une campagne toute
bénévole en vue d'établir que leur industrie était en perte,
et qu'il y avait lieu pour le gouvernement de venir à leur
secours ou de mettre ordre à une telle situation. Cette
manière de comprendre l'économie et la liberté industrielles n'a pas eu de succès. Elle ne pouvait pas en avoir,
car il est élémentaire que rien ni personne n'oblige les
propriétaires d'ateliers à se faire concurrence au-delà des
limites raisonnables, non plus qu'à poursuivre une industrie qui leur serait onéreuse. La prospérité non douteuse
de celle de la production des mulets étant donnée, il n'y
a pas de crainte que la clientèle fasse défaut. Ils sont les
meilleurs juges de ce qu'il leur appartient de faire en pré-

paru en 1598, année de la mort de Philippe II, le mulet aurait fait
son apparition en Espagne vers le milieu du XIII⁰ siècle, et c'est de
là que, selon lui, daterait la dévastation de ce pays, car, dit-il, « le
mulet ne possède pas assez de force pour labourer à une profondeur
suffisante. » (J. LIEBIG, *Les lois naturelles de l'agriculture*, traduction française de Ad. Scheler, t. I, p. 122.)

sence de cette clientèle. Si, par impossible, ils se la disputaient à leurs frais, il serait par trop naïf de les en plaindre et de mettre malgré eux un terme à leurs folies, sous prétexte d'intérêt public.

Mais de bons juges pensent que tout le bruit fait à cet égard ne s'appuyait que sur des suppositions purement gratuites, et n'était inspiré que par une connaissance tout à fait imparfaite des lois qui régissent l'économie industrielle en général, ainsi que par une fausse notion de l'intérêt public. Les faits montrent d'ailleurs qu'en Poitou les étalonniers avisés ne s'appauvrissent pas plus que les producteurs de mulets avec lesquels s'établissent leurs transactions.

Dans ces dernières années, l'emploi des mulets comme moteurs a pris une grande faveur en Angleterre et ailleurs, et il a été fait des tentatives qui se poursuivent pour y implanter leur production, à l'aide de baudets achetés en Poitou et en Gascogne. Ces tentatives ne datent pas d'assez longtemps pour qu'on en puisse juger sûrement les résultats. Dans les concours de la Société royale, on a déjà vu figurer avec succès des attelages de mules tractionnant des instruments agricoles. Il ne paraît pas y avoir de raisons pour que, dans un pays où se produisent des chevaux comme ceux de Suffolk, de Norfolk et de Clydesdale, la production mulassière ne réussisse point, étant donné surtout l'esprit de suite qui caractérise les Anglais. On peut donc espérer que nous aurons plus tard à joindre aux variétés déjà décrites une variété de mulets anglais.

En Amérique, aux États-Unis, de grands efforts sont faits aussi dans le même sens. Ils ont eu pour premier effet de déterminer une hausse considérable sur le prix des baudets et des ânesses, en Poitou. Il est à craindre que ceux-là réussissent encore mieux, et qu'ils arrivent au moins à fermer pour nos produits le débouché américain.

CHAPITRE VII

PRODUCTION DES ÉQUIDÉS

Méthodes de reproduction. — L'inventaire zoologique et zootechnique détaillé des sujets sur lesquels l'industrie des éleveurs doit s'exercer étant fait, nous pouvons appliquer méthodiquement à la reproduction de ces sujets les préceptes fondés sur la connaissance des lois de l'hérédité.

En raison de l'unique fonction économique des Équidés, qui est la production de la force motrice, puisqu'ils ne sont utilisés que comme moteurs animés ; en raison aussi de ce que l'exécution de cette fonction dépend, pour une très-forte part, de la perfection de leur mécanisme ou de la disposition des leviers qui le constituent, l'hérédité a chez eux un rôle plus considérable à jouer que chez aucun autre des genres d'animaux dont nous nous occupons. Les hippologues dogmatiques lui ont sans doute accordé une importance excessive, en faisant dépendre l'amélioration des populations chevalines à peu près exclusivement de la transmission aux jeunes des formes corporelles des reproducteurs et surtout de leur excitabilité nerveuse, qu'ils nomment *le sang* ; mais tout en la maintenant dans ses limites raisonnables, cette importance n'en reste pas moins très-grande.

Pratiquement, toutefois, elle n'est pas à mettre au premier rang, pour les raisons que nous allons rappeler et sur lesquelles il convient d'insister, parce qu'elles sont trop souvent et trop généralement méconnues par les personnes qui ont encore aujourd'hui, presque partout en Europe, la haute main sur la reproduction d'une certaine sorte de chevaux.

En vertu des lois de l'hérédité, les reproducteurs transmettent à leur produit la tendance à se développer dans un certain sens. En ce qui concerne les formes caractéristiques ou spécifiques, rien ne peut normalement contrecarrer cette tendance naturelle. L'individu procréé, s'il est fils de deux autres individus de même race, se développera infailliblement d'après le type de cette race. Ce type sera amplifié ou réduit, selon que l'activité nutritive aura été plus ou moins entretenue. Si les deux procréateurs sont de races différentes, la tendance inclinera plutôt dans le sens du type de l'une ou de l'autre, ou bien elle marchera parallèlement dans les deux sens, réalisant une sorte de sujet mixte, dans lequel chacun des types procréateurs aura sa part, facile à déterminer par l'analyse des caractères visibles. Dans les deux cas, le produit sera seulement et exclusivement ce que ses procréateurs l'auront fait. Nous n'avons à notre disposition aucun moyen de le modifier sous ce rapport.

Mais s'il y a des motifs de préférer tel type zoologique à tel autre, parce que ses formes spécifiques peuvent être plus agréables à notre regard, à cause de la plus grande élégance de leurs lignes ou pour toute autre raison non discutable, il n'en est pas moins certain que nous n'utilisons point seulement les chevaux pour nous procurer l'agrément de les regarder et de les admirer, comme il en est des statues et des tableaux de nos galeries. Leur utilité principale se tire, dans tous les cas, du travail qu'ils sont capables de déployer. Ce sont avant tout des organismes mécaniques, des machines ou des moteurs animés. Ce qui influe par conséquent en première ligne sur leur valeur, ce qui fait porter celle-ci au plus haut prix, c'est la solidité de la construction et la bonne disposition de leur mécanisme. Ce mécanisme, pour être exploité économiquement (ce qui est le but de toute opération raisonnée, quels que soient son mobile et son objet), doit produire le plus fort rendement possible et travailler en résistant le plus longtemps possible à l'usure.

Or, nous savons pertinemment que la disposition et la

soidité de construction du mécanisme animal, que son aptitude au travail moteur et la résistance de ses organes dépendent pour la plus forte part de la gymnastique fonctionnelle à laquelle il est soumis durant la période de son développement naturel. Quelle que puisse être à cet égard la tendance héréditaire, si l'exercice méthodique fait défaut, ou bien si les matériaux de construction sont insuffisants, si surtout à l'insuffisance de ces matériaux se joint l'insuffisance ou l'absence d'exercice, cette tendance n'aboutira pas, faute de moyens de réalisation. Elle ne peut être valable que par ceux-ci. Leur importance pratique prime en conséquence la sienne.

Il y a plus. Lorsque la transmission héréditaire porte, par exemple, sur l'excitabilité nerveuse très-développée, qui n'a besoin, pour se réaliser à un certain degré, ni d'exercice ni de matériaux autres que ceux qui suffisent au développement minimum des organes essentiels du corps, dans ce cas, si les organes mécaniques, mal construits, manquent de résistance, le présent héréditaire a des effets d'autant plus fâcheux qu'il atteint une plus grande intensité. Les organes moteurs, sous l'influence de l'excitation nerveuse, accomplissent un travail qui dépasse bientôt la limite de leur résistance propre et qui détermine ainsi de promptes avaries.

Ces avaries portent, comme on sait, le nom de tares. C'est ce qui se montre chez un grand nombre de sujets issus directement ou indirectement du cheval anglais de course. Ces sujets, pleins d'énergie et de courage, brillants par leur physionomie et par les formes élégantes de leur corps, séduisent toujours à première vue. Excitables à un très-haut degré, ils ne s'épargnent jamais et se mettent de grand cœur en mouvement jusqu'à ce qu'ils soient tout à fait exténués. A un tel régime, la résistance des articulations de leurs membres mal construites et peu solides est tôt brisée, et ils ne peuvent suffire qu'à un travail très-faible ou de courte durée. Leur emploi comme moteurs n'est en aucun cas économique.

Supposons au contraire qu'à des articulations d'une force de résistance moyenne corresponde une excitabilité nerveuse également moyenne, l'animal ménageant ses efforts, ceux-ci resteront en rapport avec la solidité de son mécanisme. Il ne sera pas un moteur puissant ni brillant ; mais utilisé conformément à son aptitude, ses services pourront se prolonger durant longtemps, et finalement il aura produit une plus forte somme de travail à un moindre prix de revient.

Les considérations de cet ordre, trop souvent laissées de côté, sont cependant capitales dans l'étude de la production chevaline. Elles assignent aux méthodes zootechniques à faire intervenir dans cette production le rang qui appartient pratiquement à chacune. Elles font nettement sentir que ce ne sont point les méthodes de reproduction qui importent le plus, et qu'en tous cas ces méthodes, si bien comprises et appliquées qu'elles puissent être, restent en grande partie impuissantes, quand elles agissent toutes seules. Il ne faut pas hésiter à dire, au risque de heurter les idées les plus répandues, qu'envisagées exclusivement comme elles le sont en général, et au seul point de vue de la transmission du *sang* comme agent universel d'amélioration, les méthodes de reproduction usitées ont fait à la production chevaline beaucoup plus de mal que de bien.

Dans toutes les localités d'Europe où elles sont pratiquées, sous l'influence de la doctrine ainsi caractérisée, elles ont pour conséquence un fait auquel ne s'arrêtent point ceux dont l'esprit n'a pas été discipliné à la méthode expérimentale, mais qui n'en a point pour cela une moindre valeur pratique. Ce fait se rapporte au côté économique ou industriel, étroitement lié d'ailleurs au côté physiologique.

Nous avons eu déjà l'occasion d'énoncer, soit en exposant les méthodes de reproduction (t. II, p. 194), soit en décrivant les populations chevalines métisses, que dans ces populations reproduites sans avoir suffisamment égard aux considérations dont il s'agit, la proportion est très-minime des sujets réussis, des sujets dont le mécanisme répond à l'excitabilité héréditaire. Les observateurs compétents et impartiaux ne la portent pas à lus de

25 p. 100. Quelle que puisse être la valeur de ces sujets réussis, dont arguent toujours les défenseurs intéressés ou non de la doctrine, il semblera bien impossible d'admettre qu'elle puisse être suffisante pour justifier un procédé de production qui échoue au moins 75 fois sur 100.

Une telle proportion de non-valeurs plus ou moins complètes ou de déchets industriels, de produits qui ne couvrent qu'une partie plus ou moins faible des frais, suffirait au moins habile des manufacturiers pour condamner absolument le procédé. Ce qui fait qu'un argument d'une telle force n'a aucune prise sur les hippologues officiels ou privés, défenseurs de ce procédé, c'est qu'ils n'ont nulle part songé un seul instant que les chevaux pouvaient être et sont nécessairement des produits d'industrie.

Le plus disert de ces hippologues, qui peut passer pour le chef de leur école, a emprunté au langage familier de celle-ci une formule résumant sa doctrine sur le sujet que nous examinons. Les facteurs de la production chevaline sont, a-t-il dit, « papa, maman et le coffre à avoine; » cela pour établir que, dans l'école hippologique, on ne s'en tient pas seulement à ce qui concerne les reproducteurs.

Sans doute, dans les dissertations, il est parfois question du coffre à avoine ; mais à côté des dithyrambes sur l'omnipotence du *sang*, comme source de toute perfection, il occupe une place bien effacée. En outre, il ne constitue, étant pris comme expression d'une riche alimentation, qu'une partie du nécessaire, dès qu'il ne s'agit pas seulement d'obtenir des chevaux quelconques, sans se soucier de leur puissance mécanique. Celle-ci ne peut être portée au maximum que par la gymnastique méthodique. Indépendamment de cette dernière, dont le rôle est en fait prépondérant dans la production des chevaux capables de rendre les plus grands services, pour exprimer la vérité sur l'importance des facteurs en question, il faudrait intervertir l'ordre des termes et dire : « Le coffre à avoine, papa et maman »

Cela signifie, autrement dit, qu'avec une bonne alimentation et une gymnastique fonctionnelle méthodique, on peut faire de bons chevaux, bien que leurs père et mère soient médiocres, tandis que la descendance des meilleurs pères et des meilleures mères reste médiocre ou mauvaise en l'absence des autres conditions.

Les preuves en abondent dans la pratique. Nous n'en citerons qu'une seule, parce qu'elle est à la connaissance de tout le monde.

Les plus beaux étalons, les étalons les plus capables de notre administration des haras font la monte en Normandie, où le choix des juments n'est nullement négligé. Parmi la descendance de tels pères et de telles mères, il y a, comme nous l'avons déjà vu, 75 p. 100 de sujets inférieurs, qui se vendent au-dessous de 1,000 fr.

Dans le Perche, la monte se fait par les étalons qu'on appelle rouleurs, sur les vices desquels, en général, les hippologues ne tarissent pas. Les juments laissent aussi beaucoup à désirer, du moins pour le plus grand nombre. Cependant la prospérité de la production chevaline percheronne va toujours croissant. Le prix moyen des chevaux percherons augmente sans cesse. Leur valeur la moins élevée, à l'heure actuelle, n'est pas au-dessous de 1,200 fr., ainsi que nous l'avons vu en les décrivant. Cela ne montre pas, pensons-nous, que leur capacité soit en décadence ; et d'ailleurs personne ne le prétend.

Où est donc la raison de 'a différence ? Elle est tout entière dans ce fait que les chevaux percherons se développent en Beauce sous l'influence du système d'éducation que nous avons décrit, tandis que le plus grand nombre des chevaux normands passent leur temps partagé entre l'herbage et l'écurie, durant la période de leur développement. Les uns sont soumis à la gymnastique fonctionnelle, les autres non. Voilà tout.

Il est à peine besoin d'ajouter, sans doute, qu'on n'entend nullement soutenir ici que les méthodes de reproduction n'ont aucune influence sur la valeur des produits obtenus. Une telle façon de présenter les choses serait simplement absurde. Le mieux se réalise lorsque se trou-

vent réunies à la fois les meilleures conditions héréditaires et les meilleures conditions d'éducation. C'est l'idéal
vers lequel il faut toujours tendre. Il était bon seulement
de réagir contre la doctrine qui, en fait, aboutit à la né-
gligence de ces dernières conditions, au profit exclusif
des premières. Il était bon de placer les deux dans leur
ordre hiérarchique véritable, au point de vue de l'influence
que chacune, prise en particulier, peut avoir sur l'amélioration des populations chevalines en général.

Cela bien entendu, nous pouvons à présent nous occuper de déterminer quelles sont les méthodes de reproduction qui doivent, en ce qui concerne les Équidés,
donner les meilleurs résultats, ou celles qui leur sont le
plus utilement applicables, parce qu'elles conduiront
sûrement au but de la production, dans le plus grand
nombre des cas.

On se gardera d'envisager le problème dans un espri-
purement dogmatique, à l'exemple des hippologues part
tisans de la panacée du *pur sang*. Les choses, dans la
pratique, sont plus complexes que ne les suppose la
physiologie romantique de ces hippologues. Il faut des
solutions diverses pour les cas différents. Nous ne devons
pas perdre de vue, en ce moment, l'état des populations
que nous avons décrites, et nos indications ne seraient
point pratiques si elles ne convenaient que pour le plus
petit nombre des conditions.

Il serait superflu de dire que pour la production des
mulets, la méthode du croisement est imposée. Elle offre
le type complet de ce que nous avons nommé théoriquement le croisement industriel. Ici, on n'a pas le choix. Il
en est de même pour la production des bardots, qui n'est
d'ailleurs mentionnée ici que pour mémoire, attendu son
peu d'importance pratique. Ajoutons qu'il est heureux que
les mulets ne puissent point se produire autrement que
par la méthode dont il s'agit. C'est évidemment à cette
circonstance qu'est due la grande prospérité de leur industrie. Nul doute que si, au lieu d'être des hybrides, ils
eussent été des métis, que s'ils eussent été féconds entre
eux, la pensée fût venue de créer des races de mulets

par le métissage, et qu'au lieu d'avoir à observer des produits uniformément bons, comme participant dans des proportions peu variables des qualités, sinon des formes caractéristiques, de leurs deux espèces ascendantes, nous eussions sous les yeux, comme pour les chevaux reproduits ainsi, une grande majorité de sujets manqués et par conséquent d'une faible valeur.

A notre point de vue actuel, les populations chevalines se divisent en deux groupes bien tranchés. D'une part, il y a les races qui, dans l'étendue de leur aire géographique naturelle, peuvent être considérées comme s'étant conservées pures, malgré quelques tentatives d'amélioration par le croisement dont elles ont été intempestivement l'objet. A ce premier groupe appartiennent les races lourdes de notre Europe occidentale, fournissant des moteurs pour la traction des lourds fardeaux, soit à l'allure du pas, soit à l'allure du trot, nommément les races britannique, séquanaise, irlandaise, belge et frisonne en partie, puis la race asiatique dans ses nombreuses variétés, bien que chez la plupart de celles-ci on rencontre de temps à autre quelques traces de croisement inconscient avec la race africaine.

D'autre part, nous trouvons la race germanique, dont il ne reste plus à l'état de pureté que d'assez rares représentants dans la partie la plus septentrionale de l'Allemagne et en Danemark. Tout le reste de sa population, aussi bien dans l'Allemagne du Nord qu'en Angleterre et que dans notre province française de Normandie, est depuis longtemps l'objet de croisements avec la variété anglaise de course, entremêlés de métissages. C'est pourquoi cette population est, ainsi que nous l'avons vu, en état de variabilité désordonnée, comme toutes les populations métisses. Il en est de même pour une bonne partie de la race frisonne, notamment dans les provinces hollandaises de Groningue et de Frise, les plus voisines de l'Allemagne du nord, et dans les anciens marais de la Vendée, des Deux-Sèvres et de la Charente-Inférieure. Le croisement de l'étalon anglais avec les juments de ces deux races a été effectué et se poursuit en vue de la production des chevaux carrossiers appelés chevaux de luxe ou encore plus généralement chevaux de service.

A la reproduction de l'un comme de l'autre de ces deux groupes de populations, nous n'aurons pas de peine à montrer que c'est la sélection zoologique qui est la méthode la plus utilement applicable.

D'abord, en ce qui concerne les races fournissant les variétés de trait, on peut dire que dans l'esprit de leurs éleveurs il y a sur ce sujet cause gagnée, du moins en France et aussi en Belgique. Depuis assez longtemps déjà, l'administration des haras, qui peut être considérée comme représentant le mieux chez nous la doctrine du croisement, s'est complètement désintéressée de la reproduction de ces races. Elle n'a plus aucune station d'étalons métis dans leurs centres de production. Elle a tout à fait renoncé à leur « infuser » le pur sang à une dose quelconque. Et c'est sans nul doute à cela que ces races doivent leur prospérité toujours croissante.

Les éleveurs font la sourde oreille à toutes les incitations qui tendraient à les détourner de la voie dans laquelle ils se sont engagés, à faire livrer leur juments à d'autres étalons que ceux de leur propre race. On a eu beau leur vanter, notamment, les mérites du métis de Norfolk, rien n'y a fait.

On ne peut que les affermir dans leur résolution, qui assure et assurera de plus en plus le succès de leur industrie. Plus ils mettront de soin à rechercher, par la sélection zoologique, la pureté de race chez les étalons qu'ils emploient, mieux ils réussiront. Ils en ont pour garant le grand cas qui est fait, à l'étranger, de la race de leurs chevaux. En ce genre il n'y en a nulle part de plus estimée, par exemple, que celle des percherons.

Pour toutes les populations chevalines de l'Europe centrale et méridionale, appartenant aux variétés légères des races asiatique, pour la plus grande part, et africaine pour la plus faible, c'est encore la sélection zoologique qui convient le mieux. Il en est ainsi pour le nord de l'Afrique. Dans le centre et le midi de la France, en Espagne, en Algérie, en Italie, dans la presqu'île des Bal-

kans, en Autriche, en Hongrie, en Russie méridionale, en
Pologne et dans la Prusse orientale, la question se présente sous le même aspect. A de faibles exceptions près,
dans tous ces pays, du reste, c'est la méthode de reproduction recommandée ici qui est suivie d'une manière
inconsciente.

En employant, sous l'influence de la doctrine dominante,
des étalons anglais de course, en vue, d'une part, d'obtenir des chevaux de plus grande taille, et de l'autre de
leur faire acquérir les formes générales qui ont les préfé-
rences des hippophiles de tous les pays, on croit accomplir
à leur aide un croisement de races. Nous savons maintenant que cette croyance a pour base une erreur zoologique. Que les poulains produits par les juments dont il
s'agit soient fils d'étalons pris dans la population même,
introduits d'Orient directement ou empruntés à la variété
de course, cela ne peut rien changer à la pureté de leur
race. Dans tous les cas, ils continuent d'appartenir à
l'espèce asiatique et d'en présenter tous les caractères
zoologiques. La sélection qui est faite de l'une ou de l'autre
quelconque des variétés de cette race est purement zootechnique, en même temps que zoologique. La méthode
de reproduction appliquée n'a aucun des caractères de
celle du croisement tel que nous l'avons défini.

Lors donc qu'on parle de croiser les populations chevalines dont nous nous occupons avec le pur sang anglais,
on commet simplement un abus de langage, qui a tout à
la fois des conséquences théoriquement et pratiquement
fâcheuses: théoriquement, parce que cela trouble et obs-
curcit, comme nous l'avons vu, les notions de l'hérédité
sur lesquelles il est si important d'avoir des vues claires;
pratiquement, en ce que le plus grand nombre des sujets
issus de ce prétendu croisement se montrent, sous le
rapport de la capacité mécanique, de la résistance au
travail et aux privations, notamment quand ils sont employés comme chevaux de guerre, de beaucoup inférieurs
aux sujets de la variété à laquelle appartiennent leurs
mères.

C'est là un point sur lequel la plupart des hippologues

et hippophiles, et notamment tous les Français, sont d'accord. Lors de la dernière réforme dont notre administration des haras a été l'objet, il a été formellement entendu qu'il ne serait plus entretenu d'étalons de pur sang anglais dans les dépôts de la région ou circonscription méridionale de la France. L'ancienne jumenterie de Pompadour a été rétablie dans l'intention de la faire servir à la production des étalons qualifiés arabes, qui doivent exclusivement peupler ces dépôts.

La raison en est qu'à la connaissance de tout le monde les étalons anglais n'ont produit, dans la circonscription, que des résultats déplorables. Il n'est plus besoin en ce moment d'insister pour le faire comprendre. Quoi qu'on fasse, la taille des animaux, dans les conditions générales ou communes, dépend étroitement de ces influences complexes de milieu qui s'expriment par le terme collectif de climat. C'est sous ces influences que l'être vivant se développe avec l'harmonie naturelle qui existe normalement entre toutes ses parties.

Que dans un milieu propre seulement au développement d'animaux de petite taille, on communique, par voie héréditaire, aux jeunes la tendance à grandir davantage, l'harmonie sera rompue, et ceux-ci ne trouveront plus en suffisance les matériaux nécessaires à leur construction complète et solide. Leur poitrine et leurs membres, notamment, en s'allongeant, resteront faibles et débiles. Il y a, pour exprimer le fait, un terme vulgaire dont nous nous servirons, nous aussi, parce qu'il est très-pittoresque. On appelle les chevaux ainsi construits des *ficelles*. Ils ont le thorax profond, mais étroit, le garrot tranchant, l'encolure mince comme tout le corps ; ils ont les membres longs et grêles, avec des articulations incapables de résister à aucun effort soutenu. C'est de tels chevaux, à des degrés plus ou moins prononcés, que dans les climats méridionaux les étalons anglais procréent.

Indépendamment des vices de leur construction physique et même en l'absence de ces vices (comme elle se montre chez de rares sujets), il y a, pas rapport aux

mêmes conditions, un vice de tempérament inhérent au
cheval anglais. Ce vice le rend impropre à procréer des
sujets capables de suffire aux exigences des services
pour lesquels sont produites les populations chevalines
méridionales. Quant à ses aptitudes, le cheval anglais est,
comme on sait, un objet tout artificiel.

En tant qu'objet d'art, il est on ne peut plus remarquable, sans contredit. Mais on n'ignore point que ses
qualités spéciales sont dues à une alimentation toujours
très-riche et abondante, et à des soins constants de pansage et de logement. Tout cela est devenu pour lui une
habitude impérieuse, une nécessité de tempérament. Il
ne peut pas en être privé sans souffrir beaucoup de la
privation. La sobriété et la rusticité ne peuvent être son
fait. Le pur sang anglais est, dans toute l'acception du
mot, un cheval de luxe. En transmettant à sa descendance
des qualités incontestables de vigueur, de grand courage, dont nous avons expliqué le développement sous
l'influence de la gymnastique fonctionnelle, il lui transmet aussi son tempérament en tout ou en partie. Il
lui prépare ainsi, dans le cas où elle ne pourrait pas être
entretenue dans les mêmes conditions que celles où il
vit lui-même, des privations auxquelles elle ne pourra
point résister.

Ce cas est celui qui se présente invariablement pour
les chevaux de guerre en campagne. Il est inévitable ou
à peu près pour ceux dont la production nous occupe en
ce moment et qui, à cause de leur taille et de leur volume,
ne sont que tout à fait exceptionnellement utilisés comme
chevaux de luxe. Leur fonction presque exclusive est de
servir dans la cavalerie légère ou d'être attelés à deux
aux petites voitures des administrations de transport des
personnes.

Les hommes compétents et impartiaux qui ont fait des
statistiques de mortalité en France, en Italie et ailleurs,
et ceux qui ont étudié ces statistiques, ont tous constaté
que pendant et après les guerres, ou même seulement les
grandes manœuvres d'instruction, ce sont les dérivés
des chevaux anglais qui ont toujours le moins résisté aux

fatigues et aux privations de la vie militaire (1). Les guerres de 1854-55 en Crimée, de 1859 en Italie, de 1870-71 en France, ont mis ce fait en évidence pour la cavalerie de toutes les armées alors en campagne.

Les raisons précédentes sont donc plus que suffisantes pour exclure les étalons anglais de course de la reproduction des populations chevalines considérées. Ce n'est point à cause de leurs caractères zoologiques et par aversion systématique pour la méthode de croisement. C'est seulement à cause de leurs attributs zootechniques, incompatibles avec les conditions de milieu et avec celles dans lesquelles ces populations sont utilisées.

La variété anglaise de course étant exclue, la sélection peut s'exercer indifféremment parmi toutes les autres de la même race, attendu que toutes se produisent dans les mêmes conditions de milieu. Incontestablement, la plus belle de toutes, celle qui présente la plus forte proportion de sujets distingués, est la variété de Syrie, connue vulgairement sous la qualification d'arabe. Aussi est-ce toujours sur la préférence à accorder, soit aux étalons arabes, soit aux étalons anglais, qu'ont porté les controverses qui durent depuis si longtemps sur le sujet que nous venons d'examiner.

Ces controverses, nous les tranchons en concluant que tout étalon est bon à employer, à l'exclusion de l'anglais de course, pourvu qu'aux qualités à exiger d'un bon cheval il joigne une origine pure et les caractères zoologiques ou spécifiques de la race asiatique.

Il reste à considérer les populations métisses habitant, d'une part, l'aire géographique de la race germanique, les plus nombreuses de toutes : en Allemagne, dans l'Olden-

---

(1) Voyez notamment : *Recueil de mémoires et observations sur l'hygiène et la médecine vétérinaires militaires, rédigé sous la surveillance de la commission d'hygiène hippique, et publié par ordre du ministre de la guerre*, Paris, J. Dumaine ; et BASILIO LODEZZANO, *Cenni d'ippologia militare raccolti nelle grandi manovre del campo di Verona nel 1869 e nelle progresse campagne nazionali*, Vicenza, 1880.

bourg, le Mecklembourg, le Holstein et le Schleswig; en Danemark, le Jutland; en Angleterre, principalement le Yorkshire; en France, la Normandie; d'autre part, l'aire de la race frisonne : dans les Pays-Bas, les provinces de Frise et de Groningue; en France, le littoral du centre ouest, entre la Loire et la Charente; en somme, toutes les populations connues sous le nom commun de demi-sang, parce qu'elles sont des produits de croisement avec l'étalon de course ou pur sang anglais.

La visée, dans ces croisements, a été et reste encore d'obtenir des chevaux qui présentent les formes de cet étalon avec une plus grande taille, mais surtout avec une plus forte ampleur de corps et des membres plus volumineux. Telles sont les qualités recherchées par la mode, chez le cheval d'attelage de luxe ou carrossier. La mode n'a pas tort; car dans de telles conditions et avec la vigueur caractéristique de la variété paternelle, le sujet ainsi conformé est en réalité un très-beau cheval. On peut même ajouter qu'il est un très-bon cheval, quand il a été bien élevé et quand il est entretenu et utilisé conformément aux exigences de son tempérament.

Le seul reproche qui puisse être adressé justement à la méthode de reproduction usitée pour la formation de ces populations, à la méthode de métissage, c'est qu'elle ne réussit que dans le plus petit nombre des cas. Elle n'est, pour ce motif, pas industrielle, parce qu'elle manque de sécurité, donnant largement prise à la loi de reversion désordonnée.

Pour atteindre le but sûrement, en prenant les choses dans l'état où elles se présentent, au lieu de rester dans la doctrine pure, il y a un moyen certain, fondé sur les lois connues de l'hérédité. Ce moyen consiste à faire avec persévérance sélection des caractères zoologiques de la race asiatique chez tous les reproducteurs mâles et femelles; à écarter par conséquent de la reproduction tous les sujets présentant, à un degré quelconque, des formes spécifiques appartenant ou à la race germanique ou à la race frisonne, dans tous les cas où cela sera possible; à n'y admettre, par exemple, aucun individu à tête busquée ou à longue face avec le crâne dolicocéphale, quelles que puissent être d'ailleurs ses qualités zootechniques.

Après quelques générations obtenues par l'application persévérante de cette méthode de reproduction, il n'est pas douteux que tout en conservant la taille, le volume, le « gros » (comme on dit vulgairement) qui la distinguent aujourd'hui, la population sera amenée au type uniforme de la variété anglaise qui lui donne la plus grande valeur, parce qu'il est le plus recherché, comme étant en vérité le plus beau.

Il ne s'agit donc encore ici, on le voit, que d'appliquer la sélection zoologique, en prenant pour objectif les caractères spécifiques de la race asiatique, en vue de former des variétés de cette race encore plus amplifiées que ne l'est celle des chevaux de course. L'amplification, chose acquise déjà, est surtout le fait des conditions de milieu. Il ne reste qu'à réaliser l'uniformité zoologique, à substituer la fixité à la variabilité désordonnée, en luttant victorieusement contre l'atavisme de la race mère. C'est affaire d'attention et de persévérance. Le succès est certain. En tous cas, il n'y a pas deux voies à suivre ; il n'y a que celle qui vient d'être indiquée.

On voit qu'en définitive ni la méthode de croisement ni celle de métissage systématique ne peuvent avoir aucune application utile dans la reproduction des Équidés caballins, et que celle de sélection zoologique est incontestablement la plus pratique, celle qui doit conduire le plus sûrement et le plus tôt au but. C'est donc la véritable méthode industrielle de reproduction.

Pour l'appliquer exactement, il suffira de se reporter à la description des caractères spécifiques appartenant à chacune des huit races chevalines formant le groupe de ces Équidés. La sélection zootechnique, dont il nous faut maintenant nous occuper, n'en est qu'un accessoire obligé, mais qui, comme nous le savons fort bien, ne lui est pas plus lié qu'aux autres méthodes dont on peut également se servir, tout en ne méconnaissant point qu'elles ne sont ni aussi sûres ni aussi profitables.

Sélection zootechnique des Équidés. — Le premier soin à prendre dans le choix des reproducteurs, et surtout des mâles ou étalons, à cause de leur polygamie habituelle, est de s'enquérir de leur origine, de leurs antécédents de famille, de ce que les Anglais nomment leur *Pedigree*.

La doctrine actuellement dominante en Allemagne, sous le nom de doctrine de la puissante individuelle (*Individualpotenz*), fait considérer ce soin comme superflu. La longue expérience et le sens pratique des Anglais les portent au contraire à accorder de plus en plus d'importance aux antécédents héréditaires. Il n'est pas douteux que la raison soit de leur côté. En Allemagne même, de bons esprits s'élèvent avec force contre la doctrine la plus en faveur. Il faut absolument s'être laissé égarer par des conceptions imaginaires, pour méconnaître à ce point les résultats de l'observation.

Il est certain que la pratique de la reproduction chevaline aura réalisé un très-grand progrès et qu'elle aura acquis un inestimable degré de sûreté, le jour où toutes les races ou variétés seront pourvues d'un livre généalogique authentique, à l'exemple du *Stud-Book*, aux indications duquel les éleveurs de chevaux de course se conforment avec un si incontestable succès.

Sans doute, on constate, de temps à autre, quelques exceptions à la règle de l'hérédité de famille. Le fameux *Gladiateur* nous en fournit un exemple frappant. Ce grand vainqueur, descendant d'une longue lignée de vainqueurs, s'est montré lui-même un reproducteur fort médiocre. Inversement, il s'est vu que des étalons sans antécédents glorieux ont procréé des chevaux extraordinaires. La puissance individuelle n'est point niable, comme nous le savons fort bien. Mais il n'a jamais passé pour sage d'ériger, de son autorité privée, l'exception en règle et même en loi.

Il est beaucoup plus fréquent de voir un reproducteur individuellement médiocre procréer une descendance distinguée, parce qu'il appartient lui-même à un famille distinguée, que de voir fonder, par un étalon individuellement remarquable mais issu d'une famille médiocre, une lignée remarquable comme lui. La règle est que la puissance héréditaire individuelle soit primée par l'atavisme.

Pour agir toujours avec sécurité, il faut donc le plus possible joindre les deux conditions, unir aux qualités individuelles, corporelles et physiologiques, à ce que les Anglais nomment les *Perfomances*, le *Pedigree*. Avec eux, lorsque nous ne pouvons pas réunir les deux, donnons la préférence au *Pedigree* sur les *Perfomances*, c'est-à-dire à l'origine sur les preuves individuelles, contrairement à ce que recommandent les zootechnistes allemands les plus en faveur. Dans le plus grand nombre des cas, les résultats justifieront notre conduite.

Pour le plus grand nombre des auteurs, l'examen des qualités individuelles ou beautés de conformation, des formes corporelles, nécessaire pour exercer la sélection zootechnique, ressortit à un corps spécial de doctrine que, dans presque toutes les écoles de l'Europe, on enseigne sous le titre d'*Extérieur du cheval*.

Ce corps de doctrine, fondé par Bourgelat, consiste à passer successivement en revue toutes les formes corporelles divisées en petites régions distinctes. Settegast (1), par exemple, les admet au nombre de 46, dont 11 pour la tête, 21 pour le tronc et 14 pour les membres. De plus, il y joint une échelle de proportions, qui donne la mesure de l'harmonie qui doit exister entre toutes les parties, pour que la conformation soit jugée parfaite. Goubaux et Barrier (2), les auteurs français les plus récents, en comptent 54, dont 17 pour la tête, 20 pour le corps et 17 pour les membres. Plus qu'aucun de leurs devanciers, ces auteurs insistent savamment sur ce qui concerne l'examen des proportions.

(1) SETTEGAST, *Die Thierzucht*. IV. *Die Koerperformen der landwirthschaftlichen Hausthiere. Vergleichendes Extérieurs*, p. 221.

(2) GOUBAUX et BARRIER, *De l'Extérieur du cheval*, 1 vol. in-8. Paris, Asselin et Cie, 1882.

Une telle façon d'envisager l'étude des formes chevalines a certainement son utilité. Elle a rendu et rend encore des services aux artistes, au point de vue desquels elle a été conçue par son auteur qui, en sa qualité d'écuyer, en était un lui-même. C'est purement une méthode esthétique. A certains égards, elle est à sa place dans les écoles de beaux-arts.

Mais en considérant la machine animale en sa qualité de moteur animé, c'est-à-dire au point de vue pratique, il devient évident que l'analyse n'en peut pas être faite utilement d'après cette méthode. Ceux qui, en la suivant, arrivent cependant à se faire des idées justes sur les meilleures conditions de construction de la machine, y sont conduits inconsciemment par une autre voie.

Dans le détail, la forme de chacune des parties de cette machine ne se peut point isoler de sa constitution anatomique, dont elle dépend d'une manière nécessaire. Dans l'ensemble, elle est sous la dépendance de la mécanique bien plus que sous celle de l'esthétique. Nous allons le montrer, en regrettant, pour le progrès des études, qu'un trop fort attachement à la tradition, souvent inspiré par la paresse d'esprit qui favorise le maintien de la routine, fasse entretenir dans les écoles l'enseignement de la méthode de Bourgelat, qui n'est ni la plus vraie ni la plus simple, ni par conséquent la plus pratique.

Le plus grave inconvénient de cette méthode est de conduire à la notion fausse d'un type unique de la beauté chevaline. Aucun des auteurs qui l'ont suivie n'a échappé à cet inconvénient. Tous ont figuré, dans leurs ouvrages, un seul modèle, auquel ils proposent de ramener la conformation des chevaux, ce modèle étant considéré par eux comme représentant la perfection. Il faut évidemment pour cela ne tenir aucun compte des différences naturelles et nécessaires qui distinguent entre eux les types de race, ou n'en posséder aucune notion, ce qui est le cas de bon nombre de ces auteurs.

La vérité est qu'il y a autant de types de conformation générale qu'il y a de races, et que dans chacune de celles-ci il y a à la fois des individus communs, grossiers ou laids, relativement, et des individus distingués. Au point de vue de l'esthétique pure, les types de race peuvent être comparés entre eux ; celui-ci peut être trouvé plus beau que celui-là.

Il est certain qu'entre un sujet distingué de race asiatique et un autre sujet distingué aussi de race germanique, l'œil de l'artiste ou son goût ne peut pas hésiter. Il sera évidemment plus charmé par la contemplation du premier que par celle du second. Mais qu'il les considère tous les deux attelés à de lourds carrosses ! Lequel des deux alors lui produira le meilleur effet ? A plus forte raison s'il compare ce même cheval asiatique, si véritablement noble et beau sous son cavalier, attelé à une lourde voiture de moellons, à un volumineux cheval britannique placé de même dans les limons d'une voiture semblable !

Cela montre que la beauté plastique ou esthétique et la beauté zootechnique sont deux choses nettement distinctes. Ces deux choses ont leur valeur dans l'appréciation des formes chevalines, certaines catégories de chevaux remplissant une fonction économique dans l'accomplissement de laquelle ils sont aussi considérés comme des objets d'art ou de luxe. Il s'agit seulement de ne pas les confondre et de ne point prendre, encore ici, pour la règle ce qui est et doit rester, dans la pratique, l'exception.

La règle, ou pour mieux dire la loi, est que le type général de conformation soit relatif à la fonction économique. Il n'est donc pas possible d'exécuter pratiquement ou utilement une description morceau par morceau, comme disent les sculpteurs, du type idéal de la conformation chevaline. Par conséquent le corps de doctrine appelé, dans le langage classique, « extérieur du cheval », est à notre point de vue entièrement faux. Il ne peut servir qu'aux artistes qui dessinent toujours le même cheval, qu'aux peintres et aux sculpteurs de l'école de la convention. Il est en dehors de la nature. A ce titre, il sera répudié même par les véritables artistes. A plus forte raison doit-il l'être par les physiologistes placés au point de vue de la mécanique animale.

A ce point de vue, il serait bien facile de montrer ce qu'il a de puéril, en prenant à part l'une quelconque des descriptions morcelées qu'il comporte. Nous ne nous y attarderons pas. Mieux vaut consacrer notre temps à l'exposé de la méthode d'examen véritablement exacte qui doit être suivie pour arriver à l'appréciation précise et utile de la bonne conformation des moteurs animés.

Cette méthode, suivie ici pour la sélection zootechnique des reproducteurs, est également valable (il est à peine besoin de le faire remarquer) pour celle des chevaux de service ou des moteurs animés. Ce qu'on recherche chez les reproducteurs, pour qu'ils le transmettent à leur descendance, ce n'est pas autre chose que ce qui permet à celle-ci de remplir au mieux sa fonction. La seule restriction qu'il y ait à formuler, c'est que dans le cas des reproducteurs la sévérité est obligatoire, tandis qu'en ce qui concerne les moteurs animés, les nécessités pratiques obligent souvent à s'en départir, en mesurant seulement à la durée probable des services de la machine le prix qu'on y met, afin de ne point les payer au-delà de leur valeur réelle.

Méthode d'examen des formes. — Pour ne pas risquer de s'égarer dans l'appréciation pratique des formes des Équidés, il faut avoir égard avant tout au but utile de leur emploi et ne point considérer l'élégance de ces formes comme étant la **chose** principale. Certes, cette élégance a son prix, et dans quelques cas sa considération domine toutes les autres. Au point de vue de l'art plastique, le cheval est incontestablement le plus beau des animaux. Tel que Buffon, le grand artiste en style, l'a décrit, il mérite à coup sûr l'enthousiasme qu'il lui a causé. Mais cela ne concerne que son usage comme objet de luxe, ne devant procurer que des satisfactions d'amour-propre.

Dans la généralité des cas, les chevaux sont purement et simplement des moteurs animés, des machines industrielles, devant produire un certain rendement pour une certaine dépense, ou s'accommoder à des conditions déterminées, pour atteindre un but pratique. L'erreur trop commune, parmi ceux qui se sont occupés de fournir à leur sujet des bases de jugement ou d'appréciation, a consisté à méconnaître cette vérité élémentaire.

La plus grande partie des fautes qui ont été et qui sont encore commises dans les méthodes de reproduction des Équidés, en vue des services les plus utiles auxquels ils sont employés, en vue notamment des services militaires, n'ont pas d'autre cause. On se conduit comme si tous les chevaux devaient nécessairement satisfaire aux conditions exigibles pour les usages luxueux, dans lesquels l'élégance des formes passe en première ligne, tandis que pour les usages les plus généraux leur bon agencement et leur solidité doivent toujours être au premier rang. Le tout réuni est sans doute la perfection. Mais est-il sage d'oublier que celle-ci, par la nature même des choses, est exceptionnelle ? Il faut donc savoir se borner au possible, ne viser que le but accessible, au lieu de se consumer en vains efforts pour réaliser l'utopie.

Chaque race de chevaux a son type propre, non seulement spécifique, mais encore général. Ce type général, par la disposition normale de ses lignes, est plus ou moins élégant, se rapproche plus ou moins de la beauté esthétique. Dans chacune de ces races il y a des individus qui, par rapport aux autres de la même race, ont des formes distinguées, plus fines ou plus élégantes, et qui à ce titre peuvent mériter la préférence, le reste étant d'ailleurs égal. Certains types de race sont en outre incontestablement plus agréables à l'œil, plus élégants que certains autres.

Mais encore une fois ce n'est point l'agrément de l'œil qui importe avant tout ici. Le principal est que la machine rende beaucoup et que ses organes résistent longtemps, le plus longtemps possible, au travail qu'elle exécute, en raison de leur bon agencement et de la solidité de leur construction. L'élégance de leurs formes n'est qu'un surcroît.

Comme toutes les machines motrices et en particulier

comme la locomotive, à laquelle il peut être comparé de tous points, sa fonction étant la même, le cheval se compose d'un générateur de force et d'un mécanisme qui est la machine proprement dite. Il est même évident que la locomotive n'est qu'une grossière imitation de la machine animale. La méthode à suivre dans l'examen véritablement pratique des qualités du cheval ne doit donc point différer de celle adoptée par les ingénieurs pour l'examen de la locomotive.

Cette méthode consiste à apprécier d'abord les organes de locomotion ou de mouvement, les roues, les bielles, les tiges et les pistons, puis le générateur de vapeur, le foyer et la chaudière. Il est clair que si parfait que puisse être ce générateur, si grande que soit la somme de chaleur ou de vapeur qu'il engendre, si les organes de la machine en consomment une trop forte part ou doivent se briser promptement sous les impulsions qu'ils en reçoivent, la locomotive ne peut pas être considérée comme capable d'un bon service. La chose essentielle est donc la solidité et la bonne disposition de ces organes moteurs, sans lesquelles le générateur ne peut pas être utilisé, car la puissance expansive de la vapeur ne vaut que par ses organes de travail externe.

De même en est-il de la machine animale, dans laquelle ces même organes sont représentés par les membres, tandis que le générateur de force l'est par le tronc. Celui-ci contient en effet tous les organes d'alimentation de la machine, les appareils digestif et respiratoire par lesquels s'introduisent les aliments solides, liquides et gazeux, indispensables au dégagement de l'énergie et à la manifestation du mouvement.

Dans l'examen des formes du cheval, il convient en conséquence de commencer toujours par les membres. Afin de se mettre sûrement en garde contre des fautes fâcheuses et trop fréquentes, résultant d'une séduction à laquelle on n'échappe que difficilement, il y a une règle que nous recommandons d'observer d'une manière invariable, parce qu'elle est la meilleure sauvegarde. Il s'agit de s'imposer la coutume de n'aborder jamais que les yeux baissés, et en regardant le sol, le cheval à examiner, avec le parti pris de ne regarder son corps et sa physionomie qu'après avoir procédé à un examen attentif de ses membres.

Dans un grand nombre de cas, quand on procède autrement, l'attrait d'une physionomie vive, intelligente, d'un corps élégant et gracieux, s'empare de l'esprit et le dispose à une indulgence insouciante et toujours dangereuse pour des défauts, qui, d'après ce que nous venons de dire, doivent être considérés comme essentiels. Quand ils existent, ils annihilent absolument l'importance des qualités séduisantes dont il vient d'être parlé. En cas pareil, ces qualités sont plus développées, ainsi que nous allons l'expliquer.

Deux chevaux ont les membres également insuffisants par la faiblesse ou la mauvaise construction de leurs articulations. L'un de ces deux chevaux est avec cela très-vif, très-courageux. Les formes de son corps sont d'une grande élégance. L'autre est d'un tempérament calme et n'attire point l'attention par ses formes corporelles. On ne doutera pas que le premier ait une valeur commerciale au moins double de celle du second, avec les idées qui ont le plus cours sur l'appréciation des chevaux. Eh bien ! voici pourtant comment l'opération se raisonnera au point de vue économique.

Supposons qu'il s'agisse de les utiliser l'un et l'autre à tractionner chaque jour une même charge déterminée, à la même distance de 16 kilomètres, aller et retour. Le premier, à cause de sa vigueur native, marchera à une vitesse moyenne de 3m33 à la seconde. Il aura exécuté son travail en 2 heures 40 minutes. Le second ne marchera qu'à la vitesse de 2m20, qui est celle du trot modéré. L'accomplissement de sa tâche exigera 4 heures 2 minutes.

Comme l'usure des membres est en raison de la vitesse de l'allure et non point en raison seulement du travail accompli, il est clair que le premier cheval sera hors de service au moins une fois plus tôt que le second. Si celui-ci peut travailler, dans les conditions supposées, durant quatre ans, l'autre sera évidemment devenu incapable au bout de deux ans.

Le prix d'achat du premier cheval aura toutefois été plus élevé. Celui-ci aura coûté 600 fr., tandis que le second n'aura été payé que 400 fr. Les frais d'alimentation restant les mêmes, les services reviendront de ce chef, dans le premier cas, à 300 fr. par an, dans le second à 100 fr. seulement. Pour obtenir une vitesse plus grande dans la proportion de 4,2 à 2, 40 ou de 1,67 à 1, il aura donc fallu dépenser dans la proportion de 3 à 1.

Un tel surcroît de vitesse étant absolument insignifiant ou inutile dans le plus grand nombre des cas de la pratique, il est évident que le surcroît de dépense peut être considéré comme tout à fait en pure perte. Le raisonnement serait encore bien plus fort si nous l'appliquions à cette multitude de petits services personnels, qui consistent à conduire, une ou deux fois par semaine, les bourgeois de leur campagne à la ville voisine, ces personnes paisibles pour lesquelles le train de poste n'a aucune valeur. On ne dira pas que ce soit là une exception.

Quoi qu'il en soit, la méthode recommandée n'en est pas moins excellente toujours. Elle met sûrement en garde, encore une fois, contre les entraînements possibles, et n'a d'ailleurs aucun inconvénient. Il est toujours temps, en effet, de revenir sur les impressions défavorables qu'aurait pu laisser l'examen des membres, si celles que produisent l'aspect du corps et celui de la tête sont assez séduisantes pour les compenser.

Cela bien entendu, voyons maintenant dans quel ordre les membres doivent être examinés et d'après quelles bases il convient de procéder à leur examen.

Ce sont les sabots ou les pieds qui fixeront d'abord l'attention. « *No Foot, no Horse,* » disent les Anglais. « Pas de pied, pas de cheval, » avait dit Lafosse auparavant. Lafosse et les Anglais ont mille fois raison. Tout l'organisme mécanique ou moteur est annihilé lorsque l'appui d'un seul sabot sur le sol est douloureux au-delà d'un certain degré. Il suffit même que la sensibilité normale des tissus vivants contenus dans la boîte cornée soit dépassée, pour que le cheval perde la plus grande partie de ses moyens d'action locomotrice. C'est ce que chacun comprendra facilement, en songeant à ce qui lui arrive quand il se sent gêné dans ses chaussures.

Nous n'avons pas à revenir ici en détail sur les conditions de bonne construction du sabot. Ces conditions ont été indiquées (t. I, p. 392). On peut s'y reporter. Il en sera de même pour toutes les autres parties des membres, qui ont été décrites à leur place. Il faut se borner en ce moment, pour éviter des répétitions superflues, à insister sur l'importance de leur examen et à signaler leurs qualités maîtresses. Nous devons admettre qu'il ne s'agit que d'appliquer des connaissances préalablement acquises.

Nous recommandons instamment d'examiner avec attention toutes les parties de la boîte cornée. La paroi d'abord, pour s'assurer qu'elle est constituée par une corne solide, dure, bien luisante, dépourvue de sillons horizontaux, de fissures ou de fentes longitudinales, appelées *seimes*, et qu'elle a bien sa forme régulière ou normale; la surface plantaire ensuite, afin de s'assurer que la fourchette est suffisamment volumineuse pour porter sur le sol, que ses lacunes sont ouvertes, que les arcs-boutants ont l'inclinaison voulue et que les talons sont suffisamment hauts et écartés, que la sole est épaisse, solide, dépourvue de durillons accusateurs de *bleimes* dans le voisinage des arcs-boutants et que sa pression ne cause aucune douleur à l'animal. La corne faible, mince, cassante; les talons serrés (dits *encastellés*); le sabot trop petit; la fourchette atrophiée ou puante; les bleimes ou les seimes; tous ces vices réunis ou seulement l'un d'entre eux à un degré très-prononcé doivent suffire pour faire refuser absolument le cheval.

Ce sont là des vices capitaux. Les uns sont constitutionnels et les autres accidentels; mais la manifestation de ces derniers n'en est pas moins due essentiellement à des dispositions héréditaires qui favorisent l'action de leurs conditions déterminantes. La jument, aussi bien que l'étalon, les transmet à sa descendance. Lorsqu'on a constaté leur existence, tout examen ultérieur est superflu. Eût-il d'ailleurs les plus belles formes et les qualités les plus brillantes, le sujet doit être radicalement exclu comme reproducteur, surtout s'il s'agit d'un étalon, dont la fonction est de procréer une nombreuse descendance. Mauvais pied, mauvais cheval. Il ne faut pas sortir de là. A titre de simple moteur animé, on l'utilise comme on peut, au mieux de ses intérêts. En faire un reproducteur de son espèce serait la plus lourde des fautes. C'est bien assez des vices accidentels qu'on ne peut pas éviter.

Après l'examen des sabots, vient celui des couronnes qui doivent êtres dépourvues de *formes*, puis celui des articulations des boulets. Celles-ci ont, dans le mécanisme, un rôle d'une très-grande importance également. Il suffit pour s'en convaincre de se reporter à leur description (t. I, p. 74). Quand elles sont faibles, bientôt elles subissent, même au repos, c'est-à-dire lorsqu'elles n'ont qu'à résister au poids du corps en station, des avaries ou des altérations intéressant leurs synoviales, altérations connues sous le nom de *mollettes*, à plus forte raison sous l'influence des pressions déterminées par la marche aux allures vives.

Ces mollettes, intéressant la synoviale articulaire surtout, sont toujours plus ou moins douloureuses. Pour s'épargner la douleur que leur pression lui cause, l'animal restreint instinctivement ses mouvements, et si on l'excite il ne tarde pas à devenir boiteux et incapable. Pas plus que celui qui souffre des pieds, le cheval dont les boulets sont faibles ne peut marcher aux grandes allures. Il réduit toujours celles-ci au minimum nécessaire. Il est en outre incapable d'un service de longue durée. Son usure est toujours prompte. C'est en somme un mauvais instrument de travail, dont les produits sont toujours trop coûteux.

L'articulation du boulet doit être considérée comme faible lorsque, vue de face (c'est-à-dire en se plaçant en face de la tête du sujet), elle présente à peine un renflement par rapport à la diaphyse de l'os du canon, ou en d'autres termes lorsque le diamètre transversal de l'extrémité inférieure de cet os n'est pas plus grand que celui de sa partie moyenne. En ce cas, les grands sésamoïdes situés en arrière sont peu volumineux, le diamètre longitudinal de l'articulation est court, et par conséquent les tendons fléchisseurs étant peu écartés de la face postérieure du métacarpien ou du métatarsien, la région du canon, peu large en bas, l'est encore moins en haut.

Cette disposition est celle que rend l'expression ancienne et vulgaire de « *tendon failli.* » Tout cela est dû à ce que les os des canons sont plus ou moins régulièrement cylindriques dans toute leur étendue, et que les tubérosités d'insertion de leurs extrémités ne sont guère saillantes, leurs surfaces articulaires guère élargies, non plus que celles des premières phalanges.

Au contraire, l'articulation en question est d'autant mieux construite et plus forte que ces surfaces sont plus larges, comparativement avec la coupe des diaphyses. Pourvu que la largeur n'en soit point due à des tumeurs osseuses accidentelles, pourvu qu'elle tienne seulement au volume normal des extrémités articulaires, elle n'est jamais trop grande. En tout cas, à ces conditions, les plus grosses articulations du boulet sont les meilleures, parce que ce sont les plus fortes et les plus résistantes, celles qui se conservent intactes le plus longtemps.

Avec des boulets faibles, il est commun de rencontrer autour de la couronne et à la surface des canons ces tumeurs ou tares osseusees connues sous les noms de *formes* et de *suros*. Quels que puissent être leur volume et leur situation, le sujet qui les présente ne peut pas être admis comme reproducteur, bien que ces tares ne se reproduisent point elles-mêmes, par hérédité. Dans les autres cas, les suros sont sans inconvénient, s'ils ne sont point placés de façon à gêner le passage des tendons.

Arrivent maintenant les articulations du jarret. Ce que nous **savons** des conditions dynamiques générales des allures (t. I, p. 96) suffit pour faire mesurer le degré d'attention que leur examen exige. C'est là aussi que se montrent les premières avaries de la machine. Les hydropisies des synoviales et les périostoses connues sous les noms de *vessigons*, de *jardes*, d'*éparvins*, empruntés à l'ancienne hippiatrique, sont les conséquences de ces avaries, dont la condition déterminante est plutôt, selon les probabilités, dans la faiblesse native de l'articulation que dans l'hérédité directe à laquelle on les attribue généralement.

On sait que dans les déplacements du corps aux allures diverses, ce sont toujours les puissances musculaires agissant sur l'articulation du jarret qui donnent l'impulsion. C'est cette articulation, à l'un et à l'autre membre alternativement, dans la plupart des allures, qui réagit contre l'effort, en même temps que celle du boulet, située plus près du point d'appui fixe. La multiplicité de ses ligaments atteste la solidité qui lui est nécessaire pour résister au travail qui lui incombe. Si elle n'est pas construite dans de bonnes conditions ; si ses surfaces articulaires sont étroites, les os qui en font partie étant petits par rapport au volume du tibia et du métatarsien ; si les tubérosités d'insertion des ligaments sont peu développées et si les os mêmes du tarse sont mal agencés entre eux, les synoviales et les ligaments, sans cesse tiraillés, s'irritent et irritent le périoste. Il en résulte bientôt la manifestation des tares indiquées, dont la nature et le siége nous sont connus, tares qui ont pour effet de mettre d'autant plus obstacle au fonctionnement de l'articulation qu'elles sont plus développées.

Quand ces tares existent à un degré quelconque, leur présence doit suffire pour faire exclure l'individu de la reproduction. Si petites qu'elles soient, elles sont des témoins irrécusables de la faiblesse, de la mauvaise constitution de l'articulation la plus importante de la machine animale. A ce titre, leur gravité ne se mesure point à l'étendue de leur développement, du moins chez les jeunes sujets, comme le sont ceux que l'on choisit pour en faire des étalons. Quelque opinion qu'on ait sur leur hérédité, peu importe. Il n'y a pas de doute au sujet de la transmission héréditaire de la conformation vicieuse du jarret qui les accompagne toujours et préexiste toujours à leur manifestation.

La plus commune de toutes est la *jarde*, plus exactement désignée par les anciens hippiâtres sous le nom de *courbe*. Son existence est facile à constater ; mais il arrive que les personnes inexpérimentées ou insuffisamment éclairées sur ses véritables caractères la signalent alors qu'elle n'existe point, prenant pour elle ce qui est au contraire l'un des signes de la meilleure conformation du jaret. De même pour l'*éparvin*. Quant aux tares dites molles, aux *vessigons* et aussi aux *capelets*, la méprise à leur sujet n'est guère possible. Pour mettre en garde contre cette méprise, il convient de rappeler d'adord les conditions de cette meilleure conformation, indiquées en leur lieu.

Un seul signe suffit pour les faire reconnaître à première vue. Lorsque le calcanéum est long et suffisamment oblique, tout le reste s'ensuit : le jarret et nécessairement bien conformé C'est là une des expressions de la loi de corrélation anatomique. Nous n'y avons, pour notre part, du moins jamais rencontré d'exception. Le calcanéum étant exactement incliné de 45 degrés, il est toujours avec cela suffisamment long, suffisamment volumineux, ainsi que tous les autres os du tarse, et les extrémités articulaires du tibia et du métatarsien ont des volumes correspondants ; leurs tubérosités d'insertion sont suffisamment saillantes. Celles-ci et les faces externe et interne des deux rangées des os du tarse sont au même niveau. Elles font par conséquent saillie sur les diaphyses du tibia et du métatarsien.

Ce sont ces saillies normales, existant souvent au plus haut degré chez les chevaux fins dont les jarrets sont bien conformés, qui sont parfois confondues avec les tares osseuses véritables, par les juges incompétents. Il suffit de bien connaître le siége réel de celles-ci, pour éviter la confusion.

La tuméfaction osseuse qui constitue l'*éparvin* est située d'abord à la face interne de l'extrémité supérieure du métatarsien, en arrière de la tubérosité normale d'insertion des ligaments internes ; puis, à mesure qu'elle se développe, elle gagne la tête du métatarsien rudimentaire, puis l'os postérieur de la seconde rangée du tarse, puis la face interne de l'extrémité inférieure du calcanéum et celle de l'astragale, puis enfin la tubérosité de l'extrémité du tibia, affectant ainsi toute la face interne du tarse ou du jarret.

Lorsque les choses en sont arrivées à ce point et même longtemps auparavant, il n'y a évidemment pas de difficulté. Nous les énonçons ainsi seulement pour faire voir que l'éparvin ne progresse point de haut en bas, et que par conséquent il n'existe qu'à la condition de se manifester au point de départ qui vient d'être indiqué. Toutes les fois donc qu'il n'y a point de saillie entre la tête du métatarsien latéral et la tubérosité d'insertion des ligaments latéraux internes, quelque saillantes que puissent être celle-ci et la face interne des rangées du tarse, il n'y a point d'éparvin.

Pour en juger, il convient de se placer en arrière du cheval, vis-à-vis de la pointe de ses jarrets, et de s'assurer si, entre la saillie des tendons fléchisseurs des phalanges, à leur passage au niveau de l'extrémité supérieure des métatarsiens, et celle de la tubérosité d'insertion des ligaments internes, il y a une surface concave ou non. Dans le premier cas, point d'éparvin ; dans le second, celui-ci débute ; il existe et ne fera que s'accroître avec le temps et par le travail.

La *jarde*, elle, qu'on appelle ausi *jardon*, est située, comme on sait, à la face externe de l'extrémité supérieure des métatarsiens, à l'opposé de l'éparvin. Son siége est entre la tubérosité d'insertion des ligaments latéraux externes et la tête du métatarsien rudimentaire, d'où elle part pour gagner la face externe des os de la seconde rangée du tarse. En se développant, la tuméfaction s'étend obliquement de bas en haut, et d'arrière en avant, se terminant postérieurement par une ligne courbe, qui se substitue à la droite présentée normalement au même niveau par les tendons, à leur passage en arrière de l'articulation. C'est pourquoi les prédécesseurs de Bourgelat lui donnaient le nom de *courbe*, beaucoup plus exact que celui qu'il a fait prévaloir.

En se plaçant sur le côté du cheval, de manière à voir le profil de cette articulation, la présence ou l'absence de cette ligne courbe, en même temps que la présence ou l'absence d'une surface évidée entre la tubérosité d'insertion des ligaments et les tendons fléchisseurs, fixe au premier coup d'œil sur l'existence ou la non existence de la jarde. A la condition que cette surface évidée existe, la tubérosité qui la précède ne saurait être trop forte. Son volume témoigne de la solidité de l'articulation.

Du reste, répétons-le, la jarde aussi bien que l'éparvin ne se développe que sur les jarrets faibles, mal conformés, étroits, dont le calcanéum court est insuffisamment incliné, qui ne peuvent pas résister aux efforts des puissances musculaires. Il est bien rare, si cela même se voit jamais, qu'ils existent l'un sans l'autre. En peu de temps ils se joignent en arrière de l'articulion, au niveau du passage des tendons que leurs saillies irrégulières irritent sans cesse, au point de provoquer une douleur qui se manifeste par la claudication.

Les articulations du genou, qui sont toujours suffisamment fortes quand les autres, déjà passées en revue, ne laissent rien à désirer, doivent être examinées au point de vue des lésions qui peuvent exister à leur face antérieure. Ces lésions, qui font dire des sujets qui les présentent qu'ils sont *couronnés*, accusent le défaut de solidité des membres.

Les autres articulations des membres sont toujours bien conformées lorsque celles dont nous venons de nous occuper en détail ne laissent rien à désirer. Il est donc superflu de les examiner en particulier. Les avaries qui s'y peuvent montrer ont constamment une origine traumatique ou accidentelle, indépendante de leur conformation, et par conséquent elles sont sans intérêt pour la sélection des reproducteurs, à moins qu'elles ne puissent mettre obstacle aux mouvements nécessaires pour l'accomplissement de leur fonction.

Les conditions de solidité étant assurées, il reste à examiner celles d'agencement ou de disposition des leviers qui concourent à la formation des articulations des membres. Ici, nous avons pour guide, une loi naturelle dont la précision ne laisse rien à désirer. Cette loi étant satisfaite, on peut être sûr que les mouvements coordonnés du mécanisme locomoteur seront exécutés avec le plus fort rendement, c'est-à-dire avec la plus grande économie de travail ou avec la plus forte somme de travail disponible. Elle nous est connue sous le nom de loi de parallélisme des leviers et de similitude des angles. Elle a pour corollaire obligé celle de parallélisme des plans des bipèdes latéraux, antérieur et postérieur. Nous n'avons pas à l'exposer de nouveau (voy. t. I, p, 91). Nous ne croyons pas nécessaire non plus de réfuter les contestations dont elle a été l'objet par des auteurs qui semblent n'en avoir bien compris ni le sens ni la portée, à la fois théorique et pratique. Il suffira de rappeler, par leur nom vulgaire, les infractions qui se font observer et qui, quand elles existent, s'opposent à ce qu'un sujet puisse être convenablement utilisé comme reproducteur.

Ces infractions concernent surtout le parallélisme des plans ou leur nombre. Dans le cas du cheval dit *panard*, par exemple, il y a plus de deux plans latéraux ; il y en a quatre, dont un pour chacun des membres. Si le cheval est à la fois panard du devant et du derrière, les deux plans de chaque bipède latéral peuvent être parallèles entre eux ; mais ils sont nécessairement divergents par rapport à leurs congénères. La divergence n'affecte que le bipède antérieur ou que le bipède postérieur, si le vice d'aplomb n'intéresse que l'un ou l'autre. C'est chose très-facile à vérifier. En se plaçant en face de la tête ou en face de la queue, on voit très-bien si les membres se couvrent exactement, en d'autres termes s'ils sont ou non sur le même plan vertical.

Au lieu d'être divergents, ils peuvent être convergents. En ce cas, le cheval est dit *cagneux* pour le bipède antérieur, et *ouvert de derrière* pour le postérieur, comme il est dit *clos* ou *jarretier* dans le cas où ce dernier bipède est situé sur des plans divergents.

Lorsque le cheval est *campé*, le bipède antérieur et le bipède postérieur sont sur des plans obliques divergeant vers le sol. Quand il est *sous lui*, ces plans convergent au lieu de diverger. La base de sustentation est raccourcie au lieu d'être allongée. Ni dans un cas ni dans l'autre les angles ne sont plus similaires. Le poids du corps n'est plus normalement réparti entre les puissances qui s'opposent à la fermeture des angles. Celles qui supportent au-delà de ce que comporte leur résistance propre s'usent prématurément.

Au lieu que les leviers normalement verticaux du bipède antérieur soient sur un même plan, ils peuvent être sur deux convergents, au niveau de l'articulation du carpe ou du genou, soit en avant, soit en arrière. Le premier cas est celui du cheval *brassicourt* ; le second, celui du *genou creux* ou *effacé*. Le premier est le plus commun ; il est même assez commun chez les chevaux des races dites distinguées ou nobles. Sans s'exagérer l'importance d'un tel défaut, quand on le rencontre chez un cheval à employer comme moteur, il est toutefois prudent de ne point faire de ce cheval un étalon.

La disposition analogue, due au raccourcissement acquis des tendons fléchisseurs des phalanges et s'accompagnant toujours du redressement du pâturon, et qui s'exprime en disant que le cheval est *arqué* et *bouleté*, est un indice visible de fatigue et d'usure, qui s'accusent d'ailleurs par trop d'autres signes pour qu'il y ait lieu de s'y arrêter. On la respecte chez le vieux serviteur, comme un témoignage de ses longues et loyales campagnes. Chez le jeune, passant son examen pour entrer dans la carrière, elle serait un déshonneur irrémissible.

Enfin ajoutons, pour finir sur ce qui concerne les membres, qu'il n'y a point de maximum ni de minimum à indiquer pour la longueur des avant-bras et des jambes et celle des canons, non plus que pour l'épaisseur des masses musculaires qui entourent les premiers. Les avant-bras et les jambes ne peuvent jamais être trop longs et trop fortement musclés ; comme conséquence nécessaire, les canons ne sont jamais trop courts. Plus ceux-ci ont de brièveté, plus les tendons qui passent en arrière d'eux en sont écartés, plus conséquemment la région est large et sèche, plus elle est belle. C'est l'indice de la solidité des articulations sur lesquelles nous avons insisté, en même temps qu'une garantie de la longueur des allures.

Les mouvements qui prennent part à l'exécution de ces allures ne peuvent atteindre leur plus grande efficacité qu'à la condition d'être coordonnés ou synergiques. Ils ne le peuvent être qu'à la condition de s'exécuter selon la loi de parallélisme. En dehors de cette loi, leur effet utile est la résultante de forces divergentes, au lieu d'être la somme de ces mêmes forces agissant parallèlement. Tout le monde comprendra que la différence est en faveur du dernier cas, et qu'elle est d'autant plus grande qu'est plus prononcé l'écart à la loi.

Passons maintenant à l'examen du générateur.

L'énergie dégagée dans ce générateur est en raison de son alimentation, comprise comme elle doit l'être dans l'état actuel de nos connaissances. A cet égard, la comparaison avec la machine à vapeur n'est plus qu'une analogie, non une identité.

Lorsqu'on croyait, selon la théorie pure de Lavoisier, qu'un dégagement de chaleur avait lieu dans le poumon, par le contact de l'oxygène de l'air avec les éléments combustibles amenés par le sang, la poitrine pouvait être considérée comme un foyer, en tout comparable à celui de la chaudière. Aujourd'hui, nous savons que c'est dans toutes les parties du corps animal, dans l'intimité de tous les éléments anatomiques, que se passe le phénomène, dépendant de la nutrition de ces éléments, des échanges moléculaires qui s'y produisent et auxquels l'oxygène prend part comme les autres éléments.

Nous savons, de plus, que le poumon n'est pas autre chose qu'un appareil d'alimentation, comme l'appareil digestif, à cette seule différence près que l'aliment introduit par son intermédiaire, au lieu d'être solide ou liquide comme ceux qui passent par l'intestin, est gazeux. Nos propres expériences (1) ont montré, en outre, que la quantité de cet aliment introduite dans l'unité de temps est proportionnelle à la surface déployée de l'organe, c'est-à-dire à son volume total et au nombre d'alvéoles contenues dans l'unité de volume, l'introduction n'étant pas autre chose qu'un phénomène de diffusion.

De cette notion acquise, il est tout naturel de conclure qu'à l'égard de l'alimentation gazeuse ou oxygénée, la puissance du générateur est proportionnelle à la capacité thoracique, puisque la surface pulmonaire est nécessairement elle-même proportionnelle à celle-ci.

Dans l'examen des formes corporelles, il convient donc de rechercher avant tout le plus grand volume possible de la poitrine. Ce volume dépend, comme on le comprend bien, de trois dimensions faciles à apprécier : du diamètre vertical, qu'on nomme la profondeur ou la hauteur ; du diamètre transversal ou de l'ampleur ; enfin du diamètre longitudinal. Celui-ci n'est pas ordinairement considéré, bien qu'il soit en réalité le plus important, comme nous le montrerons. C'est la longueur moyenne entre la base oblique et le sommet tronqué du conoïde que représente le thorax.

L'appréciation de la longueur du diamètre vertical se tire de la comparaison entre la hauteur du corps ou la taille et la distance qui sépare le sternum du sol, représentée par la longueur de la partie libre des membres antérieurs. Pour être dans les meilleures conditions, ce diamètre doit présenter, avec la hauteur de la taille, le rapport de 1 : 2,4 ; c'est-à-dire que chez un cheval de la taille de 1m45, par exemple, la poitrine doit avoir environ 60 centimètres de profondeur ; ou, en d'autres termes, la distance du sol au sternum doit être de 85 centimètres. La raison de ce rapport est que, dans les conditions

____

(1) A. SANSON, *Recherches expérimentales sur la respiration pulmonaire chez les grands mammifères domestiques*. (*Journal de l'anat. et de la phys.*, de Ch. ROBIN, t. XII, 1876.)

naturelles, on n'observe point de second terme plus petit sans que le mécanisme laisse à désirer sous le rapport de son fonctionnement, faute d'une longueur suffisante de ses leviers. Il n'y en a pas d'autre.

Pour mesurer le diamètre transversal, il suffit d'apprécier l'écartement des membres antérieurs, ou ce qu'on nomme vulgairement la largeur du poitrail. Cette largeur ne peut pas être exagérée, quoi qu'on en ait dit, pourvu que la profondeur de la poitrine soit suffisante. Mécaniquement, on ne saurait lui trouver aucun inconvénient, et au point de vue de la puissance du générateur, elle n'a évidement que des avantages. Elle dépend du degré de courbure des premières côtes sternales qui, pour être bien conformées, doivent représenter un arc régulier. Lorsqu'il en est ainsi, les parois thoraciques n'offrent aucune surface plane ou à peu près, et il n'y a point de dépression sensible en arrière et au-dessus des coudes, dans les régions qu'on appelle *passage des sangles*. Selon d'autres locutions vulgaires, la poitrine n'est point *sanglée*, la « côte » est « *ronde* » au lieu d'être « *plate.* »

La dimension qui exerce le plus d'influence sur la capacité totale des poumons, à densité égale de leur tissu ou à volume égal de leurs alvéoles, est sans contredit celle dont il nous reste à parler et qui est la longueur moyenne du cône irrégulier qu'ils représentent. A égalité des deux autres, de celles que nous avons nommées les diamètres vertical et transversal, il est clair que le solide pulmonaire sera d'autant plus volumineux que cette longueur moyenne sera plus grande.

Nous savons que la base de ce solide conoïde est creuse et oblique de haut en bas et d'arrière en avant ; que la cavité thoracique qui le contient est limitée par le diaphragme, au contact duquel cette base est constamment soumise. Nous savons aussi que les points d'insertion du muscle diaphragmatique ne varient point. Pour ne parler que des principaux, qui commandent du reste les autres, ces points sont utojours supérieurement aux mêmes vertèbres et inférieurement sur l'appendice du sternum. D'après cela, il est évident que pour une même longueur du dos, l'obliquité du diaphragme sera en raison de la longueur du sternum. Moins sera grande la différence entre la longueur de celui-ci et celle de la tige dorsale, plus la direction du diaphragme se rapprochera de la verticale.

La longueur moyenne du conoïde, représentée par la demi-somme des deux autres longueurs, varie donc toujours en raison seulement de la longueur du sternum. D'où il suit que c'est celle-ci qu'il importe d'apprécier. La figure 16 le fera encore mieux comprendre. Elle représente une coupe schématique de la cavité thoracique, dans laquelle la ligne A B est la longueur dorsale, la ligne C D la longueur sternale, et la ligne B D la position

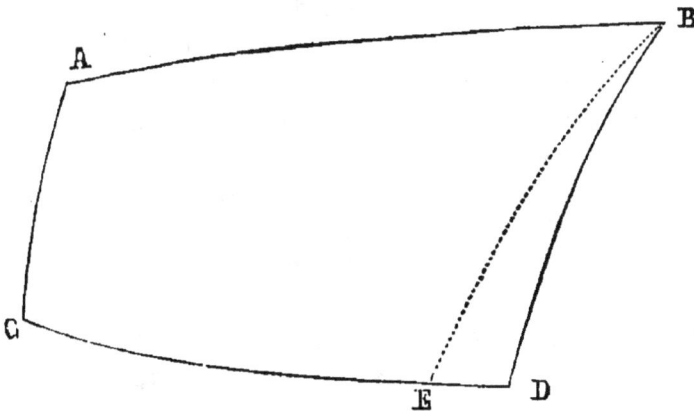

Fig. 16. — Schema du torax.

du diaphragme. Si, au lieu de venir jusqu'en D, le sternum s'arrête en E, la situation du diaphragme deviendra B E ; et il est évident qu'alors la capacité du contenant et du contenu sera réduite de toute l'étendue correspondant au triangle B D E.

La plus grande longueur du sternum a pour conséquence nécessaire de porter en arrière l'extrémité inférieure de la dernière côte sternale, et ainsi de diminuer la distance existant entre le bord de cette côte et l'angle externe de l'ilium ou pointe de la hanche. Cette disposition favorable se traduit immédiatement au regard par la brièveté du flanc. Le flanc court est donc un indice certain de l'existence d'un sternum relativement long et conséquemment d'une vaste poitrine.

La grande longueur du sternum s'accuse aussi à l'œil par la régularité de la courbe à très-long rayon qui commence vers le tiers postérieur de la face inférieure du thorax, pour se continuer sous l'abdomen au niveau de la perpendiculaire abaissée en regard de la partie moyenne du flanc. En outre, il est facile, du reste, de s'assurer par le toucher du lieu où se trouve situé l'appendice du sternum, marquant son extrémité postérieure.

Telles sont les conditions de la meilleure conformation des parties essentielles de l'appareil respiratoire, qui assure à la fois les plus larges surfaces de diffusion pour le gaz qui doit être introduit dans le sang et pour celui qui doit en être éliminé par les poumons. Ce sont aussi celles qui permettent au cœur, logé lui aussi dans la cavité thoracique, entre les deux poumons, d'atteindre son plus fort volume.

Il y a, comme nous le **savons**, entre l'activité de la respiration et la puissance circulatoire du sang une corrélation étroite, sur laquelle il n'est pas nécessaire d'insister. On n'ignore point que les chevaux à vaste poitrine sont toujours ceux qui ont le cœur le plus volumineux, relativement à leur poids vif total. On n'ignore pas non plus que le travail dont un muscle est capable est proportionnel à son diamètre.

Ce n'est pas tout cependant que la poitrine soit ample, pour que sa fonction s'accomplisse au maximum. Il faut encore pour cela que l'accès de l'air respirable soit facile par les voies à l'aide desquelles il pénètre dans l'intérieur des poumons. Normalement, ces voies, qui sont les narines, les fosses nasales, le larynx et la trachée, présentent une section en rapport avec le degré d'ampleur du thorax. Les sujets à vaste poitrine ont les naseaux bien ouverts, le chanfrein relativement épais, le larynx volumineux, accusé par l'écartement des branches montantes du maxillaire, ce qu'on appelle des ganaches larges, et une trachée grosse dans toute son étendue le long du bord inférieur de l'encolure.

Mais accidentellement l'une ou l'autre de ces parties du tube respiratoire peut avoir été rétrécie. Il est donc bon de ne jamais négliger de les examiner avec soin, d'abord au repos, au point de vue de leur capacité visible, puis après un exercice un peu violent, qui précipite les mouvements du thorax et met ainsi en évidence les obstacles que l'air peut rencontrer à son passage, par le bruit que détermine sa collision sur ces obstacles. Ce bruit, connu sous le nom de *cornage*, annule, lorsqu'il se manifeste, toutes les beautés possibles de la conformation extérieure, surtout chez un reproducteur. C'est un motif suffisant, si faible qu'il soit, pour faire écarter le sujet de la reproduction.

Les dispositions relatives à l'appareil digestif n'exigent pas, pour être appréciées, un examen aussi minutieux. Il s'agit, en somme, de savoir si l'animal se nourrit bien et régulièrement, étant pour cela pourvu d'organes en bon état. Le fait s'accuse de la manière la plus simple et la moins douteuse par la forme même de son abdomen ou de son ventre. Celui-ci se montrant régulièrement cylindrique et non brusquement relevé vers le pubis, ses diamètres vertical et transversal, dans le parties les plus saillantes, ne différant que peu de ceux de la poitrine, cela montre que l'appareil digestif fonctionne bien, et que l'alimentation solide et liquide ne laisse rien à désirer.

Il n'en est plus ainsi lorsqu'au contraire le volume de l'abdomen est réduit, son diamètre vertical étant moins grand que celui du thorax ; lorsque sa paroi inférieure est oblique depuis le sternum jusqu'au pubis ; lorsqu'il est serré aux flancs, ce qui fait dire que le cheval a « le flanc retroussé, » ou encore qu'il a « le ventre levretté. » Hormis chez les chevaux de course entraînés, cela indique un mauvais mangeur, qui se nourrit mal et qui par conséquent est incapable d'un travail soutenu.

Un tel état peut dépendre d'une altération passagère ou durable des viscères abdominaux, ou bien d'une altération de la dentition, rendant difficile ou impossible la mastication des aliments. Celle-ci est importante à ce point, que ce serait une grave faute de négliger de l'examiner avec soin, encore bien que l'attention ne serait pas éveillée par la forme vicieuse de l'abdomen. Dans tous les cas, il convient de s'assurer que la bouche est bien conformée, qu'elle est pourvue de toutes ses dents, que celles-ci sont normalement développées et intactes, que les barres, la langue, le palais et les joues ne présentent aucune altération. C'est une garantie de la bonne exécution de la fonction digestive, sans laquelle il n'y a pas de moteur puissant, attendu que sans cela le générateur ne s'alimente point et ne peut par conséquent emmagasiner la force motrice.

Avec une forte alimentation solide, liquide et gazeuse, dépendant des appareils digestif et respiratoire et des aliments qui leur sont fournis, la machine animale dégage, par les mutations moléculaires de ses actes nutritifs, l'énergie qui s'accumule dans ses organes contractiles. Cette énergie se dépensera ou se transformera en travail extérieur, sous l'influence d'un autre appareil, qui doit être considéré comme le régulateur, en même temps que l'instigateur de la dépense.

On a compris que nous voulons parler de l'appareil nerveux, qui commande aux contractions musculaires. Le mécanisme de ces contractions nous étant connu, du moins dans ce qu'il a d'immédiatement saisissable, nous savons que le travail du muscle ne dépend pas seulement de sa masse, mais encore du nombre des ondes qui parcourent ses fibres dans l'unité de temps. Or, la vitesse de ces ondes ou renflements successifs est commandée par le fonctionnement du système nerveux. Plus celui-ci est puissant et facilement excitable, plus cette vitesse est grande et plus le travail du muscle, à masse égale, est considérable. On sait que cette excitabilité plus grande du système nerveux est ce que les hippologues nomment « le sang. » Ils disent qu'un cheval « a du sang, » lorsqu'il s'en montre doué à un très-haut degré.

Elle est à rechercher toujours comme complément des qualités de solidité du mécanisme et de bonne disposition du générateur que nous avons passées en revue. Elle porte alors la puissance du moteur animé à son plus haut degré. C'est un complément nécessaire pour les reproducteurs, qui doivent, autant que possible, s'approcher de la perfection sous tous les rapports.

Mais en l'absence de ces qualités physiques et chez les individus qu'il faut quand même utiliser comme moteurs animés, la forte excitabilité nerveuse n'a que des inconvénients pratiques, contrairement à l'opinion répandue parmi les hippologues ou hippophiles, qui croient trop facilement, dans leur ignorance de la physiologie, que le courage peut tenir lieu de force ou que celle-ci a sa source dans le système nerveux. Sans doute, pour un court instant, la manifestation de ce courage est brillante et peut séduire ; mais le brave animal s'y dépense, il épuise bientôt la véritable source mal alimentée de sa force et use son mécanisme insuffisant. Mieux vaudrait, pour l'utile emploi de sa fonction, pour l'exploitation économique du capital qu'il représente, qu'il ménageât l'une et l'autre, qu'il fût moins courageux, qu'il rendît des services moins brillants, mais plus durables.

Parmi les chevaux issus directement ou indirectement des étalons de course, des étalons « de sang, » le nombre est beaucoup trop grand de ces individus de qui l'on dit, en termes pittoresques, que chez eux « la lame use le fourreau. »

L'excitabilité nerveuse, qu'on définit communément par les expressions de vivacité, de vigueur, d'énergie, se laisse apprécier par l'aspect de la physionomie, par les attitudes, par le mode d'exécution des mouvements. Le cheval bien doué sous ce rapport a le regard vif, hardi, l'œil toujours bien ouvert. Ses oreilles toujours dressées et très-mobiles se meuvent au moindre bruit, pour diriger du côté où se produit ce bruit l'ouverture de leur conque. A la fois attentif et impatient, il reste difficilement en place. En action, il porte la tête haute, il dresse sa queue, il a cet aspect fier qu'aucun autre animal ne peut égaler et que Buffon a décrit en termes si éloquents, cet aspect qui le rend si véritablement beau, dans le sens esthétique du mot.

Dans l'examen du cheval à ce point de vue, il importe de se mettre en garde contre les supercheries devant lesquelles ne reculent malheureusement que bien peu de personnes, parmi celles qui mettent en vente des chevaux. Pour lui faire prendre cet aspect, on le met sous l'influence d'une excitation factice, à l'aide d'artifices, dont les principaux consistent à lui administrer des spiritueux à petite dose et à lui introduire dans le rectum un morceau de gingembre. Celui-ci lui fait porter la queue haute et le rend impatient, en l'excitant. Ce dernier artifice est facile à découvrir. Il suffit pour cela de visiter le rectum en ouvrant l'anus. Il n'en est pas de même de l'autre.

Ajoutons qu'au repos le cheval bien doué sous le rapport que nous examinons résiste quand on cherche à lui soulever la queue, tandis que celui dont le tempérament est mou n'oppose aucune résistance.

A cette partie de l'examen se rattache finalement l'appréciation de trois choses importantes, qu'il nous reste à considérer : l'intégrité des organes de la vision, les allures et le rhythme de la respiration.

Les yeux sont bons lorsque leurs milieux sont parfaitement transparents; lorsque, placés en pleine lumière et éclairés ainsi jusqu'à leur fond, ils ne laissent apercevoir aucune opacité, si faible qu'elle puisse être, ni dans le cristallin, ni dans les chambres postérieure ou antérieure, ni sur la cornée lucide; lorsque la pupille, régulièrement conformée, se dilate et se contracte facilement en passant de la lumière à l'obscurité et de l'obscurité à la lumière. C'est cette dernière particularité qui exige le plus d'attention, parce que l'immobilité de la pupille ou sa paresse, indices certains de cécité ou de vue faible, sont parfaitement compatibles avec la complète transparence des milieux de l'œil, étant dues à des degrés divers de la paralysie de la rétine.

Après avoir fait exercer le cheval pour juger du mode d'exécution de ses diverses allures, sur lequel nous n'avons pas à revenir en ce moment (voy. t. I, p. 112 et suiv.), il est facile, la respiration étant activée, de juger de la régularité de son rhythme.

On sait que celui-ci n'est régulier qu'à la condition d'une élévation et d'un abaissement non interrompus du flanc, se succédant à intervalles égaux. Quand, à la moitié environ de son mouvement d'abaissement, le flanc s'arrête brusquement, pour reprendre aussitôt par une contraction appelée *soubresaut*, si peu visible que soit une telle irrégularité, elle est l'indice d'une lésion pulmonaire qui ne pourra que s'aggraver avec le temps et mettre de plus en plus obstacle à la bonne exécution de la fonction dont nous avons vu l'importance. C'est là ce qu'on appelle vulgairement la *pousse*. Cette irrégularité est surtout grave lorsque la toux, provoquée en serrant avec la main les premiers cerceaux de la trachée, se produit facilement et se montre sèche et peu sonore, non suivie de l'ébrouement.

Un sujet poussif, à quelque degré que ce soit, ne peut pas être admis comme reproducteur. A tout autre titre, il perd considérablement de sa valeur.

Enfin il va de soi que, pour remplir sa fonction, le reproducteur doit être pourvu d'organes sexuels intacts et bien conformés. Tout le reste ne servirait de rien sans cela. L'étalon doit avoir ses deux testicules dans les bourses, volumineux, bien mobiles, glissant facilement l'un sur l'autre, faciles à faire remonter vers les aines, sans aucun engorgement, ni du tissu conjonctif sous-scrotal, ni des épididymes.

Les monorchides sont, comme nous le savons, féconds, et il y a des exemples d'étalons fameux qui étaient monorchides. Mais la monorchidie, en sa qualité de malformation, engendre souvent la cryptorchidie ou absence de testicules apparents. On peut se résigner à employer un étalon monorchide, à cause de qualités d'ailleurs éminentes, mais seulement à titre de rare exception.

Il est nécessaire aussi que le pénis soit normal et qu'il entre facilement en érection. On ne peut accepter définitivement un étalon sans s'être assuré qu'il en est ainsi, et que par conséquent il peut exécuter la saillie. Le mieux est, au fait, de la lui faire opérer devant soi.

La jument, elle, doit avoir la vulve normale ; mais parmi

les signes extérieurs qui la rendent apte à la fonction maternelle, ce n'est point là le principal. Les auteurs parlent à peu près tous de la largeur des hanches, qui doit, selon eux, avec d'autres choses qu'ils indiquent, faciliter le logement du fœtus, favoriser son développement et son passage lors de l'accouchement. Il est utile simplement que la jument ait la bonne conformation d'une jument, telle que nous l'avons décrite, mais non point en vue de la fonction maternelle proprement dite. Il y a toujours assez de place dans un abdomen normal pour loger le fœtus, et la facilité du passage dépend des dimensions du détroit postérieur, de la forme et de la position des ischions, non point de l'écartement des hanches. Mieux vaut songer à la régularité de la base de sustentation, garantie de la bonne harmonie du squelette.

Mais ce qui, dans le choix des mères, domine tout, pourvu qu'elles soient fécondes, c'est la forme normale et le grand développement des glandes mammaires, attestant une forte aptitude à la lactation. La meilleure mère sera toujours celle qui allaitera le mieux et le plus copieusement son poulain. Chez les juments dont les mamelles ont déjà fonctionné, l'appréciation est facile. Il faut rechercher les plus volumineuses en même temps que les plus souples. Chez les autres, c'est l'écartement seul des mamelons qui donnera la mesure du développement ultérieur des glandes.

Il convient en outre que la jument montre un tempérament calme, un grande douceur de caractère et un excellent appétit. A ces conditions réunies, une fois mère, elle aura beaucoup de lait, et elle se laissera volontiers téter par son poulain.

La couleur de la robe n'a pas d'autre importance que celle qui lui est accordée par les idées ou les goûts les plus répandus au moment présent et qui sont très-variables. Un proverbe dit : « De tout poil bonne bête. » Ce proverbe a raison. L'idée assez répandue que les chevaux de robe claire sont de tempérament moins énergique que les autres n'est qu'un pur préjugé, démenti à tout instant par les chevaux orientaux, les percherons, etc.

Actuellement, pour les chevaux de luxe, la robe baie de diverses nuances est la préférée. Pour les chevaux de gros trait et de trait léger, ce sont les robes grises qui prédominent.

C'est donc, en définitive, la robe la plus généralement recherchée qu'il convient de préférer chez les reproducteurs. A cet égard comme à tous les autres, quand on est sage, on travaille en vue des goûts des consommateurs.

Toutes les qualités que nous venons de passer en revue ont une valeur en quelque sorte absolue. Elles doivent se rencontrer chez tous les reproducteurs, quelle que puisse être la spécialité de service à laquelle, en raison de leur taille, de leur volume, de leur type général ou de leur race, ils sont plus particulièrement propres. Nous avons à indiquer maintenant celles qui caractérisent chacune des spécialités, en assurant aux sujets qui les présentent la plus grande aptitude à remplir la fonction motrice selon le mode qui lui est particulier. Il nous faut décrire par conséquent successivement le type du cheval de selle, celui du cheval d'attelage ou carrossier, celui du cheval de trait léger ou postier, et celui du cheval de gros trait.

Cheval de selle. — Il n'y a plus que deux sortes de chevaux de selle, dont l'importance comparative se différencie de plus en plus. Il y a le *cheval de promenade* ou *de chasse*, et le *cheval de guerre*. On ne voyage plus à cheval. Nous ne perdrons point notre temps à disserter sur le fait, à exposer les changements de l'état social qui se traduisent par ce fait et à les regretter. Nous le constatons purement et simplement, comme devant servir de base à notre étude présente.

Le cheval de promenade, son qualificatif l'indique assez, est un animal de luxe, accessible seulement à une petite minorité, à notre époque occupée, où le travail devient chaque jour davantage une nécessité, en même temps qu'un signe de moralité et une condition de conservation sociale. L'importance de sa production va donc sans cesse décroissant. Le cheval de guerre, au contraire, dans l'état actuel de l'Europe, est devenu plus indispensable que jamais. C'est ce qui n'a pas besoin d'être prouvé. La situation militaire des nations européennes, les convoitises de quelques-unes d'entre elles et les besoins de défense des autres sont connus de tout le monde.

Cette situation commande par conséquent les qualités qui font le meilleur cheval de selle, considéré en général. Elle rend évident que les qualités solides doivent avoir le pas sur les qualités brillantes, contrairement, il faut le dire, à l'opinion la plus répandue parmi les hippologues et hippophiles, dont l'influence est encore prépondérante sur la production chevaline européenne.

En vertu d'un raisonnement qui n'a malheureusement rien de physiologique, leur objectif est le cheval de luxe, dont la réussite, par la nature même des choses, ne peut être qu'exceptionnelle, et dont les qualités principales sont exclusives de celles qui sont indispensables au cheval de guerre. Il s'ensuit que la méthode de production adoptée fait obtenir, pour un très-petit nombre de sujets réussis au point de vue du luxe, qui n'en utilise d'ailleurs guère, un très-grand nombre de sujets incapables de suffire aux exigences des armées en campagne.

La première de toutes les qualités, pour le cheval de guerre, surtout pour le cheval de cavalerie, est la rusticité, la faculté de résister aux privations, aux marches forcées inséparables des campagnes militaires. C'est une vertu de tempérament. Pour le cheval de luxe, dont la crèche est toujours bien garnie, l'habitation confortable, le travail minime, et qui est l'objet de soins minutieux, cette vertu est superflue, n'ayant pas l'occasion de s'exercer. Son éducation d'ailleurs ne l'y prépare point, bien au contraire. Le diminutif ou le rebut de cheval de luxe ne peut donc pas être un cheval de guerre. Leurs qualités respectives sont d'ordre différent.

Ceci s'entend, il faut le remarquer, du cheval de selle tel que la mode le préfère actuellement, dans tous les pays d'Europe, et comme nous le représentons ici (fig. 17), du cheval de selle anglais ou dérivé de l'anglais. Ce cheval, on ne le conteste point, est véritablement beau. Il a toutes les qualités d'élégance désirables. Ses formes

Fig. 17. — Type idéal du cheval de selle.

sont sveltes ; sa physionomie est fière et noble. Il a tout
ce qu'il faut pour faire l'orgueil d'un cavalier, sur une
promenade publique. En vue de la production de ses
pareils, pour le commerce de luxe, il n'y a évidemment
rien de mieux à faire que de le choisir comme étalon. En
le considérant attentivement, on voit qu'il est doué de
toutes les beautés corporelles que nous avons indiquées
comme ayant une valeur absolue. Il les a toutes, quand
il est réussi au degré montré par notre figure, où nous
nous sommes appliqué à les faire réunir par l'artiste. Le
producteur de chevaux de selle pour le luxe ne risque
évidemment pas de se tromper en le prenant comme
modèle idéal.

Mais nul n'ignore que le débouché de la production est
en ce genre-là très-restreint, et que par conséquent, pour
se conformer aux conditions économiques, cette production doit elle-même rester dans des limites peu étendues.
Le grand débouché des chevaux de selle est offert
par les armées. Ce sont donc des chevaux de guerre qu'il
faut produire, en général, si l'on veut exercer une industrie profitable.

En décrivant les dérivés de la variété anglaise dont il
s'agit ici, nous avons vu, par les résultats de l'expérience
universelle, qu'ils manquent absolument de la qualité
indispensable aux chevaux de guerre. A l'égard de ceux-
ci, on ne peut donc point les prendre pour type, sauf à
faire fausse route, ainsi que nous en avons depuis trop
longtemps le spectacle sous les yeux.

La production des chevaux de selle ne s'entreprend
point par préférence. Nulle part on ne s'y livre que par
impossibilité de faire autrement. En général, cette impossibilité est imposée par les conditions de climat ou de
milieu, qui ne permettent pas l'entretien des races de
grande taille et de fort volume. Les chevaux de selle sont
en effet des chevaux légers de corps. Nous savons qu'ils
se produisent surtout dans les régions centrales et méridionales de l'Europe, dans l'Asie centrale, en Asie mi-
neure et au nord de l'Afrique. Partout ailleurs, ce sont
seulement les individus les moins grands de leur race

ou de la variété cultivée qui sont affectés au service de la selle, faute de pouvoir atteindre à un autre plus recherché et plus estimé.

Ces chevaux de selle, formant la généralité, appartiennent, comme nous le savons, à plusieurs races, mais particulièrement à deux mélangées ensemble dans des proportions diverses. Ces deux races sont l'asiatique et l'africaine. Par la taille qu'atteignent leurs sujets, par le volume du corps de ceux-ci, par leur poids vif, en un mot, ils ne sont véritablement utilisables d'une manière générale qu'à porter un cavalier.

Les conditions naturelles dans lesquelles ils se développent les douent au plus haut degré de la qualité maîtresse dont nous avons parlé, comme étant indispensable au cheval de guerre. Reproduits par eux-mêmes, ils sont sobres et rustiques autant qu'on puisse le désirer. Nous n'avons donc qu'à indiquer, en ce qui les concerne, les qualités corporelles spéciales à rechercher dans leurs reproducteurs comme chez eux tous, pour qu'ils soient à juste titre considérés comme les meilleurs chevaux de selle. Ces qualités ne sont d'ailleurs pas moins nécessaires pour le service de luxe.

La fonction mécanique du cheval de selle nécessite avant tout de la souplesse dans les mouvements. Il doit pouvoir évoluer avec facilité sur un petit espace, pivoter en quelque sorte sur ses membres ou faire demi-tour à toutes les allures, à la moindre invitation de son cavalier. A la guerre, notamment, la sécurité de celui-ci dépend, dans un grand nombre de cas, de cette qualité. La célèbre charge des lanciers anglais, à Balaklawa, charge qui leur fut si funeste, fournit à cet égard un enseignement très-précis. La perte du beau régiment britannique n'a été due qu'à la raideur, au manque de souplesse de ses chevaux, qui, lancés à fond de train sur les rangs ennemis, les ont traversés sans que leurs cavaliers pussent réussir à les ramener. Un fait semblable s'était déjà produit en 1809, dans la guerre de Portugal.

Nous ne parlons pas de la solidité de la sustentation, parce qu'elle est une qualité absolue, à rechercher conséquemment dans tous les cas. Disons seulement qu'ici elle est tout à fait indispensable, son absence à un degré quelconque étant plus dangereuse que dans aucun autre. Il en est de même pour la vitesse des allures. Tout le monde sait que le salut du cavalier est dû le plus souvent à la solidité et à la vitesse de sa monture.

Donc, souplesse, solidité et vitesse sont les trois qualités spéciales du cheval de selle.

La première de ces qualités est due (à part l'éducation ou le dressage) à la conformation de l'encolure et à la mobilité de la tête sur elle, ainsi qu'à sa légèreté relative. Nous savons le rôle de l'encolure dans l'exécution des mouvements coordonnés (voy. t. I, p. 104). Ses propres mouvements déplacent le centre de gravité du corps et déterminent le sens des déplacements de celui-ci. Plus elle est longue et légère, plus elle peut se plier facilement, surtout dans ses parties antérieures, n'ayant à porter à son extrémité qu'un faible poids, meilleure est sa conformation. La souplesse du corps entier dépend de la souplesse de l'encolure, qui en est en quelque sorte le gouvernail.

Il y a des encolures trop courtes et trop épaisses. Avec une bonne conformation de la poitrine, il n'y en a point de trop longues. L'encolure mince et grêle, qu'on appelle encolure de cerf, ne se rencontre qu'avec une poitrine étroite, à côtes insuffisamment arquées, et avec le garrot tranchant qui en est la conséquence. Elle est l'indice habituel d'un caractère irritable à l'excès et facile à l'emportement, qui rend le cheval dangereux à monter. Sous le moindre excitant il perd le sens de l'obéissance.

La solidité de la sustentation, nous savons quelles sont les conditions de conformation qui l'assurent. Il n'y a rien de particulier à cet égard pour le cheval de selle. Ses membres sont les moins volumineux, mais leurs proportions ne diffèrent point pour cela, pas plus qu'en ce qui regarde les dispositions de leurs leviers, en conformité avec la loi de parallélisme.

Toutefois, il y a un rapport nécessaire entre le degré d'ouverture des angles similaires et la vitesse des allures

normales, qui exige pour le cheval de selle une condition
spéciale. Cette vitesse, en raison même de sa fonction,
doit atteindre le maximum possible. La monture la plus
rapide, nous l'avons déjà dit, est toujours la meilleure.
Le maximum de vitesse, pour la même dépense de force,
correspond à la moindre ouverture des angles et à la plus
grande longueur des avant-bras. C'est ce que nous avons
démontré (t. I, p. 100), en faisant remarquer que, dans
les conditions les plus voisines de la perfection, cette
ouverture n'est jamais moindre que 90 degrés. D'où il suit
que la force du cheval de selle devant être le plus souvent dépensée en mode de vitesse, il convient de considérer, comme une condition nécessaire chez lui, des
angles droits, en outre de leur similitude parfaite.

La taille des chevaux de selle varie beaucoup. A son
sujet, c'est la taille et le poids du cavalier lui-même qui
donnent la mesure. Toutes choses d'ailleurs égales, il est
évident que l'aptitude à porter une charge est proportionnelle au poids vif, qui lui-même est en général proportionnel à la taille. Dans l'armée française, les chevaux de
la cavalerie de réserve ont jusqu'à 1ᵐ 70, et ils pèsent
jusqu'au-delà de 600 kil. Ceux de la cavalerie légère,
chasseurs et hussards, descendent jusqu'au-dessous
de 1ᵐ 45.

Les statistiques de la mortalité nous fournissent un
éclaircissement très-significatif, à l'égard de leur aptitude
comparative. Celle de 1874 (qui se rapporte à un temps
de paix) indique une mortalité de 50,57 sur 1000 pour les
chevaux de cuirassiers, tandis que la mortalité de ceux
de la cavalerie légère n'est que de 23,33. Pour ceux de
la cavalerie de ligne (dragons), intermédiaires par leur
taille, elle est de 31,44.

Les plus grands chevaux, provenant pour la plupart de
la Normandie, et issus par conséquent du cheval anglais
de course, résistent donc aux exigences du service moitié
moins, et au-delà, que les plus petits, de provenance algérienne pour le plus grand nombre. C'est que, sous tous
les rapports, les chevaux des Arabes sont les véritables
modèles du cheval de guerre pour la cavalerie. Ils ont au

plus haut degré toutes les qualités que nous avons indiquées comme nécessaires. Un réel progrès sera accompli lorsque notre armée n'en aura pas d'autres qu'eux et leurs analogues européens, ceux issus de l'anglais étant réservés pour les promenades luxueuses.

Cheval carrossier. — D'après les usages de la mode, qui gouverne en pareille matière, les chevaux d'attelage se divisent en deux catégories. Il y a celle des grands carrossiers et celle des petits carrossiers, dont les fonctions se distinguent seulement par le genre des voitures qu'ils doivent traîner à l'allure du trot toujours.

La première catégorie, celle des *grands carrossiers,* comprend les chevaux de grands coupés, de grandes berlines, de grandes calèches. Leur taille doit être de 1m 63 au moins.

La catégorie des *petits carrossiers,* plus nombreuse, comprend ceux de petits coupés, de landaus, de phaétons, dont la taille est de 1m 59 à 1m 62 ; ceux de victorias, d'américaines, dont la taille est de 1m 55 à 1m 58 ; et enfin ce qu'on appelle les chevaux de parc, qui ont de 1m 47 à 1m 54. Ces derniers se confondent avec les chevaux de dragons, comme les autres carrossiers se confondent, par leur taille, avec les chevaux de cuirassiers. Les uns et les autres servent dans l'armée, quand ils n'ont pas des formes assez élégantes ou des membres assez sains pour être achetés par le commerce de luxe. En raison des prix qu'elle offre, l'armée n'obtient que les rebuts de celui-ci.

Le type du cheval d'attelage (fig. 18) est celui du cheval anglais de course, avec des formes amplifiées et entraîné à l'allure du trot, au lieu de l'être à celle du galop spécial que nous connaissons.

Quelle que soit son élégance et quelle que soit aussi la solidité de ses membres, due à leur bonne conformation, s'il n'a pas de bonne heure été entraîné à cette allure du trot, il lui reste de son ascendant paternel une disposition qui est pour lui une défectuosité. Cette disposition, sur laquelle nous avons appelé déjà l'attention, est un défaut de similitude entre les angles supérieurs des

A. PARRY. SC

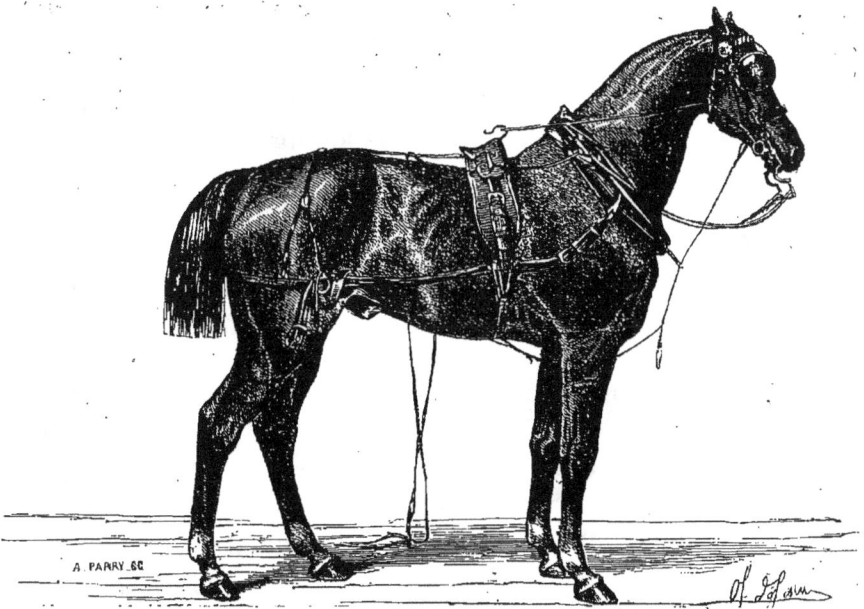

Fig. 18. — Type idéal du cheval carrossier.

membres postérieurs et ceux des membres antérieurs. Ceux-ci étant droits, les autres sont obtus, ce qui a pour conséquence nécessaire une absence de synchronisme dans les mouvements des deux bipèdes, laquelle devient perceptible à l'oreille dans le trot allongé, en raison de ce que le pied postérieur ne s'élevant pas aussi haut que l'antérieur, frappe le sol avant lui. Cela produit le trot désuni, toujours disgracieux et moins rapide que le trot régulier, à deux battues seulement.

Dans l'examen du carrossier, il est donc bon de porter spécialement son attention sur la particularité que nous signalons et qui est très-commune. Son existence a des effets d'autant plus saisissables qu'en raison de sa conformation générale et de l'énergie de son tempérament le cheval a l'allure du trot plus allongée. Il en est ainsi parce que le retard du membre postérieur sur l'antérieur est proportionnel à l'étendue des mouvements de celui-ci, et qu'en conséquence le temps qui s'écoule entre les deux battues l'est aussi. L'oreille ne commence à les distinguer qu'à partir d'une certaine fraction de seconde de temps.

La qualité spéciale à rechercher pour le cheval dont il s'agit, à part l'élégance des formes, est en effet celle d'une allure aussi belle et allongée que possible. Les beaux trotteurs attelés sont ceux qui atteignent toujours les plus hauts prix. Il font l'orgueil de leur maître, et celui-ci les paie en conséquence. C'est pourquoi le carrossier doit être jugé surtout au trot. Celui qui lance le plus élégamment et le plus loin en avant ses membres antérieurs et qui, en touchant le sol, ne fait entendre que deux battues bien pleines et à intervalles régulièrement égaux, est le plus beau.

Au concours de la Société hippique française, en 1876, les carrossiers ont parcouru la distance de 1,600 mètres en des temps qui ont varié de 3' 36" à 3' 20", ce qui donne des vitesses moyennes de 7m 30 à 8 mètres par seconde. A Beauvais, *Léona* a parcouru 4,000 mètres en 8' 15": vitesse = 8m 08 ; à Avranches, *Surprise* a parcouru également 4,000 mètres en 8' 5": vitesse = 8m 24 ; *Poisson d'avril*, en 7' 5" : vitesse = 9m 41 ; *Fossile*, en 7' 35" : vitese = 8m 78 ; *Allumette*, en 7' 35" : vitesse = 8m 79. Des épreuves de ce genre sont décisives pour le choix des reproducteurs. Elles ne sauraient être trop multipliées pour faciliter la sélection des carrossiers.

Ceux-ci n'ont pas besoin de la souplesse indispensable au cheval de selle. Dans leur fonction, ils n'évoluent jamais sur place. En raison de la longueur de la voiture à laquelle ils sont attelés, encore bien qu'elle soit à deux roues seulement, leurs changements de direction se font toujours suivant une courbe à long rayon. La longueur et les belles lignes de l'encolure, l'attache gracieuse et la légèreté relative de la tête, ne sont donc chez eux que des questions d'élégance, qui n'en conservent pas moins toute leur valeur, mais seulement à un autre point de vue.

Chevaux de trait. — Dans le sens étroit du mot, les carrossiers, dont nous venons de nous occuper, seraient des chevaux de trait, puisqu'ils travaillent attelés en tirant une charge. Mais l'usage, qui gouverne ici en maître impérieux, a réservé le terme pour désigner les chevaux qui tirent de lourdes charges ; et suivant l'allure à laquelle ces charges sont déplacées, il a fait admettre deux sortes de chevaux de trait : l'une qui est celle des *chevaux de trait léger*, l'autre celle des *chevaux de gros trait*.

Les deux modes de la fonction sont faciles à distinguer. Le premier s'exécute au trot, le second au pas.

Il n'est pas aussi facile d'établir un distinction nette entre les deux sortes de chevaux correspondant à ces deux modes de la fonction. La limite qui les sépare est en bien des cas imperceptible. Toutefois, nous pouvons trouver dans nos connaissances mécaniques un critérium théorique d'une grande valeur.

D'après l'usage général, ce critérium se tire plutôt, pour la pratique, d'une distinction entre les races, dont les unes sont réputées propres au trait léger et les autres au gros trait. En France, par exemple, le percheron est considéré comme le type du premier genre, et près de

lui se place le breton du littoral ; le boulonnais est celui
du second ; ce qui n'empêche pas que bon nombre de
percherons travaillent au pas et bon nombre de boulonnais au trot.

La véritable distinction entre le carrossier et le cheval
de trait léger, qui tous les deux travaillent au trot et ne
transportent pas toujours des charges bien différentes,
se tire seulement de la finesse relative et de l'élégance
de type comprises d'une certaine façon, qui est la plus
générale. Tout ce qui se rapproche du type anglais est
cheval d'attelage ou carrossier ; tout ce qui s'en éloigne
est cheval de trait.

Sous l'inspiration de cette idée, et en vue d'améliorer
les ressources que la production française offre pour
l'attelage des pièces d'artillerie, on avait imaginé, en ces
derniers temps, de recommander certaines opérations de
reproduction, ayant pour but de faire disparaître en grande
partie la différence existant entre les deux sortes de chevaux. Il s'agissait de créer une sorte de type intermédiaire, bon tout à la fois pour l'artillerie légère et pour
les usages de ce qu'on appelait du terme singulier de
demi-luxe, pour traîner les voitures des bons bourgeois
de la campagne.

La conception, éclose dans le même cerveau qui avait
trouvé que les robes sombres sont plus faciles à cacher
à l'ennemi que les robes claires, est encore en faveur
dans certains cercles militaires, composés de généraux
d'un certain âge. Les hippologues et hippophiles empiriques n'y répugnent pas non plus. Mais quiconque
connaît bien les chevaux percherons, par exemple, sait
que bon nombre d'entre eux, auxquels ne peut pas être
refusée la qualité de chevaux de trait, ne le cèdent guère
aux carrossiers en général pour la légèreté de leurs
allures. Cette légèreté est indépendante des formes caractéristiques de la race, et c'est elle qui, en réalité, peut
servir de base véritablement pratique pour établir la distinction entre les deux sortes de chevaux de trait.

Ici, comme en ce qui concerne les chevaux de selle et
les chevaux d'attelage, les conditions économiques sont

Fig. 19. — Type idéal du cheval de trait léger.

telles que la production des chevaux de trait léger ne peut pas être davantage l'objet d'une préférence. Ceux de gros trait se vendent en moyenne plus cher. Il sont donc plus avantageux à produire. Dans les races qui fournissent les uns et les autres, on recherche par conséquent avec raison les reproducteurs qui se rapprochent le plus des conditions qui les approprient le mieux à la fonction du gros trait, ou trait au pas.

Entre les deux types, il n'y a qu'une différence de taille et de volume, ou une différence de poids vif. Bien qu'il ait une aptitude mécanique proportionnelle à son propre poids, le cheval le plus lourd, s'il doit l'utiliser au trot, est celui qui produit la moindre somme de travail disponible, parce qu'il emploie la plus grande partie du travail qu'il déploie pour le transport de sa propre masse. C'est ce que nous expliquerons d'une manière plus opportune en nous occupant, dans un autre chapitre, de l'exploitation des moteurs animés. Pour l'instant, bornons-nous à mettre sous les yeux du lecteur la représentation des deux types : celui de trait léger (fig. 19) et celui de gros trait (fig. 20).

Pour être parfaits, ces deux types n'ont pas besoin d'autres caractères que ceux qui appartiennent à la meilleure conformation et au meilleur tempérament de leurs races. Dans celles-ci, l'encolure est normalement un peu courte et forte, abondamment pourvue de crins, la croupe arrondie et fortement musclée. Plus elles le sont, en proportion de la taille, mieux cela vaut. Le reste n'a rien de spécial. Les formes du mécanisme et celles du générateur étant irréprochables, la plus haute taille et le plus fort poids qui lui correspond sont à juste titre plus estimés dans les centres producteurs naturels, puisque, encore une fois, c'est avec ces qualités-là que les produits ont le plus de valeur.

Ceux qui restent en deçà du maximum ou qui descendent jusqu'au minimum ne sont point pour cela rebutés. Ils ont dans le commerce un débouché étendu et de plus en plus assuré, à mesure que se perfectionnent les voies de communication. Dès à présent leur production ne peut

Fig. 20. — Type idéal du cheval de gros trait.

plus suffire à la demande dont ils sont l'objet. On cherche, mais en vain, à l'étendre à tous les pays d'Europe. La seule concurrence qui leur soit faite est celle de l'avantage que trouvent leurs propres producteurs à les obtenir plus lourds.

Anes. — La sélection des ânes se fait surtout, sinon exclusivement, en vue de la production des mulets, dont nous savons l'importance industrielle. Nous savons aussi que ce sont les mulets issus de l'âne d'Europe qui atteignent la plus grande valeur, et que parmi ceux-ci ce sont les plus grands et les plus volumineux qui se paient le plus cher. Ajoutons qu'ils sont vendus par les producteurs presque toujours avant l'expiration de leur première année.

Toutes ces raisons réunies font que la qualité principale de l'âne étalon ou baudet se tire de sa taille. Il en est de même nécessairement pour la femelle de son espèce, au point de vue de sa propre production à lui. Toutes choses d'ailleurs égales, les ânes des deux sexes qui sont les plus grands sont les plus estimés. On recherche en outre chez eux beaucoup le corps allongé, le poitrail large, les membres aussi forts et volumineux que possible, la croupe arrondie, les reins larges, le pied relativement grand et caché sous une épaisse couche de crins tombant de la couronne et du pâturon. Les éleveurs poitevins disent en ce cas qu'ils sont « bien *talonnés,* bien *moustachés.* »

On recherche aussi l'abondance des poils dans l'intérieur et sur les bords des oreilles. Ces poils longs et frisés portent en Poitou le nom de *cadenettes.* Plus aussi les poils de la robe sont longs et frisés, plus est grande la valeur du baudet, aux yeux des Poitevins. En leur langage, celui qui présente ces longs poils frisés est désigné par un nom particulier. Il est dit *bourailloux.* Ce nom est évidemment dérivé de bourre. L'observation a montré que la particularité en question accompagne toujours des formes amples et la faculté prolifique très-développée, ainsi qu'une puissance héréditaire très-grande. Les sujets qui la présentent sont réputés excellents reproducteurs.

Les clients des *ateliers* les recherchent avec grand soin.

Il en est résulté le préjugé funeste, évidemment, pour l'hygiène des baudets, dont nous avons parlé en décrivant leur variété. Ces poils longs et frisés se feutrent facilement. Comme en Poitou la peau des baudets n'était en général l'objet d'aucun soin de pansage, à chaque mue annuelle les poils qui se détachent restaient, en se feutrant, adhérents aux poils nouveaux. Au bout de quelques années, le corps se trouvait ainsi couvert d'une sorte de manteau en loques pendantes jusqu'à terre. On donnait à l'animal le nom de *guencuilloux*, qui vient de guenille, et il était alors un objet d'admiration.

Tant que ce préjugé durait dans la clientèle des ateliers, on ne pouvait pas conseiller à ceux qui les dirigent de s'en affranchir. Ce n'eût été de leur part point pratique. Mais les progrès de l'instruction publique l'ont fait disparaître presque entièrement.

La qualité de « bourailloux, » définie plus haut, qui est le fondement de celle de « gueneuilloux » (porteur de guenilles, loqueteux), paraît estimée à juste titre. On ne voit rien qui puisse justifier l'estime en laquelle serait tenue la dernière. Son inconvénient pour l'hygiène de l'animal est évident, puisqu'elle maintient sa peau dans un état constant de saleté, ayant les inconvénients que nous avons signalés.

La beauté de l'âne d'Europe est à coup sûr exclusivement conventionnelle et spéciale, d'après ce que nous venons de voir. Au point de vue esthétique, c'est un animal franchement laid. On peut même dire qu'il a d'autant plus de valeur spéciale qu'à ce dernier point de vue il est plus laid. Plus ses formes sont grossières, massives, disgracieuses, plus il est estimable. L'âne d'Afrique, au contraire, s'améliore à mesure qu'il se rapproche davantage des formes sveltes et gracieuses du cheval.

Aux formes qui le font préférer pour la production des mulets, l'âne d'Europe doit joindre une qualité sans laquelle elles n'ont plus aucune valeur. Il doit se montrer facilement disposé à saillir les juments. Avant de l'accepter définitivement comme étalon, il ne faut point manquer de le mettre à l'épreuve. Bon nombre n'y ont guère de propension, et plusieurs s'y refusent absolument. Le grand développement de l'instinct génésique est pour le baudet une qualité de premier ordre. C'est même celle qu'il convient de placer en première ligne, parce qu'en son absence toutes les autres sont annihilées.

Pratique de la monte. — On appelle monte l'opération par laquelle les femelles d'Équidés, juments et ânesses, sont fécondées. C'est proprement l'opération de l'accouplement. Elle s'effectue durant un certain temps, que l'on nomme *saison de la monte*, et selon deux modes, dont l'un porte le nom de *monte en liberté* et l'autre celui de *monte en main*.

Dans les conditions naturelles, la saison de la monte est celle du rut qui, sous nos climats, se manifeste au printemps, chez les grands mammifères comme chez la plupart des animaux. Dans l'état de domesticité, où elle est réglée par notre intérêt, le choix de son moment est déterminé par celui qui doit être le plus favorable pour la naissance des poulains, et aussi dans une mesure par les habitudes commerciales.

Le principe de la division du travail s'introduisant et devant s'introduire de plus en plus dans la production des Équidés, les jeunes sont vendus en automne, après leur sevrage. Plus tôt ils naissent, plus ils ont eu le temps de se développer et plus ils ont par conséquent de valeur au moment de leur mise en vente. Il y a donc intérêt à hâter le plus possible le commencement de la saison de la monte.

La gestation de la jument dure en moyenne 336 jours, soit 48 semaines ou environ 11 mois; celle de l'ânesse, 364 jours ou une année entière. Dans les conditions de la pratique la plus générale, il n'est pas bon que la parturition ait lieu par les temps trop froids, et non plus que les mères ne puissent point, un mois au plus après leur parturition, aller au pâturage, attendu que l'alimentation qu'elles y prennent les rend meilleures nourrices, comme nous le verrons, ce qui est l'un des points essentiels de leur fonction.

Le moment le plus favorable pour la naissance des poulains ne peut par conséquent pas être en deçà du mois de mars. D'où il suit qu'en règle la saison de la monte, pour les juments, ne doit pas commencer avant le mois d'avril. Elle se prolonge souvent jusqu'à la fin de mai et au-delà, durant une quarantaine de jours, pour les femelles qui n'ont pas été fécondées lors de leur premier accouplement ou de la première manifestation de leurs chaleurs. Ainsi les poulains naissent depuis le courant de mars jusqu'à la fin d'avril et au commencement de mai.

Le choix du moment précis le plus convenable dépend de la précocité de la végétation dans la localité considérée. On ne peut à cet égard que poser des bases générales, laissant au praticien éclairé le soin d'en faire la judicieuse application.

La *monte en liberté* était la règle lorsqu'existaient ces établissements à demi-sauvages qu'on appelait des haras, appartenant à des princes ou à des grands seigneurs. Les juments y vivaient par grandes troupes au pâturage, avec les étalons. Elle n'est plus maintenant qu'une petite exception, concernant les pays de civilisation peu avancée. Même dans les haras qui subsistent en quelques parties de l'Europe, la monte se fait en main. Les étalons vivent séparés des juments, et celles-ci sont successivement conduites à l'étalon choisi pour les féconder, sous la direction immédiate du palefrenier, qui le tient par la bride et surveille l'accomplissement de l'acte de l'accouplement.

Il n'est pas nécessaire d'insister pour faire comprendre la supériorité de ce mode d'opérer, sous tous les rapports. Son avantage le plus évident est celui d'obtenir, pour le même nombre de saillies, un plus grand nombre de fécondations, par conséquent un plus grand effet utile pour la même dépense de force. Le travail de l'étalon peut être ainsi réglé, en lui épargnant des saillies inutiles. Livré à son propre instinct, au milieu de la troupe de juments dont il est le chef, il s'épuise en des saillies répétées des premières qui entrent en rut, surtout quand il est jeune et vigoureux. Il ne lui reste plus ensuite assez d'ardeur ou de puissance pour les dernières, surtout si elles sont nombreuses. Dirigé au contraire dans sa fonction, il ne l'accomplit que dans la mesure nécessaire, et qu'à coup sûr dans le plus grand nombre des cas.

Aussi la pratique de la *monte en main* est-elle universellement reconnue comme la meilleure.

Le point essentiel et prédominant de son application concerne l'état dans lequel doit être la femelle pour que l'accouplement soit efficace ou fécondant. Et à ce sujet se présente une question préjudicielle à vider, question controversée par les hippologues empiriques, qui mettent volontiers les conceptions de leur esprit au-dessus des constatations expérimentales. C'est celle de l'âge auquel il convient de conduire pour la première fois la jeune femelle à l'étalon.

L'opinion la plus répandue est fondée sur des considérations multiples, dont aucune, à vrai dire, n'est appuyée par la vérification expérimentale. On croit que pour se bien reproduire la jument doit avoir atteint son complet développement, ou à peu près ; on pense qu'auparavant la gestation nuit à celui-ci.

Des faits nombreux prouvent qu'il n'en est nullement ainsi. Au besoin la connaissance des lois naturelles suffirait pour l'établir. Sous leur empire, on sait que les jeunes femelles s'accouplent dès que chez elles se manifeste l'instinct génésique, dès qu'elles entrent en chaleur. Les espèces qui vivent en liberté n'en ont pas pour cela périclité. Il est physiologiquement facile à comprendre que leur développement souffre bien plus d'ardeurs inassouvies, se répétant un certain nombre de fois durant leur période de croissance, que de l'accomplissement régulier et normal de la fonction maternelle.

Donc il peut être bon de mettre obstacle à la manifestation hâtive ou prématurée de ces ardeurs ; mais, dès qu'elles existent, le plus sage, parce que c'est le plus conforme à la loi naturelle, est de les satisfaire.

Il n'y a par conséquent pas d'autre règle à poser, sur la question qui nous occupe, que celle d'être attentif à la manifestation des premières chaleurs, chez les jeunes femelles devant remplir la fonction de mères, et de leur donner l'étalon dès qu'elles le désirent. Toutes ne sont point fécondées lors de leur premier accouplement, surtout s'il a été très-précoce ; mais, fécondées ou non, leurs ardeurs sont calmées, et elles ne s'en développent que mieux.

Ce n'est donc pas l'âge qui fournit la mesure ; c'est l'apparition du phénomène des chaleurs, qui est variable comme les individus. Elle n'a en général lieu toutefois que vers la fin de la deuxième année ou le commencement de la troisième.

Ce phénomène se manifeste par des signes faciles à saisir. Les uns sont généraux et les autres locaux. La femelle qui entre en rut se montre d'abord inquiète. Si elle est libre, elle recherche le mâle ou elle hennit pour l'appeler. Si elle est captive, son appétit diminue généralement, elle s'agite, son regard devient brillant d'un éclat particulier, difficile à définir. Elle se campe fréquemment et expulse d'une manière convulsive de petites quantités d'urine. En même temps, les lèvres de sa vulve s'entr'ouvrent, et l'on voit apparaître le clitoris érigé. Ces lèvres sont elles-mêmes un peu tuméfiées, et la muqueuse vaginale a pris une coloration d'un rouge plus ou moins foncé, suivant l'intensité des chaleurs. Il est visible que tout l'appareil génital est congestionné.

Il n'est pas bon qu'un tel état se renouvelle trop souvent, surtout chez les juments dont le tempérament est nerveux, et où par conséquent les ardeurs génésiques sont très-vives, comme toutes les autres. Sa répétition fréquente a souvent pour conséquence l'établissement d'une excitation permanente, qui est un véritable état pathologique, et dont l'existence, en même temps qu'elle mine la constitution, ne tarde pas à rendre la bête d'un emploi dangereux, par l'exagération de son excitabilité réflexe. Chez les juments atteintes ainsi de nymphomanie, qui sont connues sous le nom vulgaire de « pisseuses, » le moindre attouchement de la croupe ou du voisinage de la vulve suffit pour provoquer des ruades d'une violence extrême. Le moins qui puisse en advenir est que toute fécondation soit désormais impossible.

Celle-ci ne peut avoir lieu que durant la manifestation normale des chaleurs et lorsqu'elles sont bien légitimement établies. L'ovule n'est accessible au spermatozoïde qui doit l'imprégner qu'à ce moment-là, qui est celui de la ponte.

Dans la pratique courante, on a généralement le tort de faire saillir les juments dès qu'elles consentent à subir l'approche de l'étalon. On leur fait même souvent un peu violence. Cela a au moins l'inconvénient de multiplier inutilement le nombre des saillies ; car, après un premier accouplement opéré ainsi, les chaleurs n'en persistent pas moins en s'accentuant, jusqu'à ce que la fécondation puisse s'effectuer, ce qui seulement les éteint. Là où une seule saillie opportune eût suffi, plusieurs ont été nécessaires, au détriment de l'étalon.

La meilleure pratique consiste donc à attendre que les chaleurs aient atteint leur maximum, c'est-à-dire que non seulement la jument souffre l'approche de l'*étalon d'essai*, ou *boute-en-train*, sans lui opposer aucune difficulté, mais encore qu'elle manifeste visiblement, à son approche, le désir d'être saillie. En ce cas, il est rare que son instinct génésique ne soit pas définitivement calmé par un seul accouplement.

On comprend facilement l'avantage qu'il y a, sous plusieurs rapports, à procéder ainsi. Un étalon vigoureux et dans la force de l'âge peut, sans se fatiguer, faire durant une saison de monte régulièrement deux saillies par jour. En ne s'accouplant qu'une seule fois avec chaque jument, si la saison dure quarante à cinquante jours, il en peut féconder de quatre-vingts à cent par année. S'il doit saillir chacune en moyenne deux fois, cela réduit le nombre à la moitié.

Malheureusement, la plupart des étalons ont à faire un service bien plus intense. Aussi sont-ils en général, à la fin de la saison, dans un état pitoyable, et la proportion

des juments non fécondées est-elle beaucoup trop forte.
Cela tient, d'une part, à ce que le nombre journalier des
saillies, pour chaque étalon, est excessif, et de l'autre à
ce que chaque jument est livrée à l'étalon dès qu'elle ne
se refuse pas absolument à son approche. C'est là une
pratique on ne peut plus fâcheuse, à tous les points de
vue. Pour tout le monde il vaudrait beaucoup mieux que
les saillies fussent payées plus cher et que chaque étalon
en eût moins à faire.

Jusqu'à ce qu'il ait atteint l'âge de quatre ans révolus,
le jeune étalon ne doit pas saillir au delà d'une fois par
jour, en moyenne. Il peut commencer son service dès
l'âge de trois ans, mais à la condition de ne saillir, au
début, que trois ou quatre fois par semaine. Plus il a de
valeur par son origine et par ses qualités individuelles,
plus il a d'avenir, par conséquent, plus il importe d'être
attentif à observer une telle recommandation.

L'accomplissement de l'acte du coït exige, de la part
du mâle, une grande dépense de force, qu'il faut réduire
au minimum en ne le laissant se cabrer que quand il est
arrivé tout près de sa femelle. Les étalons jeunes et
ardents prennent volontiers l'attitude dès qu'ils sentent
ou aperçoivent la jument, puis cheminent ainsi sur deux
pieds durant quelques pas. Ils s'usent par là bientôt les
jarrets. C'est ce qu'on doit empêcher avec soin. Un bon
étalon ne dure jamais trop longtemps. C'est un mauvais
calcul d'en abuser. On le met ainsi hors d'état d'accomplir
sa fonction, alors qu'il aurait encore le temps de procréer
une longue lignée d'excellents produits.

Il convient surtout de ménager ses membres. La perte
de substance que lui occasionnent l'exercice de sa fonction et le travail déployé pour prendre l'attitude du cabrer
et accomplir l'acte du coït est facile à réparer. La ration
alimentaire, dans laquelle l'avoine doit entrer pour une
forte part, y suffit. L'observation indique la quantité de
cette ration, qui varie comme l'intensité du service, et
aussi comme l'âge du sujet. Le jeune reçoit assez d'éléments nutritifs pour pourvoir aux besoins de son développement et réparer ses pertes ; l'adulte, assez pour se

maintenir en bon état, c'est-à-dire pour conserver son poids. Nous avons pour cela des bases de calcul, qui seront appliquées en détail plus loin.

Les avaries produites aux articulations et aux tendons des membres ne se réparent point. C'est par là que périclitent la plupart des étalons. Il faut donc s'attacher à prévenir leur apparition avec le plus grand soin, par une bonne conduite de l'opération de la monte.

Cette opération se pratique le plus souvent, pour les chevaux, dans une cour voisine de l'écurie qu'occupe l'étalon. La jument est tenue en main ou attachée à un anneau fiché dans la muraille. Il est toujours prudent qu'elle soit entravée des membres postérieurs, afin d'éviter les ruades qu'elle pourrait lancer. L'étalon, en outre d'une forte bride, doit être pourvu d'un caveçon solide, qui donne au palefrenier la force nécessaire pour l'empêcher de se cabrer trop tôt, comme nous l'avons déjà dit.

Dans l'accomplissement de l'acte même, une forte part de la fatigue est épargnée lorsque le palefrenier dirige le pénis de manière à lui faire rencontrer tout de suite l'ouverture de la vulve. Dès que l'étalon est cabré, il doit donc le saisir immédiatement avec la main. Cela évite en outre les fausses routes, toujours dangereuses.

Il y a des pratiques routinières, fondées sur des préjugés, dont le but est d'assurer la fécondation, après la saillie. Quelques-unes de ces pratiques sont sans inconvénient. Nous n'en parlerons pas. Il n'en est point de même de celle qui consiste à jeter de l'eau fraîche sur la croupe et sur les parties génitales de la jument. Dans le plus grand nombre des cas, cela reste inoffensif. Mais si accidentellement l'eau pénètre dans le vagin et arrive en contact avec le sperme déposé par le mâle, l'abaissement de température a pour conséquence nécessaire de tuer les spermatozoïdes, et ainsi de rendre la fécondation impossible.

C'est aussi une habitude très-répandue de saigner les juments après qu'elles ont été saillies. La saignée, en ce cas, n'a pas d'autre inconvénient que celui de faire perdre un peu de sang et d'en nécessiter la réparation par les aliments. Mais comme elle est d'ailleurs absolument inutile, il y a tout avantage à s'en abstenir.

Pour l'accouplement des ânes avec les juments, les choses se passent un peu différemment, mais non pas en ce qui concerne leurs propres femelles.

Il est bon de dire d'abord qu'un âne qui, au commencement de la saison, s'est accouplé avec une ânesse ou des ânesses, ne consent plus ensuite volontiers à saillir les juments. C'est donc une mesure indispensable de réserver les ânesses pour la fin. Là se trouve peut-être, pour une forte part, l'explication des difficultés que rencontre, dans les pays de production des mulets, la production même des baudets, par le fait de la rareté relative des naissances mâles. En tous cas, la pratique de la monte, en ce qui les concerne, a dans notre ancienne province de Poitou un côté curieux qui nous engage à la décrire ici avec quelques détails.

Elle a lieu dans un établissement nommé *atelier*, ainsi que nous l'avons déjà dit. L'atelier est en général un bâtiment carré, assez vaste et ordinairement précédé d'une cour. Ce bâtiment, à un seul étage au dessus du rez-de-chaussée, n'est percé que de deux ouvertures : une porte et une fenêtre pour éclairer le grenier à fourrage et permettre d'y pénétrer au moyen d'une échelle.

Au rez-de-chaussée, les choses sont disposées de la manière suivante : de chaque côté, à droite et à gauche de l'entrée, sont construites des cellules ou loges pour les baudets. Chacune a environ 3 mètres de profondeur et 2 mètres de largeur. Elle est fermée par une porte pleine et solidement verrouillée. Toutes les portes donnent ainsi sur l'espace qui sépare les deux rangées de cellules et qui est un parallélogramme. Le râtelier et la mangeoire sont au fond de la cellule. Le mur ou la cloison fermant chaque rangée ne joint pas le plancher du grenier. C'est par le vide qu'il laisse que l'air et la lumière très-diffuse pénètrent dans l'intérieur de la loge.

A l'extrémité de l'aire comprise entre les deux rangées de loges, et en regard de la porte d'entrée, se trouve l'atelier proprement dit, où s'effectue la saillie. C'est une sorte de brancard constitué par deux pièces de bois scellées en haut dans le mur et enfoncées dans le sol par leur autre extrémité. L'espace d'un mètre environ qui existe entre elles est excavé de 40 à 50 centimètres. En haut, les deux pièces de bois sont réunies par une traverse à laquelle on attache la jument introduite dans l'atelier, pour être saillie. Si sa taille est encore trop grande pour que la proportion convenable existe avec celle du baudet, on exhausse le sol en arrière avec du fumier ; si elle est trop petite, c'est le fond de la fosse qui est ainsi exhaussé. Placée de la sorte et entravée des membres postérieurs, la jument ne peut plus se déplacer ni d'un côté ni de l'autre, à l'approche du baudet.

Nous avons déjà dit que celui-ci ne se montre pas toujours volontiers disposé à saillir les juments. Il faut qu'il y soit préparé par son palefrenier. Les moyens de préparation sont parfois singuliers. On observe à cet égard les habitudes les plus bizarres. Chaque baudet veut être excité par un procédé spécial. Il suffit à quelques-uns, très-ardents, d'entendre le cliquetis de la bride grossière à l'aide de laquelle on les conduit à la jument, pour entrer aussitôt en érection. Mais le plus souvent il leur faut des discours ou des chansons parfois obscènes, des inflexions de voix ou des propos caressants, même des attouchements sur les parties génitales. Nous en avons connu un qui se préparait en mordant le sabot de son palefrenier.

Ce curieux rituel porte en langage poitevin le nom de *brelandage*. Il y a des individus devant lesquels il échoue complètement. On est alors obligé d'avoir recours à l'ânesse, puis de tromper le baudet en dissimulant la tête et le corps de la jument sous une couverture noire ou brune, et en écartant prestement l'ânesse qu'il croit saillir.

Régime des étalons. — Tant que dure la saison de la monte, le service auquel les étalons sont astreints est suffisant pour utiliser leur force. Trop souvent même il dépasse celle-ci. Ceux qu'on appelle des étalons « rouleurs, » parce qu'ils sont conduits de ferme en ferme pour saillir les juments, bien qu'ils fassent en général le plus grand nombre de saillies, ne sont cependant point les plus excédés. La raison en est qu'ils sont les plus fortement nourris. Les paysans n'aiment pas à donner de l'argent, mais ils sont moins regardants pour les denrées. Pendant qu'ils séjournent chez eux, les étalons reçoivent donc toute l'avoine qu'ils peuvent manger. Ainsi nourris constamment, ces étalons résistent mieux aux fatigues de la monte. Les sédentaires, au contraire, nourris aux frais de leur propriétaire, sont rationnés moins copieusement. A la fin de la saison, ils sont en mauvais état ; il leur faut un certain temps de repos pour se remettre.

Ces alternatives de fatigue excessive et de repos absolu ne constituent point un bon régime hygiénique. Elles occasionnent de fréquents accidents, qu'il est facile d'éviter par un régime ayant d'ailleurs un avantage économique incontestable.

Le véritable ennemi des étalons, en général, mais surtout des chevaux, en dehors des fatigues excessives de la monte sur lesquelles nous nous sommes expliqué plus haut, c'est l'oisiveté. Celle-ci n'est pas seulement nuisible à leur santé physique ; elle l'est aussi à leur santé morale, ce qui est plus grave encore, parce que cela retentit sur leur descendance. Un travail modéré, restant en deçà de leur aptitude mécanique, entre les saisons de monte, est essentiellement conservateur, comme on sait. Il assouplit en outre le caractère, par le contact constant avec l'homme, et il modère toutes les ardeurs.

Les aptitudes morales se transmettant par l'hérédité comme les physiques, à titre d'entraînement ou d'habitude, il ne paraît pas douteux que la descendance d'un étalon dressé au travail ne soit elle-même plus apte au dressage que celle d'un étalon dépourvu d'éducation et toujours oisif. A tous égards donc, il est à recommander de soumettre les étalons au travail.

Mais une autre considération encore suffirait toute seule pour en faire sentir la grande utilité.

L'importance exagérée qu'on accorde généralement au rôle de l'étalon, et sur laquelle nous avons dit en son lieu ce qu'il y avait à dire, devait avoir nécessairement pour conséquence de faire spécialiser sa fonction de là manière la plus étroite. De là des établissements spéciaux, appartenant à l'État ou à des particuliers, dans lesquels sont entretenus les chevaux qui remplissent cette fonction; de là ce qu'on nomme, d'une part, les dépôts d'étalons, et de l'autre l'étalonnage privé, dont l'industrie consiste à livrer des saillies contre une rémunération en général peu élevée. Cette industrie passe pour peu lucrative, et l'on est convaincu que, pour cette raison, elle ne peut pas entretenir et exploiter des étalons de grand prix, ce qui justifie, aux yeux des hippologues et des hippophiles, l'intervention de l'État, considérée comme indispensable. Le système des étalons nationaux n'est appuyé sur aucun autre argument.

La vérité est que, dans tous les pays, ces étalons nationaux ne forment qu'une très-petite minorité, dans le nombre de ceux qui assurent la production chevaline courante, et que l'influence exercée par ceux d'entre eux qui méritent en réalité d'être rangés dans l'élite n'est qu'une pure fiction.

Dans tous les centres naturels de production, c'est-à-dire là où l'industrie chevaline est à sa place normale, en raison du système de culture; l'organisation convenable de cette production consisterait en ce que chaque éleveur possédât lui-même son étalon ou ses étalons, suivant le nombre des juments exploitées, et qu'en dehors de la saison de la monte ils fussent utilisés à la fonction de moteurs animés, dont l'emploi ne fait jamais défaut dans une exploitation agricole. Au lieu d'être principale et même exclusive, comme elle l'est maintenant, celle d'étalon deviendrait accessoire, et dans le plus grand nombre des cas elle pourrait être remplie transitoirement par des jeunes chevaux dont l'éducation ne serait pas encore achevée. Chez les peuples nomades de l'Orient, qui n'ont rien à apprendre de nous en fait de production chevaline, il n'y a point, que nous sachions, d'établissements d'étalons. Les cavales sont fécondées par le coursier que l'Arabe monte tous les jours, et qui n'en est pas pour cela un moins bon reproducteur. Il a été établi, au contraire, que les saillies des étalons entretenus oisifs dans nos dépôts de l'Algérie ne sont fécondes que dans la proportion de 25 p. 100 seulement.

Pour ce qui concerne les races dites lourdes ou races de trait, encore appelées races communes, dans lesquelles la plupart des mâles conservent leurs testicules et sont utilisés ainsi par l'industrie, l'emploi d'un étalon aux travaux agricoles est chose facile et ne peut manquer de suffire pour couvrir ses dépenses d'entretien. Pour les races légères ou distinguées, il n'y a pas d'éleveur qui n'ait besoin d'un cheval pour son service personnel et pour celui de sa famille, ou de plusieurs si son exploitation a une certaine importance. L'étalon bien dressé, habitué à un travail régulier, fera ce service aussi bien et mieux qu'aucun autre cheval, et couvrira ainsi de même sa dépense.

Il y aura donc dans ce système tout à la fois avantage économique et avantage physiologique; car on se procurera à moindres frais des saillies plus efficaces, plus sûrement fécondantes, et donnant naissance à des produits mieux doués que ceux qui résultent d'étalons oisifs et médiocres, comme le sont la plupart de ceux employés dans le système généralement usité.

L'emploi des étalons aux travaux habituels a encore un autre avantage. Si, dans ce système, ils sont assez fortement nourris durant la saison de la monte, après qu'elle est passée et durant la période d'oisiveté leur ration est beaucoup réduite. Ils occasionneraient sans cela des frais hors de proportion avec ce qu'ils produisent. Nous parlons, bien entendu, des étalons privés qui forment le plus grand nombre, laissant de côté ceux de l'État, dont les frais d'entretien dépassent toujours de beaucoup la valeur des services qu'ils rendent au pays.

Dans notre système, au contraire, le travail régulier oblige à une alimentation également régulière, réglée comme doit l'être celle de tout moteur animé, dont nous nous occuperons plus loin, ce qui veut dire calculée d'après le travail qu'on en exige, et entretenant par consé-

quent constamment l'animal en pleine puissance et en
parfaite santé.

Régime des mères en gestation. — Le plus souvent, la mère en état de gestation est en même temps
nourrice, du moins durant une certaine période. Il n'y a
d'exception que pour les femelles primipares ou fécondées pour la première fois. Les autres deviennent pleines
un mois environ après leur parturition. Le régime de la
mère en gestation et celui de la nourrice se confondent
donc nécessairement, tant que dure l'allaitement.

En ce qui concerne l'alimentation, cela n'a du reste
aucun inconvénient, le régime qui favorise la sécrétion
du lait étant exactement le même que celui qui est propre
à favoriser le développement du fœtus.

Toutes les conditions indiquées par la science comme
étant les plus favorables pour l'accomplissement intégral
de la fonction maternelle, chez les Équidés, convergent
vers un système de culture dont l'existence est par conséquent nécessaire pour que l'entreprise d'exploitation
des mères puisse être menée à bonne fin. L'établissement de cette entreprise est donc dominé par la question
d'économie rurale, dont à vrai dire les hippologues et
hippophiles ne se préoccupent guère, ayant coutume de
s'en tenir aux conceptions dogmatiques, tout en affichant
bien haut la prétention de ne s'inspirer que de la pratique.

Il est cependant certain qu'en dehors de ce système
de culture ou d'exploitation rurale, dont nous allons dire
les caractères, toute bonne production de jeunes Équidés
est impossible. Sur ce point, l'observation et l'expérience,
la pratique et la science sont d'accord. Elles en fournissent la démonstration complète.

Le système de culture dont il s'agit est celui qui comporte, dans l'exploitation rurale, la prédominance des
pâturages sains, en sols perméables ou drainés, dans
lequel par conséquent la culture arable est réduite à une
petite proportion. Nul ne serait en état de montrer, dans
aucune partie de l'Europe, un pays de culture intensive
présentant des centres de production chevaline prospères,

comme le sont chez nous, par exemple, ceux du Boulonnais, du Perche, du littoral breton des arrondissements
de Brest et de Morlaix, et comme le seraient ceux de la
Normandie, de la Vendée, de la Saintonge et des Pyré-
rénées, si l'on y suivait une meilleure méthode de production.

C'est que ce système de culture est le seul qui assure
aux mères le régime alimentaire qui convient à leur fonction, et aussi d'ailleurs, en général, qui permette de leur
appliquer le régime hygiénique le plus propre à favoriser
complètement l'exercice de cette fonction.

Rien ne peut suppléer entièrement, durant la période
de lactation, qui est aussi celle de la formation la plus
active du fœtus, le régime du pâturage des jeunes herbes.
Celles-ci, comme nous le savons, présentent une relation
nutritive de $1:3$. Elle ont une digestibilité très-élevée
(de 0,70 à 0,80), et elles sont très-riches en acide phosphorique. Elle contiennent en outre 70 p. 100 d'eau. Toutes
conditions reconnues comme favorisant au plus haut degré
la sécrétion du lait, de même que la nutrition. A ce titre
donc, la supériorité du régime du pâturage, pour les poulinières, est évidente. Cette supériorité ne lui est du reste
point contestée. Il serait par conséquent superflu d'y
insister. On doit seulement faire remarquer la nécessité
d'assurer à ces poulinières la plus grande tranquillité
possible au pâturage.

Pour qu'il en soit ainsi, il faut que celui-ci soit clos et
qu'elles y demeurent seules, qu'on en éloigne tout animal
querelleur, surtout qu'on évite leur mélange avec des
bêtes à cornes. L'instinct même de la femelle pleine la
porte au calme et à la tranquillité. Lorsqu'aucune influence extérieure ne l'excite ou ne l'effraie, elle ne se
livre à aucun mouvement violent, capable de troubler sa
fonction. Au pâturage, elle ne s'occupe que de manger,
et quand elle est repue, elle se tient en repos ou se pro-
mène, sans chercher à franchir les barrières, si peu solides
ou élevées qu'elles soient. Il convient donc seulement
d'écarter d'elle toute cause extérieure d'excitation, ce qui
est facile à réaliser dans les centres de production véri-

tablement bien organisés, au point de vue de l'économie rurale, puisque dans ces centres-là il n'y a au pâturage que des juments poulinières.

Le système de culture n'y comporte qu'un faible besoin de traction, soit pour les façons à donner au sol, soit pour la rentrée des récoltes. Les terres, peu compactes, sont faciles à labourer. Elles ont une faible étendue. Les travaux, peu intenses, peuvent être exécutés tous par les poulinières, et c'est ce qui a lieu dans les localités que nous avons citées, notamment dans le Perche, si célèbre à juste titre pour sa bonne production chevaline. Les juments sont attelées et fournissent toutes seules la force de traction nécessaire.

En même temps qu'une telle pratique est évidemment économique, en faisant remplir aux mères une double fonction productive, elle est aussi salutaire au bon accomplissement de la fonction de gestation. Il est incontestable que les mères qui travaillent modérément, dont on n'exige que de petits efforts à une allure lente, en ne leur donnant qu'une demi-charge à tirer durant de petites journées, sont beaucoup moins sujettes à l'avortement que celles qui restent oisives, toutes leurs fonctions s'exécutant plus régulièrement. Il est incontestable aussi que chez elles les accidents de parturition sont beaucoup moins communs.

On peut donc poser le travail des poulinières à la fois comme un avantage hygiénique et comme un avantage économique. Les services qu'elles rendent dans l'exploitation agricole dispensent de l'entretien des moteurs animés spéciaux qui, sans elles, seraient nécessaires, et dont les frais représentent une valeur qui vient s'ajouter à leur propre crédit.

Mais il va de soi que l'exploitation de ce travail impose certaines précautions particulières, ayant pour objet de la rendre, dans tous les cas, inoffensive, non pas seulement pour le fruit contenu dans l'utérus, mais aussi pour le jeune durant l'allaitement. En ce qui concerne ce dernier cas, nous nous réservons d'en parler avec une opportunité plus complète à propos de l'allaitement lui-même, nous bornant à le signaler en ce moment. L'autre se réfère purement et simplement au mode d'emploi de la force motrice pour les transports de récoltes ou de denrées. La traction des instruments de culture ne présentant à cet égard rien de particulier, il n'y a pas lieu de s'en occuper.

On pense bien que des mères nourrices ou en gestation, pour lesquelles le travail de traction n'est qu'une gymnastique, ne peuvent pas être attelées sans inconvénients dans les limons d'un lourd véhicule à deux roues. Là, en outre de la charge qui leur pèserait sur le dos, elles seraient exposées à des secousses brusques, dangereuses pour leur fonction. Dans les localités où la charrette à deux roues est en usage général, elles ne remplissent point l'office du limonier ; on les attèle sur des traits maintenus écartés, devant celui-ci ; mais le mieux est de donner la préférence aux véhicules à quatre roues, dont nous avons du reste fait ressortir (t. I, p. 134) les avantages pour les transports agricoles, et sur lesquels nous reviendrons encore plus loin.

L'emploi du chariot dispense de la fonction du limonier et permet, dans les conditions que nous visons en ce moment, de n'entretenir que des juments pour l'exécution des travaux dont il s'agit. S'il est vrai que le tirage est plus fort avec quatre roues qu'avec deux, cela n'a pas ici d'importance, attendu que la considération de charge n'intervient point autrement que pour compenser l'inconvénient incontestable signalé, le nombre des moteurs dont on dispose permettant toujours de réduire cette charge au minimum. On attèle deux juments sur le poids qu'un seul cheval pourrait traîner aisément, et on ne les fait travailler que durant quelques heures.

Une considération très-importante est celle de ne faire conduire les juments attelées que par des hommes d'un caractère calme, doux, aimant les animaux et les soignant avec sollicitude. Cela n'est en général pas difficile à rencontrer dans les pays de production chevaline, où les populations sont de bonne heure habituées à vivre avec les chevaux et à s'y intéresser. En Hanovre, par exemple, où les pratiques recommandées ici s'observent partout, les paysans sont sous ce rapport remarquables. Ils jouissent, en Europe, d'une réputation justement méritée, et cela n'est pas étranger, à coup sûr, au mérite particulier des chevaux de leur pays.

Le régime des mères qui vient d'être exposé ne concerne que la saison d'été. Durant cette saison, elles doivent rester au pâturage au moins le temps nécessaire pour y prendre leurs repas, exécutant dans les intervalles les travaux de la ferme. Elles ne doivent séjourner à l'écurie que le moins possible. Sous les climats doux, elles n'y rentrent même que dans les journées et les nuits les plus froides, alors surtout que la neige couvre le sol. En thèse générale, on peut dire qu'elles sont toujours mieux dehors que dedans. La sollicitude exagérée dont les auteurs d'hippologie font preuve en cette matière tient à ce qu'ils visent trop exclusivement, comme un modèle à généraliser, ce qui paraît indispensable pour leurs chevaux de prédilection, pour les chevaux anglais, chez lesquels la rusticité n'est point la qualité prédominante, comme nous le savons.

En tout cas, hormis les temps très-froids et les temps de neige, il est bon de ne faire rentrer que la nuit les poulinières à l'écurie, où elles doivent être logées dans des boxes, libres de leurs mouvements. Durant la saison d'hiver, le pâturage ne leur fournirait plus une alimentation suffisante. Il faut leur donner au râtelier, le matin et le soir, un supplément de fourrage sec, dont la quantité dépend de l'état même du pâturage. Le bon foin de pré est ce qu'il y a de mieux pour fournir ce supplément.

Les fourrages grossiers, peu nutritifs, doivent être donnés en trop forte quantité pour qu'ils soient convenables, surtout dans les derniers mois de la gestation. Leur fort volume distend outre mesure les organes digestifs, qui, ainsi distendus, ne laissent plus assez de place dans la cavité abdominale pour le fœtus et peuvent mettre obstacle à l'évolution qu'il doit accomplir pour se présenter normalement. Beaucoup de cas de présentation vicieuse sont sans doute dus à cela. Ils sont aussi parfois d'une digestion pénible. Il importe d'éviter avec grand soin, durant la gestation et surtout dans sa dernière période, les douleurs abdominales ou coliques.

Les boissons ne sauraient être l'objet de trop d'attention. L'ingestion d'eau très-froide est toujours nuisible. Son effet va souvent jusqu'à provoquer l'avortement. Il est facile de voir qu'elle produit au moins un trouble dans l'état du fœtus, aux mouvements brusques et saccadés qu'elle provoque toujours chez lui.

Lorsque les mères, restant en hiver constamment à l'écurie, sont nourries entièrement au sec, le foin, quelle que puisse être sa qualité, ne saurait les alimenter assez pour que leur fonction s'accomplisse dans les meilleures conditions. Pour y suffire, il leur en faudrait d'ailleurs ingérer un trop grand volume. En supposant que leur poids moyen soit de 500 kil. environ, auxquels il faut ajouter une cinquantaine de kilogrammes pour le fœtus, c'est en nombre rond 14 kil. de matière sèche alimentaire qui leur sont nécessaires pour qu'elles soient nourries convenablement. Cela correspond à un peu plus de 16 kil. de foin, qu'un Équidé de ce poids ne peut guère digérer dans une journée, surtout avec l'abdomen en forte partie rempli par un fœtus.

Il convient donc que la ration se compose, pour une part, avec un aliment concentré. Ce n'est point l'avoine qui fournit le plus convenable, contrairement à l'idée la plus répandue. Il n'est aucunement nécessaire d'exciter les poulinières ; elles le sont toujours assez. L'avoine est d'ailleurs une denrée chère, qu'il faut réserver pour un meilleur emploi.

Le son de froment, qui contient en moyenne environ 85 p. 100 de substance sèche, dont 14 de protéine brute, au lieu de 12 comme l'avoine, et qui se vend un tiers moins cher, est le véritable aliment concentré pour le cas ; 10 kil. de foin et 3 kil. de son formeront une excellente ration journalière, dont la relation nutritive $= 1 : 4, 7$, entraînera un coefficient moyen de digestibilité $= 0,66$, tandis que celui du foin seul, dont la meilleure relation est $= 1 : 5$, serait seulement $= 0,64$. Cette ration fournira 1270 grammes de protéine brute, c'est-à-dire de

quoi suffire largement au plus fort développement possible du fœtus, en outre des besoins de l'entretien de la
mère.

Parturition. — D'après Tessier, 278 juments obser-
vées au point de vue de la durée de leur gestation ont
fourni les résultats suivants :

23 ont accouché entre le 322e et le 330e jour;
227   —   —   330e — 359e —
28   —   —   361e — 419e —

Le nombre est assez grand pour qu'on en puisse conclure sans chance d'erreur que le minimun de la durée
normale de la gestation ne descend pas au-dessous de
322 jours. C'est donc le terme le moins long qui ait été
observé. Avant ce terme, il est extrêmement rare que le
poulain naisse viable, et en tous cas il a besoin pour vivre
d'être entouré de soins tout particuliers, qui ne réussissent point d'ailleurs à en faire un sujet robuste, comme
doivent l'être les chevaux pour suffire utilement à leur
fonction.

Le plus souvent, la parturition qui a lieu dans de telles
conditions est un véritable avortement, qu'elle soit provoquée par une influence extérieure, dépendant d'un
défaut de soins dans le régime de la mère, ou bien qu'elle
soit due à un état constitutionnel de celle-ci. En tout cas,
la connaissance du fait indique qu'avant le 322e jour de
gestation, la jument doit commencer à être l'objet d'une
attention et d'une surveillance particulières, afin que sa
parturition puisse s'opérer dans de bonnes conditions.

Alors tout travail doit cesser pour elle. Il la faut loger
en boxe de 3 à 4 mètres carrés sur une hauteur de 4 mètres
à 4m 50, faiblement éclairée par derrière et pourvue d'une
bonne litière. Ces dispositions sont nécessaires pour que,
dans l'accomplissement de sa fonction, elle jouisse de la
tranquillité indispensable à la bonne exécution de cette
fonction. Là elle ne recevra que des aliments facilement
digestibles et même un peu laxatifs, afin que la déféca-
tion se fasse sans efforts. Des barbottages de farine

d'orge, des carottes, si la saison le permet, ajoutés au bon foin qui forme la base de la ration, sont excellents pour cela.

Une personne expérimentée et attentive se tiendra nuit et jour à une distance suffisante pour ne point inquiéter ou déranger la jument, mais pour être en mesure de lui porter secours en cas de besoin, surtout dès que les signes de parturition imminente se seront manifestés.

Ces signes sont en général faciles à saisir.

Le premier de tous concerne l'état des mamelles. Celles-ci se développent plusieurs semaines avant le terme de la gestation. Elles deviennent de plus en plus volumineuses et turgescentes; mais c'est seulement dans les quelques jours qui précèdent l'accouchement qu'elles se remplissent de colostrum. La veille ou l'avant-veille, il commence à s'écouler, en raison du trop plein, par les ouvertures des mamelons, à l'extrémité desquels il se coagule, étant très-albumineux, comme on sait. La présence de ces petites gouttelettes de colostrum coagulé aux mamelons est un indice certain de parturition imminente. Il n'y en a guère de plus significatif.

Le fœtus arrivé au terme de son développement tire, par son propre poids, sur les ligaments utérins d'une part, et sur le vagin d'autre part, en tombant vers la partie la plus déclive de la cavité abdominale. Il en résulte un affaissement des muscles fessiers vers leur centre, et un enfoncement de la vulve entre les ischiums. En termes vulgaires, on dit alors que la jument « se casse. » Les lèvres de la vulve se tuméfient, en même temps qu'elles se relâchent. Ce dernier fait existe toujours; mais il n'en est pas de même des autres, surtout chez les jeunes mères. Souvent chez celles-ci l'affaissement des muscles fessiers est imperceptible, ainsi que l'enfoncement de la vulve. C'est donc particulièrement l'état des mamelles qui doit attirer l'attention. Lorsque le colostrum y est abondant, l'accouchement n'est pas loin.

Les premières douleurs ou contractions utérines, ayant pour but l'expulsion du fœtus, se manifestent extérieurement, surtout chez les juments primipares, et de même aussi chez les ânesses, par des piétinements, par des signes d'impatience et d'agitation. Quelquefois la bête se couche avec précaution, regarde son flanc, puis se relève. Ce qui distingue ces mouvements de ceux analogues qui se produisent dans le cas de douleurs intestinales ou néphrétiques, dans le cas de coliques, en un mot, c'est que dans ce cas la bête ayant perdu, sous l'influence de la douleur, tout instinct de conservation, se laisse tomber violemment et se roule sur le sol avec une sorte de frénésie. Les douleurs utérines de l'accouchement, au contraire, à moins qu'elles ne se soient prolongées inefficacement et avec violence, ne font qu'accroître chez elle cet instinct.

Lorsque les choses suivent leur cours régulier, ces premiers signes de douleur sont bientôt suivis d'efforts expulsifs. La bête se campe sur ses membres postérieurs, la queue levée, comme si elle voulait uriner. Après quelques répétitions de ces efforts, on voit apparaître entre les lèvres de la vulve le sac amniotique distendu par le liquide qu'il contient. Bientôt ce sac se rompt, le liquide s'écoule, et les sabots du fœtus se montrent. Un nouvel effort fait arriver le bout du nez au niveau de l'ouverture vulvaire ; puis un dernier fait franchir le détroit à la tête tout entière, qui est immédiatement suivie de la sortie du corps complet.

Les femelles d'Équidés accouchent le plus ordinairement debout. Le fœtus tombe d'abord sur les jarrets, puis sur la litière, et en même temps qu'il tombe ainsi, son cordon ombilical se rompt à quelques centimètres de l'entrée, sans qu'il s'y produise aucune hémorrhagie inquiétante.

Tel est l'accouchement normal. En règle, il ne dure guère plus de quelques minutes, une fois que le sac amniotique s'est montré à l'ouverture vulvaire, à la condition que la présentation du fœtus soit régulière. Et en ce cas, il est d'autant plus tôt terminé que la mère est moins dérangée par la présence ou l'intervention intempestive des assistants. Trop fréquente est la coutume de tirer sur les membres du poulain, dès qu'ils se présentent à l'ouverture vulvaire. Cela retarde l'accouchement au lieu de l'avancer, en rendant les contractions utérines irrégulières, indépendammment des déchirures que la traction violente et continue peut occasionner aux parties encore insuffisamment préparées pour la sortie du fœtus.

Il est donc plus sage d'attendre que la parturition s'opère naturellement, tout en la surveillant avec attention. C'est seulement lorsque le travail reste stationnaire, après des efforts répétés de la mère, durant 15 ou 20 minutes, ou lorsque ces efforts diminuent d'intensité ou cessent tout à fait, qu'il y a lieu d'intervenir, pour déterminer et apprécier l'obstacle qui s'oppose à la parturition.

Cet obstacle peut dépendre du fœtus ou de la mère. C'est ce qu'il s'agit d'examiner avant tout par le toucher. La main avec ses ongles rognés courts et enduite d'un corps gras, d'huile par exemple, est introduite dans le vagin, pour explorer la présentation du fœtus. Si, au-dessus des deux membres antérieurs engagés dans le passage, on trouve le bout du nez, c'est-à-dire les narines, les lèvres et la bouche du fœtus; ou bien si, les membres postérieurs étant placés de façon à ce que la pointe des jarrets soit supérieure, on trouve entre ces membres l'extrémité libre de la queue, dans les deux cas, la présentation est normale, et l'on peut conclure sûrement que l'obstacle à la parturition est dû à l'insuffisance des contractions utérines. Il dépend par conséquent de la mère.

S'il ne s'est encore écoulé que peu de temps, une demi-heure au plus, depuis le commencement du travail, il convient de se borner à exciter ces contractions par l'administration d'un breuvage. Le plus ordinairement efficace est celui qui se prépare avec une décoction d'ergot de seigle (15 à 30 grammes suivant la taille) ou de sabine (mêmes doses) dans un litre de vin, de cidre ou de bière. Ce breuvage doit être administré chaud.

Si, après quelques minutes, son action ne fait point cesser la paresse utérine, en provoquant des efforts expulsifs de plus en plus accentués, il y a lieu d'avoir recours aux tractions directes, qu'il faut exercer d'abord avec peu de force et sans secousse, en les suspendant durant un court instant, puis de plus en plus fortes, jusqu'à ce que la tête ait franchi le détroit. L'important, en cette opération, est de ne pas agir avec violence, afin d'éviter la déchirure des membres du fœtus ou celle des organes de la mère, qui est encore plus grave. Il faut aussi être attentif aux petites contractions utérines qui peuvent se produire, et ne tirer que pour les seconder, non pas à contre-temps.

Les présentations anormales qui mettent obstacle à la parturition sont nombreuses. Nous ne parlerons ici que de celles auxquelles il peut être remédié sans l'intervention du vétérinaire. Pour les autres, le mieux est de faire appel à son concours le plus tôt possible, au lieu d'épuiser la mère et de perdre du temps par des tentatives malhabiles et infructueuses.

Ces cas les moins difficiles sont ceux dans lesquels un membre se présente seul, l'autre restant replié sous la poitrine; ou la tête seule, les membres étant repliés; ou les membres seuls, la tête ne se présentant point. Dans ce dernier cas, l'encolure du fœtus est fléchie, soit d'un côté, soit de l'autre, ou elle est en extension forcée.

Le fœtus étant encore vivant et ayant conséquemment conservé la souplesse de ses mouvements, le rétablissement de la présentation normale peut être opéré sans de grandes difficultés, pourvu qu'on y mette du sang-froid et un peu d'habileté manuelle. Il suffit pour cela de repousser d'une main le fœtus vers le fond de la matrice et d'aller chercher avec l'autre la partie ou les parties qui sont en position vicieuse, pour les ramener en bonne position.

L'essentiel est de ne point faire de fausses manœuvres, qui fatiguent l'opérateur et augmentent les difficultés, surtout de bien repousser le fœtus et de le maintenir au fond de la matrice, jusqu'à ce que toutes les versions soient faites. Autrement, les membres ou la tête fléchis viennent heurter contre l'entrée du bassin, et il est impossible ensuite de les mettre en bonne position.

Nous recommandons surtout, en cas pareil, de ne point

s'obstiner à lutter contre des difficultés trop grandes.
Après quelques tentatives infructueuses, le plus sage est
de renoncer à la tâche et de faire appel au vétérinaire,
dont l'intervention ne saurait être trop prompte.

Aussitôt après la parturition, ce qui presse le plus
c'est de s'occuper du nouveau-né. Nous allons dire les
soins qu'il exige, pour revenir ensuite à ce qui concerne
la mère.

On sait déjà que le cordon ombilical s'est rompu tout
seul et qu'il n'y a pas ordinairement d'hémorrhagie par
les vaisseaux de ce cordon. C'est toutefois une sage précaution de s'en assurer, afin d'arrêter l'écoulement du
sang, s'il avait lieu exceptionnellement. Une simple liga-
ture de gros fil, appliquée à un centimètre ou deux de
l'extrémité, suffit. Il est bon de choisir cette place, afin
qu'il soit possible d'en mettre une nouvelle, au cas où la
première, ayant été trop serrée, romprait la continuité
du cordon.

Le fœtus en naissant est encore engourdi, et sa peau
est recouverte de l'enduit sébacé qui la protège contre la
macération par le liquide amniotique dans lequel il a vécu.
Dès qu'il a cessé d'être, par l'intermédiaire du cordon
ombilical, en communication avec sa mère, il doit respirer
pour que la circulation de son sang s'établisse dans les
nouvelles conditions, et que ce sang acquière les qualités
nécessaires à l'entretien de sa vie.

On constate qu'il respire en observant les mouvements
du thorax, qui doivent commencer dès que le cordon ombilical est rompu. Si ces mouvements ne commençaient
pas spontanément, il faudrait les provoquer par une
insufflation d'air dans les poumons, au moyen d'un souf-
flet dont la douille serait introduite alternativement dans
l'une et l'autre narine. L'insuccès de l'opération ne doit
pas décourager. On a vu chez les enfants la vie s'établir
après plusieurs heures de respiration artificielle persévérante. Si celle-ci est inefficace, c'est que les éléments
anatomiques étaient morts depuis longtemps, ou qu'il y
a malformation des organes essentiels, notamment du
cœur ou des gros vaisseaux.

Dans tous les cas, l'établissement normal de la respiration et de la circulation est singulièrement facilité par une opération à laquelle toute bonne mère se livre instinctivement, quand elle en a la liberté. Elle consiste en ce que la mère lèche son nouveau-né sur toutes les parties du corps, et cela jusqu'à ce qu'il se mette debout.

Cette opération n'a pas seulement pour effet de sécher la peau du jeune, en la débarrassant de son enduit sébacé. La langue un peu rugueuse de la mère frictionne la peau et excite ainsi la circulation cutanée et musculaire. Elle produit un effet de massage indispensable pour que le jeune puisse se mettre sur ses pieds, se tenir debout et marcher. C'est pourquoi il faut toujours veiller à ce que cette opération soit exécutée. Certaines mères ne s'y livrent pas de leur propre mouvement. En ce cas, on les y excite en saupoudrant le corps du jeune avec de la farine ou du son, dont elles sont en général friandes. En léchant la farine pour la manger, elles lèchent aussi la peau. Si l'artifice ne réussit point, il ne reste plus qu'à suppléer l'office de la langue maternelle par de vigoureuses frictions à l'aide d'une étoffe de laine, pratiquées jusqu'à ce que le jeune se mette debout.

Dès qu'il peut s'y tenir et marcher, il se dirige instinctivement, pour l'ordinaire, du côté des mamelles de sa mère. S'il n'y va pas de lui-même, il faut l'y conduire. Le colostrum dont ces mamelles sont remplies et qui a, comme nous le savons, une propriété laxative, est nécessaire pour débarrasser au plus tôt son intestin du méconium qui s'y est accumulé durant la vie fœtale. Plus tôt il est évacué, mieux cela vaut pour la survie et pour la santé ultérieure du jeune.

Un préjugé trop répandu fait croire que le colostrum, dont l'aspect diffère beaucoup par la couleur de celui du lait, a des propriétés nuisibles. Beaucoup d'éleveurs ont grand soin d'en vider les mamelles et même de le faire boire à la mère, au lieu de le laisser téter par le jeune. C'est une pratique on ne peut plus maladroite, dont le danger se mesure à la persévérance qu'on met à l'effectuer. Une forte proportion de poulains et surtout d'ânons et de muletons meurent de constipation et d'ictère grave, peu de jours après leur naissance, pour avoir été privés de ce colostrum. Les choses naturelles sont bien comme elles sont. Le plus sage est toujours de s'y conformer. Ici moins encore qu'en aucun autre cas il ne faut avoir la sotte prétention de les corriger.

Revenons à la mère.

Les enveloppes fœtales, qu'on appelle vulgairement « le délivre, » sont dans le plus grand nombre des cas expulsées peu d'instants après la sortie du fœtus. Quelquefois elles le suivent immédiatement. Elles tardent surtout chez les primipares et lorsque l'accouchement a été un peu prématuré, l'agrégation du placenta à la muqueuse utérine étant alors plus solide.

Le séjour de ces enveloppes dans l'utérus ne peut pas se prolonger sans inconvénient. Le sang n'y circulant plus, elles s'altèrent, se putréfient avec la plus grande facilité, les meilleures conditions de putréfaction étant là réunies. Les produits de cette fermentation putride passent dans les vaisseaux utérins et de là dans la circulation générale, par laquelle ils infectent toute l'économie. C'est le phénomène de la septicémie, toujours mortelle.

Il importe donc extrêmement de provoquer la sortie du délivre, lorsqu'elle ne s'est pas effectuée naturellement, quelques heures au plus après la parturition. En ce cas, le cordon ombical reste pendant en dehors de la vulve. Il convient de commencer par y exercer de faibles tractions bien ménagées, afin de ne pas risquer de rompre le cordon lui-même, sans désagréger le placenta. Si l'on sent que celui-ci cède quelque peu, on continue jusqu'à sa désagrégation complète, mais sans rien brusquer. S'il ne cède pas du tout, on renonce aux tractions, et l'on attache à l'extrémité pendante du cordon une petite masse du poids de cinq à six cents grammes. La traction constante et uniforme de ce poids suffit le plus ordinairement pour opérer la délivrance. En tout cas, on constate qu'elle agit en mesurant la distance entre le poids et le sol, et surtout par la présence, en dehors de la vulve, de portions de plus en plus grandes du placenta.

On peut l'aider par l'administration de l'un des breuvages au seigle ergoté ou à la sabine dont il a été parlé plus haut. Et dès que se manifeste la moindre odeur de putréfaction, il faut s'empresser de pratiquer par la vulve des injections d'eau phéniquée au centième, qui ont pour effet d'arrêter la fermentation putride.

La parturition normale, suivie d'une délivrance régulière, le tout s'étant effectué dans les bonnes conditions recommandées, ne fatigue pas beaucoup la mère. Elle se montre ensuite gaie et contente de sa maternité. Il est toujours sage, toutefois, de la soumettre à quelques précautions qui évitent sûrement tout accident ultérieur.

La principale est celle qui concerne la température. Il se fait, après l'accouchement, un travail de réparation dans l'utérus, qui ne doit pas être troublé. L'organe distendu revient sur lui-même. Sa muqueuse, qui a reçu durant la gestation un excès de sang, en élimine par exsudation une partie, à mesure que ses vaisseaux diminuent de capacité. Les refroidissements brusques ont pour résultat presque infaillible, en ce cas, de provoquer des accidents graves, sur la nature desquels ce ne serait pas ici le lieu de s'étendre. Il suffit d'en signaler la condition déterminante, pour faire comprendre jusqu'à quel point il importe de tenir chaudement les mères, au moins durant les huit jours qui suivent leur accouchement. Durant ce temps, elle ne doivent pas sortir de leur boxe, et il faut veiller à ce qu'elles y soient à l'abri des courants d'air froid. Le premier et le second jour au moins, il convient de ne leur donner que des boissons chaudes ou tièdes.

Ces précautions sont surtout impérieusement commandées pour celles dont la parturition a été difficile, pour celles qui ont souffert longtemps, dont le système nerveux a été fortement ébranlé, et cela d'autant plus qu'elles appartiennent à une race plus fine, plus impressionnable. Il faut leur assurer la plus grande tranquillité, les maintenir chaudement, à l'abri d'une lumière vive, tout en faisant arriver dans leur boxe l'air pur en quantité suffisante.

Il y a des bêtes rustiques que rien ne dérange, qui accouchent sans inconvénient dehors, au pâturage, exposées aux intempéries. Ces bêtes-là sont précieuses, mais exceptionnelles. Si l'on prenait pour règle le régime qu'elles peuvent supporter sans dommage, on s'exposerait dans les entreprises de production chevaline aux mécomptes les plus cuisants. Les mesures de prudence que nous recommandons n'augmentent guère les frais, et elles garantissent contre les pertes. Il y a donc tout avantage à s'y conformer dans tous les cas, non seulement pour la conservation des mères, mais encore pour la bonne exécution de leur fonction de nourrice, si importante pour l'avenir du poulain.

Allaitement. — Lorsque la mère est très-forte laitière (ce qui doit être toujours recherché) il arrive que dans les huit à quinze premiers jours qui suivent la naissance du jeune, celui-ci, bien que restant toujours avec elle et la tétant à volonté, ne peut pas épuiser le contenu de ses mamelles. Sa capacité digestive n'y suffit point. La sécrétion laiteuse est en excès. Les mamelles se distendent outre mesure.

Il y a là pour la nourrice une cause de souffrance et tout au moins de gêne à laquelle il faut être attentif. Chez quelques bêtes, dont les sphincters ne sont pas très-énergiques, le lait en excès s'écoule quand les mamelles ont atteint un certain degré d'extension. Lorsqu'il n'en est pas ainsi, l'excès de tension finit parfois par déterminer un inflammation souvent suivie d'abcès. Cela rend l'allaitement impossible par la grande douleur qu'il occasionne, et a pour conséquence la perte de la mamelle.

Il convient donc, dans les premiers temps de l'allaitement, de veiller à ce que le fait signalé ne se produise point. On l'évitera en ayant soin de traire la nourrice chaque fois que ses mamelles se montrent trop pleines, étant évident que le nourrisson bien venant a du lait en surabondance.

Dans les deux premières semaines, celui-là ne peut pas sans inconvénient être séparé de sa mère. Quand elle ne l'a pas près d'elle, elle s'inquiète, s'agite, ne mange pas ou mange mal, et par conséquent ne peut pas bien remplir sa fonction. Indépendamment de l'aptitude individuelle, due à l'organisation même des mamelles, cette fonction est subordonnée avant tout au mode de nutrition. La glande ne travaille qu'en raison des matériaux qui lui sont fournis par le sang ou qui sont disponibles pour elle. C'est pourquoi les femelles très-impressionnables, nerveuses, n'ayant qu'un faible appétit, sont bien rarement capables d'un bon allaitement. Il est facile de comprendre, d'après cela, combien il importe de ne troubler en rien la quiétude des nourrices. Or, elle se trouble d'autant plus facilement que la maternité est plus nouvelle.

On ne peut en conséquence point songer ni à régler les repas du jeune, ni à employer la mère à un travail quelconque avant l'écoulement des quinze jours qui suivent la parturition. Si la saison est favorable, la nourrice peut aller au pâturage après huit jours, et en ce cas le jeune l'y suit. Elle doit y aller le plus tôt possible, car en ce qui la concerne, c'est le régime alimentaire du pâturage qui est le plus favorable, comme nous le savons ; mais la nécessité de la présence du jeune oblige à retarder pour elle ce régime, si le temps est froid ou pluvieux, attendu que les intempéries seraient nuisibles à ce jeune lui-même, tant qu'il n'a pas dépassé l'âge de deux semaines au moins. Jusque-là il lui faut, pour ne pas souffrir, une température de 12 à 15 degrés centigrades, qui ne peut lui être assurée d'une manière constante qu'à l'écurie, à l'abri des courants d'air. Tout au plus peut-il être mis dehors avec sa mère durant que le soleil rayonne, dans un pâturage ou dans un padock bien garanti contre le vent froid.

C'est ordinairement dans le courant de ces quinze premiers jours que la nourrice est de nouveau conduite à l'étalon, pour provoquer chez elle la manifestation des chaleurs et la faire saillir. Cela ne concerne que la jument, car l'ânesse, elle, ne vient point en rut tant qu'elle allaite, ce qui la met dans le cas de ne faire des jeunes que tous les deux ans.

En considération de la grande activité que doit avoir sa nutrition, pour suffire à la fois au bon allaitement de son jeune et au développement du fœtus qu'elle porte, bien des auteurs ont examiné la question de savoir s'il ne conviendrait pas mieux de ne faire saillir la jument de même que tous les deux ans. Si l'on n'envisageait cette question que par un seul de ses côtés, que par le côté physiologique, on serait peut-être conduit à la résoudre dans le sens de la gestation bisannuelle. Mais une telle solution ne supporterait guère l'examen économique, qui est ici dominant. Dans le plus grand nombre des cas, il ne serait point pratique d'entretenir la jument durant deux années pour n'en obtenir qu'un poulain. Aussi l'usage général est-il contraire ; et en vérité l'on n'est point frappé des inconvénients que cet usage peut avoir. Il impose seulement l'obligation de soumettre les mères à un régime alimentaire aussi bon que possible et d'organiser la production de telle sorte qu'elles n'aient à remplir leur double fonction que durant un petit nombre d'années.

Telle que nous la concevons, cette production ne comporterait point l'exploitation de vieilles poulinières fatiguées, comme on en emploie trop souvent. Avant d'être livrées au commerce, pour les besoins de l'industrie, de l'armée ou du luxe, les jeunes juments feraient deux ou trois poulains au plus, de l'âge de deux ans et demi à celui de cinq ans. Elles accompliraient ainsi toutes la fonction maternelle ; elles se renouvelleraient sans cesse dans l'exploitation, sauf de rares exceptions ne concernant que la création des familles renommées, étant remplacées par leurs filles.

Trois à quatre semaines après la naissance du jeune, la mère peut être employée au travail. Nous savons que ce travail, quand il ne dépasse point certaines limites, lui est salutaire. Il est surtout utile pour les jeunes mères dont nous venons de parler, à titre de gymnastique fonctionnelle.

Il convient dès lors d'habituer progressivement son nourrisson à vivre séparé d'elle durant certaines heures du jour et de régler ses repas de lait. Dans certains cas, celui-là peut l'accompagner au travail, mais ces cas sont assez rares. Il faut pour cela que la mère n'ait pas beaucoup de chemin à faire pour se rendre au lieu de son occupation, et que celle-ci ne comporte point l'emploi d'instruments dangereux pour le jeune, au contact desquels il pourrait se blesser. Ce sont des choses que la pratique apprend à discerner. En règle, la nourrice est mise au pâturage à des heures fixes, pour y allaiter son fruit et prendre elle-même ses repas.

La régularité de ces heures est d'une grande importance. Quand elle est bien observée, le jeune attend patiemment, et le moment de téter venu, il se remplit l'estomac à satiété. On ne peut pas dire d'une manière générale le nombre de repas journaliers nécessaires. Cela dépend des individus et de leur aptitude digestive. Il faut les observer et régler les choses selon ce qu'on constate, de façon à ce que l'allaitement soit toujours suffisant, c'est-à-dire aussi abondant que possible.

Les meilleures conditions sont celles dans lesquelles la mère prend son repas du matin au pâturage avec son jeune, jusque vers neuf heures, va ensuite au travail jusqu'à midi, rentre alors à l'écurie pour y rester une couple d'heures, puis retourne au travail jusqu'à cinq ou six heures, après quoi elle est remise au pâturage encore avec le nourrisson pour y rester jusqu'à la nuit.

Pendant son séjour à l'écurie du milieu de la journée, elle fait un repas composé de bon foin et d'un aliment concentré favorable pour la sécrétion lactée. Celui de tous auquel nous pensons que la préférence doit être accordée est le son de froment délayé avec un peu d'eau. Nous n'admettons pas que l'avoine soit nécessaire pour les poulinières qui allaitent. Elles n'ont nullement besoin, encore une fois, d'être excitées, au contraire, et nous savons que le son est, poids pour poids, plus riche que l'avoine en protéine brute.

En tout cas, le but nutritif, qui est seulement de fournir des matériaux pour la sécrétion du lait et pour le développement du fœtus contenu dans la matrice, sera suffisamment atteint par la protéine du son, dont la valeur commerciale est beaucoup moindre (environ d'un tiers) que celle de l'avoine. Pour le repas de midi, 1ᵏ 700 de son équivaudraient à 2 kil. d'avoine. Ils contiendront, comme ceux-ci, environ 240 gr. de protéine brute. Avec 30 kil. d'herbes de pâturage pour les deux repas du matin et du soir, contenant 1050 gr. de protéine, plus 2ᵏ 500 de foin à celui de midi, en contenant 212 gr., cela fait un total rond de 1500 gr. de protéine brute qui, pour les bêtes d'un poids moyen de 500 kil., constitue l'alimentation la plus forte qui puisse leur être donnée, c'est-à-dire 300 gr. de protéine par 100 kil. de poids vif.

A ce compte, la production du lait doit atteindre son maximum, en proportion de matière sèche comme en quantité, et l'allaitement être aussi copieux que possible. Il est même à craindre que pour les premiers temps il soit trop fort, qu'eu égard à l'aptitude digestive du jeune le lait soit trop riche. Lorsqu'il en est ainsi, cela se manifeste aussitôt chez lui par l'existence de la diarrhée. C'est à quoi il faut être très-attentif, car les indigestions de lait sont toujours dangereuses dans les premiers temps de la vie, pour les jeunes Équidés.

Dès qu'on observe la manifestation de cette diarrhée, il faut aussitôt réduire l'alimentation de la mère, remplacer le foin et le son du repas de midi par de la paille et par un barbottage clair de farine d'orge, durant tout le temps qu'elle existe, et s'occuper aussi de la faire cesser par des moyens directs. Le plus efficace consiste à donner au jeune de petits lavements d'eau de son additionnés de deux à trois grammes de laudanum. Si elle persiste, il faut administrer des breuvages également laudanisés et préparés avec une décoction de graine de lin.

Dès que la diarrhée a disparu, on remet progressivement la mère à son régime ordinaire, en commençant par le son, car il importe que le trouble produit par le contretemps dans le développement du jeune soit réparé le plus tôt possible. Pour sa valeur ultérieure, un allaitement copieux est chose de la plus grande importance, le lait étant l'aliment qui lui convient le mieux.

Sevrage. — D'après une opinion empirique assez

répandue, l'allaitement doit durer un temps égal à la moitié de celui de la gestation, soit pour le poulain et le mulet 160 à 170 jours, ou de 5 à 6 mois ; pour l'âne 6 mois au moins, ou 182 jours. Nous savons qu'il y a une base plus scientifique pour déterminer sa durée nécessaire, et que d'après cette base les nombres ci-dessus ne peuvent être considérés que comme un minimum.

En effet, chez les Équidés, les premières molaires permanentes n'apparaissent jamais avant l'âge de 6 mois, mais souvent elles ne sont sorties qu'à 8 ou 9 mois. Jusqu'à ce qu'elles le soient, le sevrage doit être considéré comme prématuré; car auparavant l'appareil digestif n'est point encore en état d'utiliser les aliments végétaux tout seuls, de façon à ce que la nutrition soit suffisante.

Il n'est pas nécessaire de répéter les raisons en vertu desquelles la substitution du régime végétal exclusif au régime lacté doit être ménagée par une transition assez longue. Cette transition est facile lorsque la production chevaline s'effectue dans ses conditions normales, impliquant le système de culture dont nous avons parlé, lorsque les nourrices et leurs jeunes vivent surtout au pâturage. En ce cas, ceux-ci s'habituent d'eux-mêmes à paître des quantités d'herbe de plus en plus grandes, à mesure que le lait diminue dans les mamelles de leur mère ; si bien que, quand on les en sépare, leur estomac est prêt pour sa nouvelle fonction. Dans le cas contraire, il faut les y préparer quatre à cinq semaines à l'avance, en leur faisant prendre des aliments riches et de facile digestion, en quantité progressivement croissante, à mesure que diminue pour eux la consommation du lait.

D'abord, le jeune n'est plus laissé avec sa mère que dans l'après-midi et durant la nuit. C'est ainsi que commence la préparation au sevrage. Il est tenu à ce régime pendant une semaine, durant laquelle il reçoit, dans la matinée, en l'absence de la mère, des fèves, moulues et cuites à l'eau chaude, en bouillie claire, à la dose de 450 à 500 gr. suivant sa taille.

La deuxième semaine, on ne le laisse plus téter que

trois fois par jour, et on ajoute à la bouillie 500 gr. d'avoine concassée.

La troisième, il est mis deux fois seulement avec sa mère, matin et soir ; durant le jour, il reçoit deux fois la même bouillie, et durant la nuit 1 kil. de foin tendre et de première qualité.

La quatrième semaine, il n'y va plus qu'une fois, et sa ration d'aliments végétaux est portée à 1 kil. d'avoine entière, mélangée avec la bouillie quelques heures d'avance, et à 2 kil. de foin.

Enfin, à partir de la cinquième, il reste définitivement séparé. Sa ration doit être alors de 1 kil. de féveroles concassées, $1^k 500$ d'avoine entière et sèche, $2^k 500$ de foin et de la paille fine et tendre à volonté. Le sevrage est terminé.

Le plus ordinairement, le sevrage opéré de cette sorte ne gêne en aucune façon la mère. Au point où elle en est arrivée de sa nouvelle gestation, la sécrétion du lait n'est pas assez abondante pour que celui-ci s'accumule dans les mamelles et les distende outre mesure, quand elles ne sont plus tétées du tout. C'est surtout le cas pour les bêtes qui travaillent, comme ce doit l'être pour toutes. S'il en était autrement, il faudrait vider les mamelles chaque jour par la traite et diminuer un peu l'alimentation, jusqu'à ce qu'elles soient taries ou à peu près. Chez les juments qui ne sont pas pleines, un purgatif est ce qui convient le mieux en l'occurrence.

Régime depuis le sevrage jusqu'à l'âge de dix-huit mois. — Après leur sevrage, les jeunes Équidés doivent être logés en boxe d'une assez grande étendue pour qu'ils puissent s'y mouvoir librement et en pleine lumière ; mais toutefois l'éclairage en sera tel qu'ils puissent être mis facilement à l'abri de la lumière solaire directe. Ils ont besoin de mouvement, et celui-ci favorise le développement de leur appareil locomoteur. La société leur est aussi favorable. Il est bon de les loger deux ensemble au moins, de même sexe et autant que possible de même âge et de même force. Quand ils sont de sexes différents, la promiscuité hâte souvent l'apparition de l'instinct géné-

sique, qui trouble leur développement. Des accouplements trop hâtifs en résultant parfois ! S'il y a entre eux
une grande disproportion de force, le plus faible est vic-
time de l'autre, qui empiète sur sa ration et lui en sous-
trait une partie.

Au commencement, la ration journalière peut être distribuée en quatre repas, suivis chacun d'une distribution
d'eau très-claire et à une température modérée ; mais
bientôt trois repas suffisent. Pour ces très-jeunes animaux, il est bon de hacher la paille et de la mélanger avec
la féverole et l'avoine, pour éviter que celle-ci soit déglutie
trop goulument.

Ces dernières prescriptions ne s'appliquent, bien entendu, qu'aux sujets sevrés à l'arrière-saison, alors que
les intempéries obligent à les nourrir au sec et à les
maintenir à l'écurie. Pour ceux qui le sont de bonne
heure, vers la fin d'août et dans le courant de septembre,
le régime qui leur convient le mieux est celui du pâturage, auquel s'ajoutent, le matin et le soir, les distributions d'avoine pour les poulains et d'orge ou de seigle
pour les mulets. Nous les considérons comme indispensables pour une bonne production.

On sait que quand cette production est bien organisée,
selon les principes généraux exposés par nous, les jeunes
sujets ne restent pas longtemps, après leur sevrage, entre
les mains de leur producteur. L'industrie de celui-ci doit
être simplifiée et spécialisée de telle sorte que tous ses
produits soient vendus avant l'hiver, et qu'il n'ait pas à
faire des provisions de foin pour les nourrir durant cette
saison. Toutes ses ressources fourragères sont mieux
employées à l'entretien d'un plus grand nombre de mères.

Et d'ailleurs, le système de culture qui convient le mieux
pour l'exploitation de celles-ci ne comporte qu'une faible
production d'avoine, insuffisante pour assurer aux jeunes
l'alimentation indispensable à leur bon développement.
Une fois qu'ils sont bien habitués à la nourriture végétale
et en bon état, bien venants, ils doivent passer dans
d'autres mains et dans un autre système de culture. L'observation montre que c'est cette façon de travailler qui

est partout la plus lucrative, parce que c'est celle qui réussit le mieux.

L'alimentation et la conduite des jeunes Équidés, durant le premier hiver et le deuxième été après leur naissance, ne diffèrent de ce que nous venons de voir au sujet des quelques semaines qui suivent leur sevrage que par l'accroissement progressif, en quantité, de la ration journalière. Cet accroissement est nécessité par les phases régulières de leur développement. Il ne peut être réglé que d'après leur appétit. La ration restant composée de sorte que sa relation nutritive convienne à l'âge du sujet, d'après les bases connues, c'est-à-dire qu'elle ne soit pas plus large que 1 : 3, plus celui-ci consomme, plus il acquiert de taille, de volume et par conséquent de valeur. Et l'on sait que cette valeur est toujours supérieure à celle des aliments transformés. La parcimonie dans l'alimentation des jeunes animaux, répétons-le en cette occasion, est le plus maladroit calcul qu'on puisse faire.

Delà dépend aussi pour une forte part leur avenir comme moteurs animés, en même temps que leur précocité, si importante. Les chevaux des Arabes, d'un tempérament si énergique, si courageux, doivent ce tempérament à l'orge qu'ils reçoivent dès leur plus tendre jeunesse. Ceux qui ne vivent que de foin ou d'herbe, sans avoine, dans nos climats, durant la phase que nous considérons, se montrent toujours inférieurs sous tous les rapports à ceux qui ont au contraire reçu des aliments de force. Là est le secret ou la source de la véritable noblesse, de ce que les hippophiles les moins fantaisistes expriment en le nommant « le sang. »

On a discuté sur la question de savoir si les fourrages des prairies dites artificielles, le trèfle, la luzerne, le sainfoin et autres papilionacées, conviennent pour les jeunes poulains. Un ancien préjugé leur attribue sur les organes de la vision une influence préjudiciable. Ils sont accusés de provoquer le développement de la fluxion périodique qui, comme on sait, se termine presque infailliblement par la cécité, après un nombre variable d'accès.

Il est bien difficile de résoudre une telle question. On manque pour cela d'expériences précises. Toujours est-il que les chevaux percherons, dont la plupart sont nourris à l'état de poulains avec ces fourrages, dans les plaines de la Beauce, et aussi ceux de la plaine de Caen, ne se montrent pas plus sujets que les autres à la maladie. Ils le seraient plutôt moins. Mais il est vrai que leur alimentation n'en est point exclusivement composée et que les premiers reçoivent avec cela de fortes rations d'avoine.

D'ailleurs, la plupart des chevaux se produisent normalement dans des conditions agricoles qui ne comportent guère la culture de ces fourrages. A l'exception de ceux de la plaine de Caen, où les poulains pâturent au piquet les sainfoins, les vesces, etc., tous les chevaux fins ne mangent que du foin ou de l'herbe de pré. On sait que, pour notre compte, nous considérons ceux-ci comme constituant l'aliment essentiel des herbivores, des chevaux en particulier. Nous pensons donc que les fourrages de légumineuses ne devraient entrer dans la composition de leur ration que pour une part tout au plus.

Il en est de même pour les graines des plantes en question, beaucoup plus riches en protéine brute, d'ailleurs, que celles des céréales et notamment de l'avoine. La féverole, en particulier, très-employée pour les poulains de courses, est celle qui convient le mieux. La jarosse (*Lathyrus cicera*) passe à tort ou à raison pour produire des accidents de paralysie. Il en a été du moins publié des observations qui, pour n'être pas assez démonstratives, doivent cependant commander une grande circonspection.

La carotte seule, parmi les racines charnues, est un bon aliment pour les poulains, mais à la condition qu'elle n'entre dans la ration que pour une faible part et qu'on n'ait point la prétention de la donner comme succédané de l'avoine, c'est-à-dire comme aliment de force. Il ne faut pas que sa quantité dépasse 2 kil. à 2^k 500 dans la ration journalière.

A partir du sevrage, où nous avons vu que la ration journalière se compose de 2^k 500 de foin ou leur équivalent en herbe, 1 kil. de féverole, 1^k 500 d'avoine et paille hachée ou entière à volonté, cette ration doit s'accroître de mois en mois progressivement. La progression doit aller jusqu'à ce que la quotité de l'avoine atteigne, à dix-huit mois, 2 kil. à 2^k 500, et celle de la féverole 1^k 500 à 2 kil., selon le poids vif, en observant les proportions nécessaires pour que la relation nutritive ne dépasse point 1 : 3,5. L'avoine seule ne peut pas, en raison de sa composition, réaliser cette relation, la sienne propre étant au moins 1 : 4,5. La dose de carottes dont il vient d'être parlé remplace toujours avantageusement, comme adjuvant, une partie du foin, à poids égal de substance sèche.

Dans une telle alimentation, le jeune animal trouve en quantité suffisante tous les matériaux nécessaires pour le développement de son squelette, qui est alors la chose essentielle. La ration contient à la fin 100 grammes environ d'acide phosphorique et le poids correspondant de protéine brute, du coefficient de digestibilité le plus élevé. Il atteint donc le maximum possible de sa taille, eu égard à la race à laquelle il appartient.

Ce qui fait que tant de chevaux restent petits, misérables, mal conformés, c'est qu'ils ont été nourris insuffisamment durant la première période de leur vie que nous considérons. Réduits, durant la mauvaise saison, à des aliments qui leur permettent tout juste de subsister et de s'entretenir, leur développement s'arrête, faute de matériaux de construction, pour ne recommencer qu'à la saison des herbes.

Durant celle-ci, il va de soi que le régime du pâturage est dans tous les cas le meilleur.

Encore, dans cette période de leur existence, les jeunes doivent jouir de la plus grande liberté de leurs mouvements. Aux boxes dans lesquelles ils sont logés en hiver sont annexés des padocks ou espaces clos en plein air, où ils peuvent aller prendre leurs ébats, chaque fois qu'ils en éprouvent le besoin. Le séjour prolongé à l'écurie, au repos, a pour effet constant de fatiguer leurs articulations en faussant l'appui des membres. L'exercice modéré est le meilleur conservateur de ceux-ci, comme nous l'avons expliqué.

Le pansage régulier de leur peau, qui favorise l'accomplissement complet de la fonction respiratoire, exerce aussi une influence heureuse sur leur développement, en assurant leur bien-être. Il a en outre l'avantage de les habituer au contact de l'homme et ainsi de leur assouplir le caractère, et de les rendre dociles, ce qui est toujours pour le cheval une très-grande qualité. Elle facilite considérablement son dressage ultérieur à la fonction économique qu'il doit remplir pour être un animal utile, et augmente ainsi sa valeur commerciale, but de l'opération de production.

Castration. — Nous n'avons pas à discuter ici sur l'utilité de l'émasculation des Équidés. Laissant de côté les dissertations dont elle a été l'objet, au point de vue de l'influence que sa prescription réglementaire pourrait avoir sur l'amélioration de la production chevaline en général (ce qui est une thèse absolument en dehors de nos idées modernes sur la liberté de l'industrie), nous constatons seulement qu'elle est rendue obligatoire par l'état de la demande des produits. Un certain nombre d'acheteurs de ces produits n'acceptent que des chevaux ou des mulets hongres. Ajoutons que ce nombre tend à augmenter de plus en plus. Cela suffit pour que la castration soit une opération nécessaire et que nous ayons à l'examiner d'abord au point de vue de l'âge auquel il convient le mieux de la pratiquer, pour satisfaire dans les meilleures conditions au goût des acheteurs, puis à celui du procédé opératoire qui peut faire courir au producteur le moins de risques de perte.

Il n'est plus discutable aujourd'hui que les considérations zootechniques se réunissent avec les considérations chirurgicales, pour faire admettre la supériorité de l'émasculation hâtive sur l'émasculation tardive. Eu égard à l'influence morphologique que la suppression des organes sexuels du mâle exerce sur son développement et que nous avons exposée en son lieu (t. II, p. 85), il ne peut pas être douteux que cette influence trouble incomparablement moins l'harmonie des formes, lorsqu'elle se produit avant la manifestation de l'instinct génésique.

La suppression des testicules avant qu'ils aient fonctionné, alors que ce sont seulement des masses glandulaires inactives, que par conséquent les différences sexuelles ne se sont pas encore accentuées dans les formes corporelles, a pour effet seulement d'empêcher que ces différences se manifestent ultérieurement. Le jeune sujet émasculé se développe harmonieusement en sa qualité de neutre. Il ne subit aucune modification régressive. C'est ce qui n'est plus contesté.

Au point de vue de la gravité de l'opération, au point de vue chirurgical, quelque opinion qu'on puisse avoir sur cette gravité absolue, il n'est pas davantage contesté que les effets immédiats et les suites de la castration ont d'autant moins d'importance que les testicules sont plus jeunes, qu'ils ont atteint un moindre développement.

Si donc on n'était en présence que des deux ordres de considérations dont il vient d'être parlé, la conclusion qui s'imposerait, c'est que la castration doit être pratiquée aussi près que possible du moment de la naissance, et pour mieux dire dès que les testicules, ayant fait leur évolution, sont accessibles pour l'opérateur.

Mais les organes testiculaires sont à conserver chez un certain nombre de sujets, chez ceux qui peuvent devenir des étalons, à cause de leurs qualités individuelles exceptionnelles. Il faut le temps de discerner ces qualités, qui ne se montrent pas toujours très-nettement dans les premiers mois de la vie. L'espoir en quelque mesure fondé de les voir se développer peut par conséquent faire différer l'opération jusqu'après le sevrage. Mais nous ne pensons pas qu'il y ait lieu, pour un éleveur éclairé, d'attendre bien longtemps ensuite pour être fixé sur l'avenir du poulain. Il pourra se tromper, en ce sens que ses espérances ne se réaliseront pas toujours ; mais il n'y a guère de chances pour qu'il lui arrive de faire châtrer à tort un sujet sur l'avenir duquel il n'aurait conçu aucun espoir.

De là résulte que la castration des poulains à la ma-

melle doit être la règle, et celle des poulains après leur
sevrage l'exception ; en définitive, que le terme utile extrême, pour pratiquer l'opération dans les meilleures
conditions, est marqué par le moment auquel apparaissent
habituellement les premières manifestations de l'instinct
génésique. Ce terme n'est dépassé qu'au détriment des
formes ultérieures du cheval, et aussi de la bénignité de
l'opération. Jusque-là, celle-ci est une des plus inoffen-
sives de la chirurgie. Passé le terme que nous venons de
marquer, elle entre dans la catégorie des opérations
graves, dont les accidents consécutifs sont l'hémorrhagie,
la hernie, l'engorgement flegmonneux du cordon, appelé
champignon, le tétanos, etc. Et les chances de ces accidents augmentent à mesure que le sujet opéré avance en
âge.

Il n'entre point dans notre plan de passer en revue les
procédés chirurgicaux à l'aide desquels la castration se
pratique. Les chirurgiens vétérinaires ont beaucoup discuté sur ce projet. Chacun a naturellement donné la préférence à celui auquel il était le plus habitué, et que par
conséquent il pratiquait avec le plus d'habileté. En considération de ce qui vient d'être dit sur le moment
le plus convenable pour opérer, nous pensons qu'il convient de préférer le plus simple et le moins douloureux,
parmi les procédés connus.

Ce procédé est celui qui porte le nom de castration par
torsion bornée. Chez les très-jeunes sujets, il n'exige pas
d'autre appareil instrumental qu'un simple bistouri. Il
consiste à mettre le testicule à nu, par une petite incision
des bourses, puis à pincer le cordon à quelques centimètres au-dessus de l'épididyme, entre le pouce, l'index
et le médius d'une main, et enfin à le tordre avec l'autre
tenant le testicule, jusqu'à ce que sa continuité soit rompue
au point pincé. Il n'en résulte que deux petites plaies
simples, qui se cicatrisent sans qu'on ait autrement à
s'en préoccuper. Nous avons, dans notre jeunesse, châtré
**bien des poulains et des mulets par ce procédé, sans
observer jamais aucune suite fâcheuse. On ne constatait
même pas une diminution sensible de l'appétit.**

Ferrure. — Jusqu'à l'âge de dix-huit mois, les poulains ne doivent pas être ferrés. Ils ne marchent que librement, pour prendre leurs ébats instinctifs, et toujours sur des gazons ou sur la litière. Il n'y a point de chances, en ces conditions, pour que l'usure de leur sabot dépasse sa pousse. Les parties vives qu'il contient sont donc suffisamment protégées. La nécessité de la ferrure ne commence qu'à partir du moment, dont nous allons nous occuper tout à l'heure, où l'animal chemine sur des routes dures, empierrées ou non, attelé à une résistance ou portant un cavalier, pour faire son éducation de moteur animé.

Alors la ferrure, que bien des personnes nomment encore si singulièrement « un mal nécessaire, » devient indispensable. Sans elle, le bord plantaire de la paroi et la sole qui lui est contiguë, en frottant continuellement contre un corps plus dur que la corne dont ils sont formés, seraient bientôt usés et détruits jusqu'aux tissus sensibles qu'ils protègent. La marche deviendrait ainsi impossible. C'est ce qui rend la ferrure nécessaire, pour protéger le bord plantaire de la paroi par une armature résistante. Cela en fait un bien et non pas un mal. Ce qui en fait un mal seulement, c'est la manière maladroite dont elle est le plus souvent pratiquée.

Toutefois, dans les localités où les poulains n'ont à marcher que sur des chemins ruraux n'usant que très-peu la corne, comme c'est souvent le cas en Beauce, par exemple, le mieux est de s'en abstenir.

Mais si la nécessité de cette armature de fer ne se fait point sentir avant que l'existence de l'Équidé soit entrée dans la phase qui suit celle dont nous nous sommes occupés jusqu'à présent, ce n'est pas à dire que durant celle-ci il n'y ait point lieu d'avoir égard à l'état de ses sabots. Il est au contraire extrêmement important de le surveiller avec attention, car si leur usure ne peut pas être excessive, dans les conditions où ils fonctionnent, il arrive souvent qu'elle se montre insuffisante ou irrégulière. Dans les deux cas, d'excès de longueur ou d'irrégularité de la forme du sabot, les conditions d'appui normal

du membre sont détruites, le fonctionnement des articulations est troublé et leur développement vicié.

Beaucoup de tares, qui se montrent de bonne heure à
ces articulations, n'ont pas d'autre motif déterminant.

L'altération dans la direction des leviers osseux, ainsi
produite par la forme anormale du sabot, agit d'autant
plus efficacement, qu'à ce moment les principales épiphyses ne sont pas encore soudées, qu'elles sont le siège
d'un travail actif d'accroissement et que par conséquent
elles sont plus sensibles à l'irritation produite par les tiraille-
lements.

C'est donc une pratique tout à fait à recommander que
celle de faire parer les pieds des poulains, toutes les fois
qu'ils tendent à devenir trop longs ou qu'ils s'usent irré-
gulièrement, toutes les fois, en un mot, qu'ils s'écartent
de la forme normale, telle qu'elle nous est connue.

A l'avantage physique dont nous venons de parler et
sur lequel il n'est sans doute pas nécessaire d'insister,
en raison de son évidence, se joint en faveur de cette
pratique celui déjà signalé à propos du pansage. Elle ha-
bitue les jeunes animaux à se laisser docilement lever les
pieds, à obéir à l'homme.

Mais il importe beaucoup, pour qu'il en soit ainsi,
d'éviter de la faire exécuter par des maréchaux inintelli-
gents et brutaux. La violence et les mauvais traitements
de ceux-ci auraient pour conséquence à peu près sûre de
rendre tout dressage ultérieur extrêmement difficile, sinon
impossible. On ne doit confier qu'à des hommes doux et
bienveillants, calmes, patients, les opérations à pratiquer
sur les jeunes animaux, qui sont toujours, faute d'éducation, plus irritables et moins soumis que les plus
âgés.

Lorsque le moment de poser des fers est venu, pour
commencer l'application de la gymnastique fonctionnelle,
moment qui arrive aussitôt après que le jeune sujet a
atteint l'âge de dix-huit mois, c'est alors que se pratique
la ferrure proprement dite. Il s'agit là d'une des opérations les plus importantes pour son avenir, comme moteur animé. D'elle dépend, en grande partie, son aptitude,

ainsi que nous l'avons fait voir à propos de la méthode
d'examen des formes chevalines.

Peu de poulains naissent avec de mauvais pieds. Beaucoup, au contraire, arrivés à l'âge adulte, les ont défectueux. Il n'y en a guère qui les aient tout à fait irréprochables. La ferrure vicieuse en est à peu près
exclusivement la cause. Telle qu'elle est pratiquée presque
toujours, elle a au moins pour conséquence de réduire
l'écartement normal des talons, ce qui est dû à la déplorable coutume de diminuer artificiellement le volume de
la fourchette, de rogner les arcs-boutants, d'abattre les
talons outre mesure et d'amincir la sole.

Il ne faut jamais oublier, mais on doit s'en souvenir
surtout en présence d'un poulain, que la fourchette, les
arcs-boutants et la sole sont faits pour s'user par le frottement sur le sol, et que la ferrure n'a pas d'autre but
que de garantir le bord plantaire de la paroi contre ce
frottement. C'est donc ce bord plantaire qui seul doit être
rogné, lorsqu'il a atteint une longueur excédant la longueur normale, et cela de manière à ce que ses diverses
parties conservent leurs dimensions proportionnelles,
comme nous les avons indiquées (t. I, p. 392 et suiv.).

Le rétablissement de ces dimensions, altérées par la
pousse de la corne, commande le renouvellement de la
ferrure, et non point l'usure du fer ou le défaut de solidité des clous qui le retiennent. Chez les poulains particulièrement, il ne peut pas sans inconvénients être retardé
au delà d'une vingtaine de jours, un mois au plus.

Les fers des poulains doivent être aussi légers que
possible. Pourvu que la largeur de leurs branches soit
égale à l'épaisseur du bord plantaire de la paroi, ils sont
assez larges. A cette condition, ils peuvent avoir une
épaisseur qui les fait durer plusieurs mois, sans que
leur poids dépasse la mesure de ce qu'un poulain peut
supporter, sans dommage sensible pour ses articulations.
Six clous, dont les derniers ne sont pas implantés au delà
du point où commence chaque quartier, suffisent pour
assurer la solidité de la ferrure.

Après qu'ils sont rivés, il faut interdire expressément

au maréchal l'usage de la râpe sur la surface de la paroi. Celle-ci conservera ainsi l'enduit normal qui la protège contre la dessiccation. Cette prescription n'est du reste point particulière aux poulains, comme nous le savons; mais en raison de ce que leur sabot est encore en voie de croissance dans tous les sens, sa méconnaissance, de même que celle de toutes les autres qui viennent d'être formulées, est encore plus préjudiciable pour eux que pour les Équidés adultes.

Régime à partir de l'âge de dix-huit mois. — Entre l'âge de dix-huit mois et celui auquel les Équidés peuvent être livrés au commerce, pour les besoins de la société ou de l'armée, en qualité de moteurs animés, leur exploitation est une industrie tout autre que celle de l'exploitation des mères ou des jeunes sujets sevrés. Pour produire son plus grand effet utile, elle comporte un système de culture tout différent; et en ce qui concerne les chevaux en particulier, elle exige un outillage, et, de la part de l'exploitant, des aptitudes spéciales, qui ne sont nullement nécessaires pour tirer bon parti des deux autres modes.

Contrairement à l'opinion la plus répandue parmi les hippologues, la partie de la production chevaline dont nous avons à nous occuper en ce moment est à la fois la plus importante et la plus difficile à bien pratiquer. C'est d'elle que dépend, pour la plus forte part, la valeur des sujets produits. Dans la création de cette valeur interviennent surtout les qualités personnelles, le travail du producteur, beaucoup plus que les conditions naturelles. L'art de l'éleveur est ici à peu près tout-puissant. Il est donc d'autant plus efficace qu'il est davantage spécialisé.

Celui qui veut le pratiquer avec le plus grand succès doit par conséquent se borner à l'exercer sur les poulains achetés à l'âge de dix-huit mois, de même que ceux qui ont exploité ces derniers depuis leur sevrage ne doivent point garder les mâles au delà de cet âge. Quant aux pouliches, on sait qu'elles ont, du moins pour la plupart, à remplir la fonction de mères avant d'être livrées au commerce, et qu'elles la remplissent sans inconvénient.

A la rigueur on peut exploiter avec avantage certaines espèces de poulains, après le sevrage, sans que l'avoine entre dans leur régime alimentaire. La culture exclusivement pastorale de quelques régions de l'Europe en fait d'ailleurs une obligation. Nous avons exposé le mieux à cet égard, sans nous dissimuler que ce mieux n'est point toujours et partout réalisable. Il fallait le présenter comme l'idéal vers lequel doivent tendre les efforts progressifs.

Mais s'il en est ainsi jusqu'au milieu de la deuxième année de la vie du jeune Équidé, nous ne pensons pas qu'à partir de l'âge de dix-huit mois, auquel commence nécessairement l'éducation de tout sujet devant être utilisé comme moteur animé, une bonne aptitude puisse être obtenue sans l'intervention de l'avoine, dans nos climats tempérés, ou d'un autre aliment concentré analogue, d'un aliment de force quelconque, dans les climats plus chauds, pour compléter la ration alimentaire.

On sait que cet aliment a pour effet de hâter l'achèvement et d'assurer la solide construction du squelette, en amplifiant celui-ci, en même temps qu'il développe l'excitabilité nerveuse si nécessaire pour obtenir de la vitesse à toutes les allures, et qu'il alimente la source même de la force motrice.

En conséquence, l'industrie en question ne peut être, au point de vue économique, bien à sa place que dans un système de culture comportant, par la nature de ses terres et par son organisation, la production de l'avoine ou des autres céréales analogues, propres à la nourriture des chevaux. En se reportant aux descriptions que nous avons données des populations chevalines, on s'apercevra que seules celles qui sont produites en ces conditions nous fournissent des exemples d'une industrie prospère. Les autres, misérablement ou parcimonieusement entretenues durant la saison d'hiver, ne sont adultes que tard, restent petites, mal conformées en général, et n'atteignent qu'une faible valeur.

Ce système de culture est approprié à la production chevaline dont il s'agit, dans les meilleures conditions. Il présente en outre des degrés qui concordent, par les besoins de force de traction qu'il entraîne, avec la puissance que peuvent déployer les poulains des diverses races, eu égard à leur taille et au poids de leur corps.

Dans les régions méridionales et centrales de l'Europe, où se produisent les chevaux de petite taille ou de taille moyenne, propres à la selle ou à la traction par paires des véhicules légers à grande vitesse, la prairie domine sur les terres arables, et celles-ci sont peu profondes, faciles à labourer. En outre, les bœufs y sont les moteurs les plus employés.

Dans les régions septentrionales de l'Europe occidentale, où se trouvent les aires géographiques des grandes et grosses espèces chevalines, ce sont les terres arables qui dominent en général, et les prairies artificielles ont une part plus ou moins forte à l'alimentation des chevaux. Ceux-ci, par le développement qu'atteint de bonne heure leur corps, développement toujours en rapport avec la puissance et la fertilité du sol, peuvent fournir dans tous les cas la force de traction nécessaire à l'exécution des travaux de culture.

On voit que, dans toutes ces régions diverses, les méthodes de gymnastique fonctionnelle peuvent être appliquées dans les conditions les plus économiques et produire par conséquent tous leurs effets. Cela constaté, il n'y a plus qu'à indiquer leurs meilleurs modes d'application.

En ce qui concerne la gymnastique de la nutrition, par laquelle il convient de commencer, son but direct est toujours le même : c'est à savoir de hâter et d'activer le développement du squelette, et aussi en même temps celui des appareils musculaires, ou en d'autres termes de réaliser la précocité, afin que les sujets produits puissent être plus tôt livrés au commerce. Le mode n'en diffère que par les degrés. L'alimentation a toujours le même caractère, quant à sa constitution.

Quelle que soit l'espèce ou la variété, la relation nutritive ne doit point changer. L'opération commence avec le deuxième hiver de l'existence du sujet. La ration doit être alors composée de telle sorte que la relation nutritive ne dépasse pas 1 : 3,5. Qu'elle ait pour base le foin de pré seul ou que celui-ci soit mélangé avec un fourrage de légumineuse, qui l'enrichit en protéine brute, le complément d'avoine, d'orge, de maïs, de féverole ou de tout autre aliment de force sera calculé en vue de réaliser cette relation. Elle sera distribuée en trois repas au moins, avec de la paille à volonté pour la nuit, et conformément aux indications générales.

La quotité de cette ration devra être, de son côté, réglée d'après l'appétit des individus et de façon à ce que ceux-ci soient toujours nourris au maximum. On sait que ce maximum est représenté, en matière sèche alimentaire, par 2,5 à 3 pour 100 du poids vif, 3 étant la proportion habituelle pour les sujets des espèces les plus petites, et 2,5 pour ceux des plus grandes, ce qui donne un rapport de 2,7 environ pour la moyenne. Cela implique une progression croissante de la quotité de la ration, à mesure que les sujets avancent en âge et que par conséquent leur poids augmente.

Si, par exemple, à dix-huit mois, un poulain pèse 200 kil., ce qui peut être le cas dans les petites races, 6 kil. de matière sèche alimentaire, de la relation nutritive de 1 : 3,5, lui suffisent. A deux ans, il pèsera 250 kil., et il faudra 7k 500 de cette matière, et ainsi de suite. S'il pèse au début 350 à 400 kil., de 8k 750 à 10 kil. seront suffisants, à raison de 2,5 pour 100 seulement, parce que ses déperditions seront moins grandes, proportionnellement à son poids, et que la capacité gastrique ne croît point comme celui-ci.

Nous avons vu que cela correspond, pour le dernier cas, à environ 7 kil. de foin et 4k 500 d'avoine et féverole. Pour le premier, la quantité de matière sèche alimentaire est représentée par 4k 500 de foin et 3 kil. d'avoine et féverole.

Ce sont là des points de repère, d'où l'on peut partir pour établir ensuite les accroissements progressifs, en remplaçant, l'été suivant, une partie ou la totalité du foin par son équivalent d'herbes, de carottes, etc.

III.   15.

A partir du troisième hiver, par l'accroissement nécessaire de la proportion d'avoine dans la ration journalière,
la relation nutritive devient forcément $= 1 : 4$, pour passer
progressivement à $= 1 : 4,5$ et arriver finalement, dans la
quatrième année, à $= 1 : 5$, qui est la relation normale de
l'individu adulte. C'est alors en effet que, chez les sujets
nourris d'après les principes que nous venons de poser,
s'achève le squelette, alors qu'ils deviennent adultes et
qu'au plus tard ils doivent être mis en vente, pour passer
des mains de l'agriculteur-éleveur dans celles qui les
exploiteront en leur qualité de moteurs animés.

Passons maintenant à la gymnastique de l'appareil
locomoteur, que nous considérons de la manière la plus
formelle comme étant indispensable pour la production
des bons chevaux. C'est par là que pèche le plus, dans
l'Europe entière, l'industrie chevaline en général. A part
les mulets et les races de trait, qui se produisent surtout
en France, ainsi que les chevaux de l'Allemagne du Nord,
en Hanovre, dans le Mecklembourg et les Duchés, tout le
reste n'est que bien exceptionnellement soumis à un
exercice quelconque de cet appareil, autre que celui commandé par les propres instincts des animaux. Il ne s'y
développe, en conséquence, que dans la mesure nécessaire pour les satisfaire, et le plus souvent dès lors d'une
manière insuffisante pour résister durant longtemps aux
efforts qu'exige la fonction de moteur animé.

Avant d'indiquer les moyens d'exécution de cette gymnastique méthodique, dont nous connaissons les effets,
il convient d'examiner les bases mécaniques d'après lesquelles elle doit être graduée, afin de ne point risquer de
dépasser la limite normale de résistance des organes et
par conséquent de les altérer, au lieu de favoriser leur
développement.

On sait qu'à l'âge de dix-huit mois, alors que le jeune
Équidé n'a encore que quatre molaires permanentes, ses
principales épiphyses ne sont pas soudées. Celles de l'extrémité inférieure du tibia et de l'extrémité supérieure
des métatarsiens, notamment, qui concourent à la formation de l'articulation la plus importante, de l'articula-

tion du jarret, sur laquelle tous les efforts d'impulsion prennent leur point d'appui, bien que déjà soudées, sont encore le siège d'un travail de prolifération osseuse. Si, à ce moment, les ligaments de cette articulation exercent sur leurs points d'insertion des tractions exagérées, il est clair que ceux-ci seront irrités et que le périoste, ou plus explicitement ses éléments cellulaires, proliféreront outre mesure. De cette prolifération exagérée résultera le développement des tumeurs que nous connaissons sous le nom de tares osseuses du jarret, sans parler de l'irritation que pourront subir en même temps les synoviales articulaires et tendineuses.

Il importe donc avant tout d'éviter ces tractions exagérées, et pour cela de déterminer aussi exactement que possible la limite où elles commencent. L'erreur sur ce point a des conséquences tellement graves, qu'à coup sûr il vaut mieux rester de beaucoup en deçà de la limite réelle que d'aller au delà, si peu que ce puisse être.

Nous savons que la mesure de l'effort de traction dont l'animal quadrupède est capable est proportionnelle à son propre poids, et que dans sa limite extrême elle est sensiblement égale à ce poids. L'animal adulte peut aller jusque-là sans risquer de compromettre la solidité des moyens d'union de ses articulations du jarret. Et cela lui arrive souvent lorsque, par exemple, il démarre sa charge.

Mais lorsque les efforts doivent se répéter un certain nombre de fois, l'effort moyen ne peut être qu'une faible fraction de cet effort extrême. Dans les conditions ordinaires, la solidité des articulations ne résiste pas au delà d'un petit nombre d'années à des efforts moyens doubles de celui qui est nécessaire pour déplacer le corps lui-même, par exemple à des efforts moyens de 100 kil. pour un cheval du poids de 500 kil., allant au trot. A plus forte raison pour le sujet dont toutes les épiphyses ne sont pas encore soudées. Les articulations de celui-ci n'y résisteraient pas un seul instant. Elles seraient tout de suite altérées. Tout au plus l'effort moyen à ajouter au déplacement du corps peut-il être, au début de son travail gymnastique, du quart de celui qu'il exerce pour se déplacer à l'allure du trot. A l'allure du pas, il peut être égal à une fois et demie, parce que dans les deux cas l'effort moyen total reste le même à peu près.

En effet, nous savons qu'au trot l'effort moyen nécessaire pour déplacer le corps est égal à 0,10 du poids de ce corps, et qu'au pas il est égal à 0,05 seulement. Si nous supposons un poulain du poids de 250 kil., l'effort sera, dans le premier cas, $= 250 \times 0,10 = 25$; dans le second, $= 250 \times 0,05 = 12,5$.

$$\frac{25}{4} = 6,25 + 25 = 31,25,$$ effort moyen total pour le travail au trot.

$12,5 + 18,75 = 31,25$, effort moyen total pour le travail au pas.

Il en résulte que sans risquer de causer plus de dommage aux articulations, dans le travail gymnastique au pas, la charge à tirer pourra être quatre fois plus forte que dans le travail au trot.

Tels sont les efforts qui ne peuvent pas être dépassés sans inconvénient, tant que le jeune Équidé n'est encore pourvu que de ses quatre molaires permanentes, c'est-à-dire jusqu'à l'âge de deux ans et demi environ, dans la généralité des cas. A partir de ce dernier âge, ils peuvent être graduellement augmentés, sans qu'à la fin, ou aux environs de l'âge adulte, l'effort moyen total aille au delà de 0,13 du poids du corps, soit 65 kil. pour un poids vif de 500 kil.

Sur les données que nous venons de voir, les calculs sont faciles à faire et la progression entre les deux extrêmes de 31 à 65, par exemple, facile aussi à établir.

Ce n'est pas tout d'avoir déterminé l'effort extrême ; il faut encore fixer la somme de travail exigible au maximum pour le jeune Équidé de dix-huit mois. Ici, nous devons de même admettre une limite tirée de la capacité mécanique du sujet, mais en tenant compte, de plus, des besoins de son accroissement.

Le sujet dont nous avons évalué l'effort moyen possible à 31 kil. consomme une ration indiquée précédemment et qui contient, en nombre rond, 740 gr. de protéine brute. S'il n'avait qu'à s'entretenir, à raison de 0,03, il resterait 665 gr. de cette protéine disponibles pour le travail. D'après l'équivalent mécanique (t. I, p. 355), cela correspondrait à 1,064,000 kilogrammètres. En effet, 1,000 : 665 = 1,600,000 : 1,064,000. Pour un effort moyen de 31 kil., ce serait, à la vitesse de 1 mètre par seconde, un travail d'un peu plus de 9 heures.

Mais la moitié au moins est nécessaire pour l'accroissement qui, ainsi que nous le savons, n'est pas moindre que 300 à 350 grammes par jour, à raison d'un douzième environ de la matière sèche alimentaire fixée dans le corps et d'un coefficient moyen de digestibilité de 0,50 pour cette matière prise dans son ensemble. Il ne reste donc que l'autre moitié disponible pour le travail, et ce travail ne peut par conséquent durer qu'environ quatre heures à la vitesse de 1 mètre, soit à l'allure du pas, pour ne point nuire à l'accroissement ; que deux heures à la vitesse de 2 mètres ou à l'allure du trot.

On sait que les charges, les vitesses et les durées sont proportionnelles entre elles dans le calcul du travail, sous la restriction du mode de l'allure. Il est donc facile, d'après cela, de régler ce travail sur les bases posées, en tenant compte, dans sa progression, des progressions mêmes de l'effort et de l'alimentation, ainsi que de la diminution proportionnelle de l'accroissement du corps, à mesure que celui-ci avance en âge.

Le mode du travail gymnastique est nécessairement déterminé, dans la plupart des cas, par les besoins de l'éducation du sujet, en vue des services auxquels il devra être utilisé ultérieurement dans son exploitation. Ce sont les résultats de cette éducation qui influent le plus, en général, sur sa valeur. Quand on compare, par exemple, le prix de vente des chevaux qui ont séjourné quelque temps dans les écuries des marchands des Champs-Élysées, à Paris, à leur prix d'achat chez les éleveurs, on peut avoir une idée de l'influence en question, quelque complexe que soit la source de leur plus-value acquise.

Pour les chevaux de trait, la difficulté est nulle. Les

éleveurs n'ont à leur égard guère à apprendre, si ce n'est
dans les petits détails d'exécution. La pratique de les
employer aux travaux de l'exploitation agricole est tradi-
tionnelle dans leurs divers pays de production. Il en est
de même en Allemagne, pour ceux qui deviendront ensuite
des carrossiers, à cela près qu'ils sont attelés par paires
à des chariots à quatre roues, au lieu de l'être en file à
des charrettes à deux roues, comme c'est le cas le plus
fréquent en France pour les chevaux de trait lourd ou léger.

Nous reviendrons tout à l'heure à ces carrossiers. Auparavant, il faut examiner la question au point de vue
de l'exécution du travail gymnastique chez les jeunes
chevaux appartenant aux races de petite taille ou de taille
moyenne, dont le débouché principal est le service de la
cavalerie légère. Dans l'état actuel des choses, la difficulté est là, au double point de vue physiologique et
économique.

Actuellement, la règle presque sans exception est que
ces chevaux n'exécutent aucun travail, tant qu'ils restent
entre les mains de leurs producteurs. Rien autre que
leur prix de vente ne vient par conséquent donner de la
valeur aux consommations qu'ils ont dû faire pour se
développer. Le prix auquel leur principal acheteur, qui
est, dans tous nos pays d'Europe, l'administration militaire, consent à les payer, est telle que cette valeur est
toujours relativement très-faible. L'industrie de leur production est en conséquence peu rémunératrice. Aussi les
agriculteurs ne se résignent-ils à les produire que quand
il leur est impossible d'utiliser autrement les fourrages
dont ils disposent.

En plusieurs régions de la France, notamment en celle
du centre, qui comprend l'ancienne province de Limousin,
ils sont même allés jusqu'à ne les utiliser plus du tout,
ni ainsi ni autrement. En renonçant à la production chevaline pour adopter exclusivement la production bovine,
élevage et engraissement, ils ont laissé sans emploi des
herbes trop courtes pour être consommées par les bêtes
bovines et qui fourniraient la subsistance à bon nombre
de chevaux.

Les notions sur le tirage, rappelées plus haut, apprendront que les poulains des races dites légères, propres surtout au service de la cavalerie ou à porter un cavalier, peuvent être comme les autres utilisés dans l'exécution des travaux agricoles, principalement pour le transport des récoltes. Il suffit pour cela de les atteler par paires à des chariots légers, bien construits et ne portant qu'une faible charge, mesurée d'ailleurs à leur aptitude, sur les bases que nous avons posées. La nature du sol des régions propres à la production de ces races s'y prête sans difficulté, aussi bien du reste pour les travaux de culture que pour ceux de transport. Le travail ainsi obtenu des jeunes chevaux n'a plus besoin d'être demandé aux bœufs ou aux vaches, qui en ont dès lors moins à produire de leur côté et qui utilisent les aliments économisés en accroissement de poids vif ou en production de lait.

Le mode d'exécution du travail gymnastique est donc en ce cas subordonné purement et simplement à l'adoption, dans les exploitations agricoles, du chariot léger substitué à la lourde charrette partout en usage dans nos régions centrales et méridionales. C'est là une réforme d'outillage et une pratique qui ne sauraient être trop recommandées aux agriculteurs des centres de production chevaline, en ces régions. Elle aura pour effet à la fois de faire produire des chevaux meilleurs, plus développés, mieux conformés, et dans des conditions plus économiques ; car à la valeur de leur prix de vente, plus élevée, en raison de leur meilleure qualité moyenne, s'ajoutera celle des services qu'ils auront rendus à l'exploitation agricole. En outre, prêts pour entrer en service au moment de leur vente, étant dressés de longue date au travail, ils se vendront plus cher par cela seul.

Les considérations précédentes s'appliquent indistinctement à toutes les races chevalines que les hippologues et hippophiles appellent distinguées, aussi bien aux carrossiers qu'aux chevaux de selle, pour les besoins courants, pour la généralité des services, dans l'exécution desquels l'aptitude motrice, la solidité et l'endurance suffisent.

Pour la production des chevaux de luxe, il faut davantage. Cette production, au point de vue du débouché aussi bien qu'à celui des aptitudes personnelles du producteur, ne peut être qu'exceptionnelle, quand même, dans toutes les races, les qualités qui distinguent le cheval de luxe ne seraient point elles-mêmes des exceptions. C'est toute une organisation spéciale qui est nécessaire. Nous allons l'indiquer.

Mais d'abord disons que les poulains capables de devenir des chevaux de luxe, et soumis pour ce motif au genre de travail gymnastique qui constitue leur éducation spéciale, ne le commencent utilement qu'à l'âge de trois ans à trois ans et demi. L'éleveur qui en exerce l'industrie ne doit les acheter qu'à cet âge, en les choisissant chez les autres producteurs qui les ont élevés depuis l'âge de dix-huit mois, en les soumettant au régime commun.

Ce serait une faute, qui a eu souvent des conséquences économiques fâcheuses, de vouloir mener de front cette éducation des chevaux de luxe avec la production des chevaux pour l'armée, par exemple. Ceux-ci ne peuvent pas supporter leur part des frais généraux, en outre de ce que le genre d'éducation en question n'est point celui qui leur convient, pas plus du reste que ne conviennent pour le service militaire la plupart des chevaux propres aux services de luxe. C'est ce que nous avons déjà fait voir. Ici il suffit d'insister sur le caractère tout spécial de l'industrie dont il s'agit.

Cette industrie comporte un matériel plus ou moins considérable de carrosserie et de sellerie, d'installations soignées pour le logement de ce matériel et pour celui des jeunes chevaux. Ce qui importe avant tout, c'est que la marchandise flatte l'œil du visiteur. La propreté, le confortable, l'élégance en sont les qualités principales. Là est l'idée du luxe précisément. Tout doit y être agréable et orné. Elle comporte en outre un personnel de piqueurs, de cochers, de palefreniers, pour l'exécution du travail. Personnel et matériel sont réglés, quant à leur importance, sur l'importance même de l'industrie, c'est-à-dire sur le nombre de chevaux à livrer chaque année au commerce.

Le travail consiste à monter ou à atteler isolément ou par paires, au tilbury ou au breack, pour les dresser à leur métier, les jeunes chevaux de luxe ; à les exercer un certain nombre d'heures par jour, aux diverses allures; à les entraîner, en un mot.

Nous ne pouvons pas songer à écrire, en ce chapitre, un manuel du dresseur. C'est là une question de métier, dont les détails s'acquièrent par la pratique, par l'apprentissage. Nous devons nous borner aux indications générales et à faire sentir à l'éleveur, que ses goûts et ses aptitudes propres portent vers l'industrie dont il s'agit, la nécessité de bien choisir le personnel qui doit le seconder. Le succès en dépend pour une forte part. La valeur des chevaux de luxe est tout à fait arbitraire. C'est le plus souvent une affaire de caprice. Une belle paire de chevaux peut tout aussi bien se vendre dix mille francs que cinq mille francs. Cela dépend uniquement de la qualité des amateurs qui se la disputent. Pour cette sorte de marchandise, il n'y a pas de cours. Le brillant que lui a fait acquérir le dresseur habile en décide plus que les qualités naturelles.

Les soins du palefrenier, que l'on peut appeler ici des soins de toilette, jouent aussi un grand rôle. Il y faut être très-attentif. Pour les jeunes chevaux en général, la propreté, l'hygiène de la peau et des pieds comme nous l'avons décrite (t. I, p. 399 et suiv.) suffit. Ici, il la faut pousser jusqu'au luxe, par l'emploi des couvertures, des camails, des guêtres de flanelle, des genouillères, etc. C'est, répétons-le, d'une toilette complète qu'il s'agit. Le cheval de luxe n'est point fait pour le travail pénible, pour rendre des services économiques en proportion du capital qu'il représente; il est fait uniquement pour flatter l'amour-propre de son maître par son aspect brillant, par l'élégance de son corps et de ses allures. Il ne dépense jamais qu'une faible partie de la force motrice qu'il est capable de déployer.

Tous les jeunes chevaux quelconques doivent être logés dans des écuries spacieuses, propres, bien aérées et surtout bien éclairées. La lumière exerce sur la vigueur

de leur tempérament, sur l'activité de leurs échanges
moléculaires, une influence non douteuse et excellente.
La température, dans ces écuries, doit être maintenue
en toute saison entre 12 et 15 degrés centigrades. C'est
la condition pour que la respiration reste normale. Il y a
toutefois moins d'inconvénients à ce qu'elle soit au-dessous plutôt qu'au-dessus. Les chevaux souffrent plus de
la chaleur que du froid. Du reste, avec les méthodes de
production dont nous venons de développer les modes
d'application, ils n'y séjournent guère que pour prendre
leurs repas et pour s'y reposer durant la nuit.

Une pratique trop répandue et déplorable à bien des
égards consiste à les y faire séjourner durant quelques
mois en permanence, avant de les mettre en vente ou de
les livrer au commerce, afin de les soumettre à un véritable engraissement. Dans l'état actuel des idées domi-
nantes, chez les acheteurs, cette pratique est imposée à
la plupart des producteurs. Le cheval qui n'est pas gras,
qui n'a pas les formes arrondies, subit une dépréciation
sur le marché.

Le grand marchand de Hanovre qui présentement achète
à peu près tous les chevaux carrossiers qui se produisent
dans l'Oldenbourg, et chez qui viennent s'approvisionner
presque tous les autres marchands de l'Europe, fait par
exemple ses marchés de la manière suivante. A partir
des mois de novembre et de décembre, il envoie ses
agents chez les paysans habitués à lui vendre leurs jeunes
chevaux. Le prix en est alors fixé; mais il est convenu
que la livraison n'aura lieu qu'en février ou mars suivant,
et que les chevaux ne seront acceptés que s'ils sont en
bon état. Une telle condition veut dire, dans la pratique,
qu'ils seront engraissés à l'écurie durant le temps qui
doit s'écouler entre le moment de la vente et celui de la
livraison.

Le marchand allemand l'impose, parce que ses clients
n'achètent que des chevaux gras ; et ceux-là ne les achètent tels que parce qu'ils ne trouveraient point à les vendre
autrement à leur propre clientèle. La faute en est donc
simplement dans l'opinion généralement répandue sur

les conditions de la beauté chevaline. Peu de personnes, en effet, même parmi celles qui font profession de juger les chevaux, admettent aujourd'hui qu'un cheval puisse être beau, en bon état et capable d'un bon service, s'il n'est pas gras.

C'est évidemment une erreur physiologique, et une erreur qui n'est point inoffensive, loin s'en faut. En ce qui concerne les jeunes chevaux qui doivent changer de lieu et de régime, elle a une part considérable dans la mortalité qui frappe ces jeunes chevaux. Ceux qui n'ont pas cessé d'être entraînés par la gymnastique, ceux qui sont en condition, comme disent les Anglais, échappent à la plupart des maladies de leur âge.

Maladies des jeunes Équidés. — Nous avons signalé précédemment les maladies des nourrissons, en indiquant sommairement les remèdes qu'il convient de leur opposer. Nous ne parlerons ici que de celles qui sont particulières à la seconde jeunesse et qui ne paraissent dues qu'à des écarts de régime, qu'à des infractions aux prescriptions qui viennent d'être exposées. Leur manifestation est très-rare, sinon nulle, chez les sujets élevés conformément à ces prescriptions.

Ces maladies du jeune âge, dont les lésions objectives siègent principalement dans les organes respiratoires, ont toujours des caractères généraux dominants, qui tiennent à l'un ou à l'autre des deux états appelés gourmeux et typhoïde.

Le premier se manifeste par une grande tendance à la formation du pus ou à la suppuration ; le second, par une tendance non moins grande à la faiblesse, à ce qu'on nomme en pathologie l'adynamie, se caractérisant par la marche titubante.

Au début de tout trouble maladif, chez un jeune sujet, ces deux états différents sont faciles à distinguer. Dans le cas de gourme, la conjonctive injectée et plus ou moins épaissie a une teinte d'un rouge franc ; dans l'autre, elle est infiltrée, et sa teinte est d'un jaune plus ou moins foncé. L'intensité de la teinte peut même donner une idée exacte de la gravité de l'état.

La gourme est une maladie inflammatoire, à forme catarrhale, dont les manifestations locales se bornent le plus souvent aux premières voies respiratoires et se jugent par un flux purulent à la surface des muqueuses et par des flegmons des ganglions sous-glossiens. Dans quelques cas, il s'y joint des angines plus ou moins graves.

Le traitement le plus convenable consiste à faire ce qu'on appelle de la médecine des symptômes, en laissant d'ailleurs la maladie suivre son cours régulier. Tant que la respiration peut s'effectuer à peu près librement, il suffit de tenir le sujet chaudement, de le mettre à une demi-diète, en lui donnant des barbottages tièdes avec de la farine d'orge. Toute médecine agissante a plus de chances d'être nuisible que d'être utile. Les saignées, les sétons, les vésicatoires, etc., sont au moins inutiles. Il faut les réserver pour les cas d'angine menaçant l'animal d'asphyxie ; et alors il convient de laisser le vétérinaire juge de l'opportunité de leur application, ainsi que de celle de la trachéotomie parfois nécessaire.

L'affection typhoïde, beaucoup plus difficile à bien traiter, à cause de ses formes insidieuses et du danger des fausses manœuvres à son endroit, doit être remise tout de suite à la responsabilité spéciale du vétérinaire, sans autre mesure préalable que celle de l'expectation pure et simple.

Le tort général est de céder trop facilement au désir de l'action. En fait de médecine, on a incomparablement plus souvent lieu de se louer de l'abstention que de l'action, surtout chez les jeunes, dont les maladies guérissent toutes seules dans le plus grand nombre des cas. L'intervention intempestive a au moins l'inconvénient de retarder la guérison et de prolonger la convalescence. C'est ce que produit surtout la saignée, dont il est fait un si grand abus.

Bases financières de la production. — Il n'est pas plus possible d'établir sérieusement le prix de revient des Équidés que celui d'aucun autre produit agricole. Tous les calculs faits ou recommandés sur ce sujet sont donc sans valeur. On peut seulement en déterminer approximativement le prix de vente minimum, pour que l'industrie de leur production soit rémunérée, c'est-à-dire pour qu'il y ait avantage à les produire plutôt que de livrer directement au marché les denrées végétales qu'ils consomment.

A cet égard, il n'y a pas de doute en ce qui concerne la partie de cette industrie relative à l'exploitation des mères pour la production des jeunes, vendus après leur sevrage. Partout où elle se pratique, elle est prospère. Ce qu'on nomme l'industrie mulassière, surtout en Poitou, et celle des poulains de trait, nous en offrent des exemples frappants.

Il n'y a guère de doute non plus au sujet de l'élevage depuis le sevrage jusqu'à l'âge de dix-huit mois. Dans cette période de leur vie, les Équidés utilisent, quand ils sont bien exploités, des herbes qui sans eux resteraient à peu près à l'état de non-valeurs.

Où les doutes commencent et où il y a lieu conséquemment d'examiner, c'est à partir de l'âge de dix-huit mois jusqu'à la fin de l'opération, jusqu'au moment où le produit quitte l'exploitation agricole, pour devenir un instrument industriel ou militaire.

Les produits se divisent normalement en deux catégories, qui sont celle des chevaux légers ou chevaux de selle et celle des chevaux de trait, dans laquelle nous comprenons les carrossiers. A dix-huit mois, la valeur de ceux de la première catégorie ne peut pas être en moyenne établie à moins de 400 fr., celle des autres à moins de 600 fr. A raison des rations alimentaires que nous avons fixées et des services que peuvent rendre les produits à l'exploitation agricole, il ne paraît pas admissible que les uns puissent être économiquement vendus au-dessous de 800 fr., et les autres au-dessous de 1,000 fr., quand ils ont atteint la fin de leur quatrième année.

Si les industries chevalines françaises nous montrent une situation conforme à ces données, quant aux chevaux de trait léger, on sait qu'elle en est bien loin à l'égard des carrossiers et des chevaux de selle. Ceux-ci, chez nous comme dans la plupart des autres pays qui en produisent, ne sont pas payés, pour le service de la cavalerie légère, qui est leur principal débouché, au-delà d'une moyenne de 500 à 600 fr. A ce prix, il est vraiment impossible de les élever selon les méthodes d'alimentation que nous avons exposées, sans faire une mauvaise opération économique. Un tel prix couvre à peine la valeur locative du pâturage. Il ne permet pas le régime d'hiver recommandé, comportant l'emploi des aliments complémentaires dont la valeur commerciale a un cours bien connu sur tous les marchés et qu'il est par conséquent plus économique de vendre directement sur ces marchés, plutôt que de les faire consommer par les jeunes chevaux en question.

Pour justifier les bas tarifs dont les éleveurs se plaignent, on invoque la petite taille de ces chevaux au moment où ils sont mis en vente. C'est le cercle vicieux. Ils restent petits, ainsi que nous l'avons déjà dit, parce qu'ils ne sont pas nourris régulièrement ; et ils ne peuvent pas être nourris régulièrement, parce que leurs frais d'alimentation ne seraient pas couverts par leur prix de vente.

La période de croissance du cheval a une durée extrême de cinq ans. Supposons que, dans les conditions ordinaires, il atteigne une taille de 1m 40 et qu'à la naissance sa taille soit de 0m 70. Il croîtrait donc en cinq ans de 0m 70. Dans ces conditions, en raison de l'alimentation insuffisante, la croissance est suspendue durant l'hiver ou durant les grandes sécheresses de l'été, selon les régions, en tout cas durant une période d'environ quatre mois. Cela fait donc une croissance réelle de huit mois seulement par année. Si elle était continue, elle augmenterait par conséquent d'un tiers, ou au total de 0m 23 à 0m 25, soit de 0m 04 à 0m 05 par année. Au lieu de rester à 1m 40, la taille atteindrait dès lors 0m 70 + 0m 70 + 0m 24 = 1m 64.

En appliquant ce raisonnement aux chevaux des régions méridionales qui, actuellement, n'atteignent pas le minimum de taille exigé pour la cavalerie légère, il est clair que l'alimentation régulière la leur ferait acquérir, et que le meilleur moyen d'arriver au résultat désiré serait d'offrir aux éleveurs un prix d'achat rémunérateur des efforts qu'ils auraient à faire pour le réaliser.

Toute marchandise demandée se produit lorsque le débouché en est suffisamment avantageux pour le producteur.

De quelque côté qu'on envisage le problème de la production chevaline, au point de vue financier, on est toujours conduit à conclure qu'en ce qui concerne les races appelées légères, c'est l'absence de profit qui est l'unique motif de la décadence de cette production, partout constatée en Europe par les hommes compétents et impartiaux. Les hippophiles dogmatiques, qui ne le nient point, l'attribuent à de tout autres causes, que nous aurons à voir dans le chapitre suivant. Pour eux, les considérations d'intérêt privé sont de misérables préoccupations, au niveau desquelles ils ne consentent point à s'abaisser. Il n'en saurait être ainsi des producteurs, qui exercent une industrie et qui entendent justement que leur travail soit rémunéré. Comme il ne l'est point, d'après ce que nous venons d'établir, leurs efforts prennent de plus en plus d'autres directions.

CHAPITRE VIII

INSTITUTIONS HIPPIQUES

Définition. — On a désigné sous le nom d'*institutions hippiques* l'ensemble des divers modes par lesquels l'État, les départements ou provinces et les sociétés ou associations particulières interviennent dans ce qui concerne la production chevaline, soit pour la diriger vers un but déterminé, soit pour la favoriser ou la stimuler seulement.

Ces modes d'intervention, dont quelques-uns se rencontrent chez toutes les nations européennes, et les autres chez presque toutes, ont pour motif principal une considération unique, invoquée par tous ceux qui en soutiennent le principe, surtout quant au rôle de l'État. Ils disent que pourvoir de chevaux les armées étant un des premiers besoins de la défense nationale, l'État, gardien naturel des intérêts de cette défense, a le devoir d'en assurer la production suffisante, en quantité et en qualité. Et ils posent en fait que livrée à elle-même, l'initiative privée serait impuissante et mettrait en péril ces intérêts sacrés.

C'est ce que nous examinerons plus loin. Auparavant il faut définir avec plus de précision les institutions hippiques, en les énumérant.

En tête se présente la fourniture des étalons, par l'intermédiaire d'une administration spéciale, comme en France, appelée administration des haras, ou d'établissements indépendants les uns des autres, comme en Prusse, en Autriche et ailleurs. Ces étalons sont nationaux, impériaux, royaux, ou simplement gouvernementaux. Ils appartiennent à l'État qui offre leurs services aux particuliers moyennant une faible rémunération.

Il y a aussi des étalons départementaux ou provinciaux, c'est-à-dire appartenant au département ou à la province, selon le terme adopté par les nations pour désigner leurs divisions territoriales administratives.

Après la fourniture des étalons vient l'attribution et la distribution des primes d'approbation, d'autorisation ou d'encouragement aux étalons privés, aux juments, aux poulains, et des primes dites de dressage ; puis l'institution des courses de toute sorte, avec prix d'importances diverses; enfin les concours hippiques.

A tout cela doivent être ajoutées les remontes militaires, parce que, dans presque tous les pays européens, elles sont, elles aussi, considérées comme constituant un encouragement à la production chevaline.

Utilité. — Nous avons suffisamment établi (t. II, p. 252) que l'intervention directe de l'État dans la production animale en général n'a aucune utilité, pas plus que dans aucune autre production industrielle quelconque. Cependant, à part l'Angleterre, la Belgique et la Hollande, toutes les nations européennes nous donnent le spectacle de cette intervention, à des degrés divers, en ce qui concerne la production chevaline. Celle-ci semble être le dernier refuge de la doctrine économique maintenant abandonnée pour toutes les autres. Les pouvoirs publics sont encore persuadés, comme nous l'avons déjà dit plus haut, que si l'État retirait son action effective, ou même seulement sa protection, le pays serait incapable de produire, abandonné aux seules ressources de ses industriels, les chevaux nécessaires pour que son armée puisse garantir l'indépendance nationale ; qu'ils n'y trouveraient point, en cas de besoin, de quoi entretenir une cavalerie suffisamment nombreuse et puissante.

A cet égard, il s'est produit en France un fait fort instructif. Les services militaires n'ont pas moins besoin de ceux qui traînent les pièces d'artillerie et les voitures des équipages que de ceux qui sont montés par les cavaliers. Dans les nouvelles conditions de la tactique, ils leur sont encore plus nécessaires. Cependant l'État a maintenant renoncé presque complètement à s'occuper de leur production. De tout temps, il a abandonné à elle-même celle des mulets, quand il n'a pas fait des efforts pour la restreindre.

Or, malgré la guerre qui lui était ainsi déclarée, celle-ci n'a pas cessé de croître en prospérité, dans les centres où elle existait depuis longtemps, et de s'étendre à des centres nouveaux. La production des chevaux de trait, de son côté, n'a jamais été plus active et plus prospère que depuis le moment où l'État a cessé de s'occuper de son amélioration. Depuis la guerre franco-allemande, la France a exporté environ vingt mille de ces chevaux par année. Leur prix est en hausse constante. La production suffit à peine aux demandes.

Pour les chevaux de cavalerie, au contraire, qui sont l'objet de toute la sollicitude de l'État, pour lesquels les allocations budgétaires ont été doublées, en vue de fournir aux producteurs plus de moyens de production, les ressources deviennent de plus en plus insuffisantes.

Et ce n'est pas seulement en France que le phénomène se fait observer. Partout on le constate dans les rapports officiels. En Prusse et en Italie, notamment, les commissions nommées pour étudier la question, après avoir attesté l'inefficacité des efforts de leurs gouvernements, en constatant l'insuffisance de la production nationale, n'en ont pas moins conclu à la nécessité d'augmenter ces efforts dans la voie déjà suivie. Partout on a attribué cette insuffisance à celle du nombre des étalons nationaux, sans s'apercevoir que la production chevaline est prospère seulement dans les régions ou les pays où il n'existe point de ces étalons, où l'industrie privée seule se charge d'en fournir.

A l'argument unique qu'on oppose à la puissance de cette industrie, et qui consiste à dire qu'elle ne pourrait point faire les sacrifices que s'impose l'État pour mettre à la disposition des éleveurs des étalons de grand prix, il est facile de répondre par les faits. D'abord, le nombre de ces étalons de grand prix a toujours été très-petit, et leur influence indirecte sur la production chevaline générale se rattache à une doctrine que nous avons réfutée.

Cette influence fût-elle réelle, ses effets seraient assurés par l'institution des courses, en vue de laquelle les étalons auxquels on fait allusion sont produits. La race des grands vainqueurs du turf n'est pas près de s'éteindre, la source du pur sang de se tarir. L'industrie privée y pourvoit, et son ambition a toujours été d'en demeurer seule chargée en France comme en Angleterre, où l'État ne devient acquéreur d'aucun de ces vainqueurs.

Pour réfuter l'argument tiré du prix des étalons nationaux, il faut donc laisser de côté ces quelques rares sujets que l'administration acquiert de temps en temps, avec plus ou moins d'utilité, même au point de vue du rôle qu'elle s'attribue, et ne tenir compte que du prix moyen de ceux qu'elle possède et qu'elle met à la disposition des éleveurs en général. La question, ainsi réduite à ses termes vrais, se trouve aussitôt résolue par l'exemple que nous offre l'industrie mulassière du Poitou, livrée à ses propres ressources.

Nous savons que les propriétaires d'ateliers de baudets se plaignent volontiers du gros capital engagé dans leurs établissements, à cause des hauts prix qu'atteignent ces baudets. Mais ils se plaignent surtout de la concurrence acharnée qui existe entre eux pour se les procurer, et de ce que les ateliers se multiplient de plus en plus. Qu'est-ce que cela signifie, sinon que l'industrie est bonne et qu'ils ne reculent point devant la nécessité d'y engager leurs capitaux? Est-ce qu'il y aurait vraiment des raisons pour que, dans les mêmes conditions économiques, il n'en fût point de même au sujet des chevaux étalons?

En est-il autrement, d'ailleurs, pour ce qui concerne maintenant en France les étalons de trait, dont il n'y a plus guère dans les dépôts nationaux? Est-ce que les races auxquelles ils appartiennent périclitent? Il serait bien à désirer que celles qui fournissent les chevaux de selle pour les services militaires ne leur fussent pas inférieures. Personne n'osera soutenir qu'elles leur soient égales.

S'il se trouvait quelqu'un pour l'affirmer, on pourrait se borner à lui opposer les termes du rapport sur lequel a été votée en France la dernière loi sur le sujet (1). Et l'auteur de ce rapport ne peut certes pas être accusé de partialité. Du reste, les propositions qu'il avait pour but de faire adopter prouveraient toutes seules suffisamment que la situation, à l'égard de ces races, n'était pas alors assez prospère pour qu'on pût les abandonner à leurs propres forces, comme l'étaient déjà depuis longtemps les races de trait.

De tout cela il résulte bien évidemment que, parmi les institutions hippiques, celle des étalons nationaux n'a aucune utilité, puisque le seul argument sur lequel on appuie sa nécessité ne supporte pas l'examen. Nous montrerons plus loin qu'elle n'est pas seulement inutile à la production chevaline, mais encore qu'elle lui nuit d'une manière non douteuse.

Quant aux autres, nous pouvons les apprécier en bloc dès à présent, en disant qu'elles ne sont utiles que dans la mesure où elles ne s'écartent point de ce qui est maintenant admis pour tous les autres genres de production animale, qui, eux-mêmes, sont traités par l'État à l'égal de tous les autres genres de production industrielle quelconque.

Nous passerons successivement en revue ces institutions diverses, en indiquant le fonctionnement et le degré d'utilité de chacune.

Étalons nationaux. — L'institution des étalons nationaux a été fondée en France par Colbert, en 1665. Elle était une conséquence logique de son système général. Elle a pu rendre alors des services au pays. C'est ce que nous n'avons pas à discuter maintenant. Elle fut supprimée par l'Assemblée nationale en 1791, puis rétablie en l'an III par la Convention. Elle a toujours existé depuis. C'est l'administration centralisée, chargée de la faire fonctionner, qui, sous le nom d'*Administration des haras*, fut créée en 1806 par un décret de Napoléon Ier.

Les nombreuses vicissitudes subies par cette adminis-

---

(1) Rapport de M. Bocher à l'Assemblée nationale. (*Journal officiel* des 23, 27 et 29 décembre 1873.)

tration, les changements de direction qui lui ont été
imposés tour à tour dans des sens opposés, indiquent
clairement que ses services n'ont jamais été assez évidents pour la défendre contre les attaques dont elle n'a
pas cessé d'être l'objet. En suivant son histoire depuis le
commencement de ce siècle, on ne trouve en effet point,
dans la nombreuse série de décrets, ordonnances,
arrêtés et lois qui la régissent et qui datent de 1806,
1825, 1832, 1840, 1842, 1846, 1848, 1850, 1852, 1860 et
1874, la preuve du développement régulier d'un système
dont les bienfaits non douteux n'auraient eu besoin que
d'être étendus. A chaque instant, au contraire, on voit le
passé radicalement condamné, une nouvelle direction
imprimée à la marche de l'institution, pour être bientôt
remplacée par une autre, condamnée à son tour un peu
plus tard.

Ce n'est assurément point le cas d'une institution dont
l'utilité serait à l'abri du doute. Pour être si contestée, il
faut bien qu'elle offre une large prise à la critique, en
raison du principe même de son existence. Aussi cette
existence a-t-elle été mise une fois de plus fortement en
question en 1860. Une commission nombreuse, chargée
de donner son avis, s'est également partagée entre l'opinion
de son maintien et celle de sa suppression.

Mais il est bon de faire remarquer, toutefois, que les
partisans de la première opinion n'ont pas plus manqué
que leurs devanciers de mettre en évidence les vices de
l'institution existante et de proposer sa réorganisation sur
de nouvelles bases. Une transaction intervint alors, et c'est
sur cette transaction qu'elle a vécu jusqu'en 1874, date de
la loi qui la régit maintenant.

Les dispositions principales de cette nouvelle loi ont
eu pour objet de rétablir à Pompadour une jumenterie,
supprimée en 1852, en même temps que celle du haras
du Pin, et, en ce dernier établissement, une école pour
former les fonctionnaires de l'administration ; de porter
le nombre des étalons nationaux progressivement, par
des achats annuels, jusqu'à deux mille cinq cents, de façon
à ce que ce nombre maximum fût atteint en 1882. Alors

le budget d'entretien de l'institution devait être, d'après les prévisions, de 3,074,460 fr.

Dans son état actuel, l'administration française des haras dispose d'un budget total de près de 8 millions de francs, dont environ 1,600,000 francs pour les traitements de ses fonctionnaires et employés, les salaires de' ses palefreniers et gagistes. Elle compte une centaine de fonctionnaires et employés, inspecteurs généraux, directeurs, agents comptables, surveillants, vétérinaires, et environ 500 palefreniers et gagistes. Elle administre une école, une jumenterie et vingt-deux dépôts, dont les étalons sont répartis, durant la saison de la monte, entre environ 350 stations. Elle approuve les étalons privés ou les autorise, et distribue les primes d'encouragement à l'industrie chevaline dont le montant s'élève à plus de 2 millions de francs.

Pour le fonctionnement de cette administration, la France est divisée en un certain nombre d'arrondissements d'inspection et en circonscriptions qui sont en nombre égal à celui des dépôts. Chaque circonscription est à son tour subdivisée en stations. Les directeurs des dépôts d'étalons répartissent ceux-ci, d'après leurs propres appréciations, entre les stations de leur circonscription. « Dans les tournées incessantes qu'ils doivent faire durant la saison de la monte, ils dirigent, par leurs conseils, les accouplements, les croisements et l'élevage, surveillent le service des étalons approuvés et étudient toutes les questions qui se rattachent à l'éducation des chevaux. » Tels sont les termes mêmes de leurs instructions.

L'administration elle-même est dirigée par l'un des inspecteurs généraux, qui siège au ministère de l'agriculture. Il est assisté par un conseil supérieur des haras, appelé une fois par année à donner son avis sur les questions qui lui sont posées. Ce conseil est composé de sénateurs, de députés ou d'autres personnages plus ou moins connus pour s'intéresser à la production chevaline. De ce conseil, en France comme partout ailleurs où il en existe d'analogues, l'élément scientifique a été jusqu'ici à peu près complètement exclu.

Il est évident qu'une organisation ainsi centralisée ne peut manquer de faire régner dans l'administration une doctrine dogmatique et exclusive, qui sera nécessairement celle adoptée par le directeur général. L'institution des étalons nationaux fût-elle admissible, au point de vue de l'économie industrielle ; fût-il acceptable, à notre époque, que l'industrie chevaline a plus besoin que les autres de recevoir de l'État ses moyens de production ; qu'elle est en réalité moins apte à se procurer des étalons d'espèce chevaline que des étalons d'espèce asine, ce qui n'est point, puisqu'elle se suffit parfaitement en ce qui concerne les chevaux de trait, dont la valeur moyenne est supérieure à celle des chevaux de cavalerie ; tout cela fût-il des vérités au lieu d'être des erreurs évidentes, il sera non moins évident que la direction suivie dans le choix et la répartition des étalons nationaux n'aura pas d'autre guide que la volonté du directeur général de l'administration, et que les effets de cette volonté unique dépendront des lumières spéciales qui l'éclaireront.

Si, comme cela s'est vu durant longtemps, il est admis en haut lieu que le pur sang anglais est la source nécessaire de toute amélioration, tous les dépôts et par conséquent toutes les stations en seront pourvus à des degrés divers. S'il est admis, au contraire, comme cela semble l'être à présent, que le sang arabe doit avoir sa part, cette part lui sera faite. Mais dans tous les cas la décision aura le caractère absolu, et les éleveurs n'auront qu'à s'y soumettre, dans l'impossibilité où ils se trouveront de faire concurrence aux étalons de l'administration, en raison du bas prix que, systématiquement, celle-ci exige pour leurs saillies.

A tous égards donc, l'institution des étalons nationaux est condamnable, comme étant pour le moins inutile à l'intérêt public. Si leur choix est approprié aux exigences d'une bonne production, il n'y a pas de raison valable pour justifier la dépense qu'imposent au budget de l'État leur entretien et leur administration, puisqu'il est démontré par les faits que cette production s'effectuerait sans eux. Si ce choix est au contraire défectueux, ce qui est le cas le plus général, ainsi que nous l'avons fait voir en étudiant les méthodes de reproduction ; s'il a pour conséquence de placer l'industrie dans laquelle ils fonctionnent dans un état d'infériorité notoire, par rapport à celles qui se suffisent toutes seules, à la dépense superflue qu'elle fait peser sur les contribuables, l'institution des étalons nationaux ajoute l'obstacle qu'elle oppose à l'essor de l'industrie privée, seule capable, par la nature même des choses, d'assurer la production dans les meilleures conditions.

Les gouvernements des pays dans lesquels elle existe n'ont en conséquence rien de mieux à faire que de la supprimer.

Étalons départementaux ou provinciaux. — Lorsqu'en France les hippologues administratifs avaient la mission, correspondant à leur prétention, de diriger la production chevaline tout entière, de la « régénérer » en « infusant » du sang noble à doses variables et ménagées à toutes les races, en vue de les « retremper à la source vive de toutes les facultés, de toutes les spécialités, » de « verser quelques gouttes de sang pur dans les veines de ces races, » de ce pur sang qui est à leurs yeux « la source des facultés morales, le véhicule de tous les éléments de force, l'agent essentiel, la cause première de toute trame organique ; » alors, en présence des pratiques inspirées par l'idée qu'exprime ce langage métaphysique, il arriva que dans un certain nombre de départements, témoins des résultats déplorables de ces pratiques, il se produisit une réaction.

Ce fut surtout dans les régions appartenant aux aires géographiques des races de trait, sur lesquelles l'influence des étalons nationaux produisait les effets fâcheux les plus évidents. Les conseils généraux de ces départements prirent la résolution de pourvoir eux-mêmes aux besoins de la production chevaline, en votant les fonds nécessaires pour l'acquisition d'étalons départementaux plus appropriés à ces besoins.

Telle fut l'origine de l'institution.

C'est dans une pensée d'antagonisme, non contre le principe de l'intervention de l'État, mais contre le mode selon lequel elle se réalisait alors, que cette institution a été établie. Depuis, elle s'est beaucoup restreinte, l'administration ayant en grande partie renoncé à s'occuper directement de l'amélioration des chevaux de trait. A partir de 1860, elle n'a plus eu, dans ses dépôts, aucun étalon de gros trait, mais seulement des étalons légers et carrossiers de pur sang ou de demi-sang. A aucun moment, d'ailleurs, l'institution des étalons départementaux n'a eu complètement le caractère qui appartient, dans d'autres pays, aux étalons provinciaux, qui sont entretenus aux frais de la province et restent sa propriété.

En France, les choses se passent de deux manières : ou bien les étalons, achetés par une délégation du conseil général, sont confiés à des particuliers qui prennent l'engagement de les livrer à la monte durant un temps déterminé et à des conditions convenues, avec ou sans subvention, pour en devenir gratuitement propriétaires à l'expiration du délai; ou ces étalons sont adjugés aux enchères publiques et à perte, toujours sous la condition expresse d'être employés à la monte dans le département durant un certain temps. C'est ce dernier mode qui est encore le plus usité.

Certes, s'il était établi que l'industrie chevaline ne peut pas se pourvoir elle-même des étalons dont elle à besoin, l'institution des étalons départementaux devrait, pour les lui fournir, être préférée à celle des étalons nationaux. Elle n'a aucun de ces inconvénients, tirés de la nécessité d'une administration centralisée et coûteuse, fatalement conduite aux généralisations systématiques. Elle se passe de personnel, et elle est régie par des hommes qui administrent leurs propres intérêts, en s'occupant de ceux de leurs commettants, identiques avec les leurs, dont la conduite est contrôlée par ces mêmes commettants, avec la sanction de la non réélection, en cas de dissentiment

Mais nous avons vu que le plus haut degré de prospérité industrielle se montre en France précisément dans les centres de production chevaline où ni l'État ni les départements n'interviennent pour fournir des étalons.

Nous avons vu que dans le Perche, par exemple, cette prospérité n'a pas cessé de s'accroître depuis que les éleveurs ont été enfin débarrassés de leurs tuteurs officiels ou officieux.

Il n'y a vraiment aucune raison valable pour qu'il n'en soit pas de même partout où, comme dans le Perche, la production chevaline est bien à sa place et poursuivie conformément aux indications de la science. Vouloir l'implanter ailleurs par des moyens artificiels, c'est affaiblir la nation, non seulement en lui faisant consommer son capital, mais encore en mettant obstacle à un meilleur emploi de ses ressources, ainsi que nous l'avons fait voir précédemment en exposant les conditions normales de la production chevaline.

Quand elle n'est pas nuisible, l'institution des étalons départementaux est donc au moins inutile à l'intérêt public. Elle ne peut en ce cas servir qu'à procurer, aux frais des contribuables, des avantages particuliers à ceux qui font métier d'entretenir ces étalons et qui, en bonne justice, doivent comme tous les autres citoyens exercer leur industrie librement, à leurs risques et périls, avec la responsabilité qu'elle comporte, en y engageant leurs propres capitaux. Elle n'est profitable à tous qu'à cette condition.

Étalons approuvés. — L'administration française des haras n'entretient dans ses dépôts qu'un nombre d'étalons bien insuffisant pour la monte de toutes les poulinières. Afin d'étendre cependant son action sur l'ensemble de la production, elle a, parmi ses attributions, celle d'approuver ceux qui, bien que ne lui appartenant point, sont conformes à ses vues. A son approbation se rattache une prime en argent, dont il lui appartient de fixer la quotité et dont le maximum est seulement déterminé.

Tout possesseur d'étalon peut présenter celui-ci à l'un des fonctionnaires ayant qualité, inspecteur général ou directeur de dépôt, qui accorde ou refuse à son gré l'approbation et fixe la valeur de la prime annuelle. Son pouvoir à cet égard est arbitraire. Telle est l'institution des étalons approuvés.

On conçoit que les éleveurs, en général, se soucient peu de l'approbation de l'administration pour poursuivre leurs opérations. Ils ne se laissent guider que par les bénéfices que celles-ci procurent. Mais il n'en est pas de même des possesseurs d'étalons. Bon nombre parmi eux se laissent entraîner à l'appât de fortes primes, et pour les obtenir ils entrent dans les vues des fonctionnaires chargés de les attribuer. L'institution a donc les inconvénients des autres déjà examinées, et pas plus qu'à elles on ne lui peut reconnaître aucun intérêt public.

Étalons autorisés. — Les étalons autorisés sont, en quelque sorte, des diminutifs des étalons approuvés. L'autorisation n'est accompagnée d'aucune prime ; elle confère seulement à la descendance de l'étalon des droits à concourir aux encouragements distribués par l'administration. Du reste, l'institution fonctionne de même dans les deux cas. Les étalons sont autorisés, comme ils sont approuvés, par les fonctionnaires de l'administration des haras, qui se les font représenter périodiquement, pour confirmer ou retirer, quand et comme il leur plaît, l'approbation ou l'autorisation qu'ils ont accordée.

Ceux qui les sollicitent sont par conséquent à leur discrétion, pour autant qu'ils tiennent au bénéfice de l'institution. L'administration des haras a le pouvoir de régler comme bon lui semble les circonscriptions dans lesquelles des étalons de telle ou telle sorte pourront être approuvés ou autorisés par elle, ainsi que la quotité des primes d'approbation. Elle dispose à cet égard pleinement des fonds de son budget.

Primes d'encouragement. — Les juments poulinières et les pouliches, les poulains dressés reçoivent des primes qui sont attribuées et distribuées également par les fonctionnaires de l'administration des haras. Ces primes varient quant à leur importance. Le minimum et le maximum en sont seulement déterminés par la loi.

Seuls les poulains et les pouliches issus des étalons nationaux, des étalons approuvés ou autorisés, et les juments saillies par eux, peuvent concourir à ces primes nationales. Tous les autres en sont exclus.

Leur institution a visiblement pour but, d'après cela, d'attirer à ces étalons la clientèle des juments. Elle ne vise point, en conséquence, comme celle des concours ou exhibitions ordinaires, à exciter l'émulation entre les éleveurs, en leur laissant le libre choix des moyens de production. Le système des primes n'est qu'un moyen de plus pour étendre l'influence de l'administration.

Les primes aux poulinières suitées et aux pouliches en gestation sont attribuées après examen seulement de la conformation et de l'origine. Celles aux poulains ne le sont qu'après une épreuve ayant pour objet de constater l'état de leur dressage. Ces poulains doivent être émasculés ou hongres. Ceux qui restent entiers sont réservés pour le concours d'achat des étalons.

Les mêmes motifs qui ont fait condamner les institutions hippiques précédentes, comme appartenant à un système incompatible avec l'économie industrielle moderne, sont également valables pour celle des primes d'encouragement. Elle fait partie d'un ensemble avec lequel elle doit disparaître, pour être remplacée avantageusement par celle qui a fait ses preuves dans toutes les autres branches de l'industrie humaine et dont nous avons exposé (t. II, p. 360), les mérites incontestés. Nous en reparlerons plus loin.

Courses. — Sous le titre de *Carnet des courses*, il a existé une publication, faite sous les auspices de la Société d'encouragement, et qui contenait tout ce qu'il faut pour donner des idées tout à fait exactes sur l'institution.

La Société d'encouragement a été fondée en 1833. « Régénérer les races communes par l'étalon de pur sang, éprouvé par les courses, tel fut et tel est toujours le programme de cette Société, connue sous le nom plus familier de Jockey-Club. C'est à la généreuse et intelligente initiative du Jockey-Club que la France doit l'éclatant succès des courses, la création d'une famille de chevaux français de pur sang, qui peut lutter avec honneur sur tous les hippodromes d'Angleterre, et enfin l'amélioration incontestable de ses races indigènes. »

Ainsi s'exprime l'auteur de la publication. Il ajoute : « Cette Société, aujourd'hui puissante et prospère, a créé des *hippodromes*, fondé les *courses* et les *prix*, patronné et subventionné les *courses de province*, institué le *salon des courses* et réglementé les *paris*. Elle est représentée par le *Comité des courses*, composé de quinze membres fondateurs et de quinze membres adjoints. C'est ce comité qui vote le budget, établit le code et les programmes des courses, les conditions des prix, etc. — Le comité choisit parmi ses membres les commissaires des courses, au nombre de trois, qui ont pour mission de le représenter, d'exécuter ses décisions, d'administrer les courses de Paris, Chantilly, Fontainebleau, de juger souverainement les difficultés et contestations, de contrôler la publication du *Bulletin officiel* et du *Calendrier des courses*. »

Détail non négligeable : « Le Jockey-Club est, aujourd'hui, le cercle préféré du monde élégant ; quoique le nombre des membres soit illimité, les conditions d'admission en rendent l'accès fort difficile. »

Les *hippodromes*, ou champs de course, sont des lieux de réunion appropriés pour les courses de chevaux. Un hippodrome comprend une ou plusieurs pistes. Une *piste* est limitée par deux rangées de piquets reliés à l'aide de cordes. C'est sur la piste que les chevaux courent ; elle décrit autour de l'hippodrome, en face des tribunes, un circuit de forme ovale d'une étendue de 2,000 mètres environ. L'*intérieur de la piste* est l'espace entouré par la piste : là se tiennent les cavaliers, les voitures et la foule des piétons. Les *tribunes* sont placées et exhaussées, de manière à permettre aux spectateurs de bien suivre la course. Dans l'*enceinte du pesage* se tiennent les chevaux de course, les propriétaires, entraîneurs, jockeys, l'élite des sportsmen et des parieurs.

« L'origine des courses, dit notre auteur, remonte à la plus haute antiquité. Dès que l'homme s'est servi de chevaux, il a dû les faire lutter de vitesse. Les fêtes de la Grèce antique, de la Rome impériale, de l'ancienne Byzance, empruntaient aux luttes de l'hippodrome leur plus brillant éclat. Mais, dans ces luttes d'autrefois, le cheval était relégué au second plan ; elles avaient surtout pour but de mettre en évidence la force, l'adresse, l'audace de l'homme. Les Anglais, en instituant les courses modernes, n'ont eu en vue que le cheval. C'est par les courses qu'ils ont créé leur magnifique race de *pur sang*. C'est pour les courses qu'ils ont créé les *jockeys*, race d'hommes de très-petite taille et d'un poids léger qui, sous une enveloppe de frêle apparence, font preuve d'une remarquable vigueur, d'une adresse et d'une audace incomparables. »

Il y a trois sortes de courses : la *course plate*, la *course de haies*, le *steeple-chasse*.

Courses plates. — Les courses plates sont les seules dirigées et subventionnées par la Société d'encouragement. D'après cette Société, elles constituent l'épreuve par excellence du pur sang, permettent de juger le mérite respectif des concurrents et signalent les reproducteurs d'élite. C'est que, dit-on, sur un terrain uni et gazonné, le cheval de course peut s'étendre dans toute son allure et donner la mesure exacte de sa qualité.

Pour être admis à prendre part aux courses, un cheval doit être dans des conditions déterminées, faute de quoi il est *disqualifié*, ce qui signifie que le droit de courir lui est retiré. Sont admis, sauf conditions contraires, les chevaux entiers et juments inscrits au *stud-book*, nés et élevés en France jusqu'à l'âge de deux ans et régulièrement engagés. Les *engagements* doivent se faire par écrit, dans les termes exigés par les règlements et en temps opportun. Au moment de l'engagement, le propriétaire doit payer *l'entrée* ou le *forfait*; sinon il n'a pas le droit de faire courir. L'*entrée* est une somme d'argent fixée par le programme et variant de 25 à 1,000 fr. Le *forfait* est une somme inférieure à celle de l'entrée, qui doit être payée par le propriétaire dont le cheval est engagé et ne court pas.

La distance de la course est toujours indiquée au programme. Elle varie de 800 à 6,200 mètres. Au-dessous de 1,600 mètres, les courses sont dites à *courtes distances*.

La distance moyenne est de 2,400 mètres. De 1875 à 1881 inclus, sur 12,057 courses qui ont eu lieu en Angleterre et en Irlande, 8,252 étaient de moins d'un mille (1,600 m.); 3,247 de 1 mille et au-dessous de 2; 18 seulement de 4 milles; le reste de 2 milles et au-dessous de 4.

A ce sujet, on a, dans le monde du turf, une théorie assez singulière, qui est exprimée par l'auteur que nous suivons dans des termes que nous citerons textuellement.

« Il ne faut pas croire, dit-il, que plus la distance est longue, plus elle exige de fond chez le cheval. Tout dépend du *train*, c'est-à-dire de la vitesse à laquelle la course est menée. Une longue distance, à un train lent, ne prouve pas autant de fond qu'une distance moyenne, à un train sévère. Les courses à *courtes distances* peuvent être gagnées, dans un déboulé de train, par un cheval rapide à se mettre sur ses jambes et n'ayant qu'un bout de vitesse; mais pour accomplir une distance moyenne au *train de course*, il faut beaucoup de fond. *C'est le train qui tue*, disent les Anglais. Une course de 2,400 mètres prouve, alors, tout autant qu'une course de 6,200 mètres. 6,200 mètres! de pareilles distances ne se courent guère qu'à un galop d'exercice. »

Qu'on se reporte au texte de Youatt, cité dans notre description du cheval de course (p. 24), et l'on verra combien il y a loin des idées soutenues sur le sujet par cet auteur compétent, et préoccupé seulement de maintenir les qualités utiles de l'animal, à celles exprimées dans le jargon que nous venons de voir et auquel la dynamique animale reste absolument étrangère.

Les *prix de course* sont donnés par les sociétés de courses, par l'administration des haras, par les conseils généraux, les villes, les compagnies de chemins de fer, les cercles, les particuliers, etc. Plus de 1,500,000 fr. sont annuellement distribués. Au montant du prix, ou à la somme inscrite au programme, viennent s'ajouter les entrées et les forfaits, qui parfois en doublent ou en triplent la valeur.

L'administration des haras donne des *prix classés* dits nationaux, principaux, spéciaux, variant de 4,000 fr. à

1,500 fr., attribués aux courses plates, et des *prix non classés*. Un arrêté ministériel répartit les prix classés entre les hippodromes ; quant aux prix non classés, le ministre, ou plus exactement le directeur de l'administration des haras, en dispose chaque année suivant qu'il lui plaît.

Pour conserver aux courses l'imprévu qui en fait tout l'attrait, on emploie un moyen qui a pour but avoué d'égaliser les chances entre les concurrents, et par conséquent d'augmenter la part de ce qui s'appelle le hasard. Ce moyen consiste à faire varier les poids portés par les coureurs engagés. Il y a dès lors des *prix à poids égaux*, dans lesquels les chevaux et les juments étant du même âge, les premiers rendent seulement aux secondes le *poids pour sexe*, qui est fixé à 1,500 grammes ; des *prix à poids pour âges*, dans lesquels une échelle a été établie réglementairement, en vue de permettre aux chevaux d'âges différents de courir ensemble dans des conditions d'égalité, et en faisant varier le poids, non seulement suivant l'âge, mais encore suivant la distance, parce que les chevaux âgés sont considérés comme ayant plus de fond.

Il y a aussi des *prix avec surchages et décharges*, ayant pour but d'empêcher les meilleurs chevaux de gagner tous les prix. Dans ce cas il est stipulé que le gagnant de tel prix portera dans les autres courses une surchage déterminée. Ceux qui n'ont pas gagné sont au contraire déchargés.

Enfin il y a les *Handicaps*, dans lesquels, à l'aide du poids, on cherche à égaliser les chances de succès de tous les chevaux. Un commissaire, dit *handicapeur*, est chargé de la tâche difficile d'établir l'échelle de poids, à chaque course, depuis le meilleur cheval jusqu'au plus médiocre, en prenant pour base le *Pedigree* et les *Performances*.

Le handicap, dit-on, permet à tout propriétaire de cheval de course d'espérer de se couvrir de ses frais d'écurie, et à ce titre il encourage l'élevage du pur sang. Ajoutons qu'il y a en outre, « toujours dans le but de subventionner

les propriétaires malheureux, » *des prix avec exclusion*
et des *prix à réclamer*. Les premiers sont disputés exclusivement par les chevaux qui n'ont pas gagné ou n'ont
gagné que des prix sans importance. Pour les seconds,
les conditions de la course portent que le gagnant sera à
vendre pour un prix déterminé. « C'est une occasion offerte
aux propriétaires de chevaux médiocres de gagner un prix
et de vendre leurs chevaux. »

Les cinq prix les plus importants de l'année se courent
à Paris et à Chantilly. Ce sont :

La *poule d'essai*, 10,000 fr., ajoutés à une poule de
1,000 fr., pour poulains et pouliches de trois ans; 2,000 fr.
au second sur les entrées. Poids, 54 kil. Distance,
1,600 mètres.

Le *prix de Diane*, 15,000 fr., pour pouliches de trois ans.
Entrée, 500 fr. ; forfait, 300 fr. et 250 fr. ; 1,000 fr. au second
sur les entrées. Poids, 54 kil. Distance, 2,100 mètres.

La *grande poule des produits*, 15,000 fr. ajoutés à une
poule de 1,000 fr., pour poulains et pouliches de trois ans ;
les entrées au second jusqu'à concurrence de 2,000 fr.
Poids, 54 kil. Distance, 2,100 mètres.

Le *prix du Jockey-Club* (Derby français), 30,000 fr., pour
poulains et pouliches de trois ans. Entrée 1,000 fr. ; forfait, 600 fr. et 500 fr. ; 2,000 fr. au second sur les entrées.
Poids, 54 kil. Distance 2,400 mètres.

Enfin le *grand prix de Paris*, 100,000 fr., donnés moitié
par la ville de Paris et moitié par les cinq grandes compagnies de chemins de fer, pour poulains entiers et pouliches de toute espèce et de tout pays, âgés de trois ans.
Entrée, 1,000 fr. ; forfait, 600 fr., 500 fr. et 100 fr. ; 10,000 fr.
au second et 5,000 fr. au troisième sur les entrées. Poids,
55 kil. Distance, 3,000 mètres.

Un document statistique sur les courses d'Angleterre
doit être consigné ici pour mettre bien en évidence l'esprit de l'institution. En 1797, le nombre des chevaux de
5 ans et au-dessus qui paraissaient sur les hippodromes
était de beaucoup le plus grand et celui des poulains
de 2 ans, de beaucoup le plus petit (48 contre 262 sur un
total de 593). A partir de 1865, les proportions sont tout à

fait renversées : il y a 659 poulains de 2 ans contre 447 chevaux de 5 ans et au-dessus, pour un total de 2,042. En 1880, sur 2,026 chevaux ayant couru, il y en avait seulement 283 de 5 ans et 820 de 2 ans. 610 avaient 3 ans et 314 étaient agés de 4 ans. Il est clair que l'âge des coureurs est allé toujours baissant.

L'organisation des courses plates, telle que nous venons de la voir, suffirait pour montrer que l'amélioration des chevaux n'est que le prétexte de l'institution. On s'en aperçoit sans être bien perspicace. Ce que nous allons maintenant emprunter textuellement au *Carnet des courses* (§ VI) le rendra évident pour tout le monde, en établissant qu'elles ne sont pas autre chose qu'un jeu public. Voici ce qu'on y lit :

« Les paris ! voilà le *great-attraction* des courses. La fièvre du jeu se donne libre carrière à propos des courses de chevaux. Les chevaux sont *cotés* comme des valeurs de bourse et subissent des alternatives de hausse et de baisse. Une colique, un tendon chauffé, un catarrhe, etc., ont un retentissement sur le marché.

« *Paris à la cote.* — Les paris à la cote sont les seuls autorisés, depuis que les paris mutuels, reconnus jeux de hasard, ont sombré devant la police correctionnelle.

« *La cote.* — Tout cheval engagé dans une course a chance de gagner. Supposons, par exemple, un champ de course de 12 chevaux, et admettons la parfaite égalité des chances : chaque cheval a une chance de gagner et douze chances de perdre ; sa cote est de 12 contre 1 ; elle s'écrit : 12/1. Mais comme l'égalité des chances n'existe jamais, la cote de chaque cheval, étant basée sur son mérite réel ou supposé, est nécessairement différente.

« On trouve, dans la même course, tel cheval à 20 contre 1 (ayant 20 chances de perdre contre une de gagner), tel autre à 5/1, tel autre à *égalité contre le champ*, — ce qui veut dire que ses chances sont estimées égales à celles de tout le champ. — Exceptionnellement même, un cheval peut avoir plus de chances que le champ : on parie 2 contre 1, 4 contre 1 pour lui ; *on paie pour l'avoir.*

« La cote de chaque cheval est fixée par le *betting*,

c'est-à-dire par la masse des parieurs. C'est au *Salon des courses* (betting-room) que se réunissent les parieurs les plus sérieux. Cette réunion présente toutes les garanties désirables. La réunion des parieurs, dans l'enceinte du pesage, c'est encore le *betting*.

« Le *book-maker* (faiseur de livre) de profession est très-répandu en Angleterre. Des book-makers anglais viennent au grand prix de Paris. Ils s'installent dans l'enceinte du pesage, près d'un tableau qui porte le nom et la cote de chaque cheval ; ils donnent à tout venant tel ou tel cheval à la cote fixée par eux.

« *Les parieurs.* — Il y a des parieurs *pour* et des parieurs *contre*. Le *parieur pour (backer)* est celui qui parie qu'un cheval, choisi par lui dans le champ, gagnera. Le *parieur contre (book-maker)* parie que le cheval ne gagnera pas. Évidemment les chances sont bien différentes : un seul cheval peut faire gagner le parieur pour. Tous les chevaux, sauf un, font gagner le parieur contre. C'est la cote débattue entre les deux parieurs qui rétablit l'égalité des chances. Ainsi, un parieur pour, qui prend le cheval à dix contre un, est dans l'alternative de gagner dix ou de perdre un. Pour le parieur contre, la proportion est inverse. »

Mais tout le monde sait à présent, par les nombreux procès qui se sont déroulés devant la police correctionnelle française, que les inconvénients des courses de chevaux, en tant qu'institution de jeu, ne se bornent pas à ce qui concerne la société restreinte admise au betting-room. En dehors du petit cercle des privilégiés il s'est établi, d'abord dans des boutiques à Paris, puis dans des voitures sur le terrain même de l'hippodrome, puis dans l'enceinte du pesage, des maisons de jeu d'abord publiques, puis clandestines, conviant les joueurs à prendre part à leurs opérations plus ou moins loyales.

Traqués partout, les industriels qui avaient monté ces « *agences de poules* » ont été condamnés à plusieurs reprises. Ils ont toujours, jusqu'à présent, recommencé. Il n'y a pas apparence que les condamnations réussissent à faire disparaître leur industrie. Elles feront imaginer des combinaisons qui puissent couvrir les risques plus grands par de plus gros bénéfices. Elles ne feront pas plus disparaître les jeux de course que ceux de bacarat, de lansquenet, etc.

Quoi qu'il en soit, du fait il faut retenir seulement que les courses de chevaux, de spectacles qu'elles étaient pour le grand public, sont devenues une cause de démoralisation pour ce grand public lui-même, en y excitant la passion funeste du jeu de hasard. Elles sont devenues quelque chose comme l'ancienne loterie, un excitant pour les mauvaises mœurs.

C'était bien assez déjà de l'influence qu'un tel spectacle, importé d'Angleterre, peut exercer sur la douceur et l'élégance véritable de nos mœurs, en nous portant à nous enthousiasmer pour ces luttes aussi brutales qu'inutiles, sans parler des exhibitions scandaleuses de filles perdues et de jeunes débauchés, dont elles sont l'occasion. Il n'est jamais bon d'étaler si bruyamment ces vices dorés ; mais ce qui passe la permission, c'est de présenter les spectacles de ce genre, les jeux de cette sorte, comme indispensables à l'indépendance de la patrie.

Partout les intéressés ont réussi à faire prévaloir le raisonnement suivant: Le pur sang anglais est indispensable pour la production des chevaux propres aux services militaires. Il n'y a pas de pur sang anglais en l'absence des courses plates au galop. Donc l'institution de ces courses est de la plus grande utilité publique. Sans elle la défense nationale ne pourrait pas être assurée.

En Prusse, en Autriche et en Italie, aussi bien qu'en France, on retrouve ce raisonnement triomphant. Il n'en est pas pour cela mieux fondé, car il a pour base une proposition des plus contestables, ainsi qu'on le sait maintenant, d'après ce que nous avons fait voir.

En effet, loin que les étalons de course dont il s'agit soient indispensables pour la production des chevaux de guerre, nous avons établi au contraire que leur descendance n'a aucune des qualités qui, chez ces chevaux, doivent être mises au premier rang. En fût-il autrement, qu'il y aurait encore lieu de se demander si, pour que l'institution des courses plates au galop se maintienne, les subventions de l'État sont nécessaires.

Malheureusement, cette institution trouve dans les circonstances déplorables que nous avons mises plus haut en relief un stimulant plus que suffisant. En sa qualité de spectacle et de jeu public, même de simple sport, comme disent les Anglais qui l'ont inventée, conformément aux instincts de leur propre race, elle subsisterait sans que l'État y intervînt autrement que pour en faire la police. Et c'est à quoi son rôle devrait se borner, au lieu de la doter de subventions annuelles considérables.

Ces subventions sont réparties, comme nous l'avons vu, sous forme de prix de course, entre un certain nombre d'hippodromes qui sont dits classés. La répartition est faite par l'administration des haras, d'accord avec les diverses sociétés qui dirigent ces hippodromes et instituent, de leur côté, d'autres prix sur leurs fonds particuliers. C'est à ces derniers et aux enjeux des coureurs que devraient être réduites les ressources des hippodromes, devenus des institutions absolument étrangères au budget de l'État.

Courses d'obstacles (*courses de haie et steeple-chase*). — Le but apparent des courses plates est l'amélioration des espèces chevalines par le pur sang. Les hippophiles n'avouent que celui-là. C'est le pavillon qui couvre la marchandise. Celui des courses d'obstacles est différent. Il est d'instituer une véritable *gentilhommerie de cheval*, dans laquelle il s'agit d'encourager l'équitation « hardie ». Hardie, en effet, car il ne se passe guère de steeple-chase sans qu'il y ait accident plus ou moins grave, et parfois même mort d'homme ou de cheval.

Il y a aussi une *Société générale des steeple-chases de France*, dont le réglement ne diffère point de celui du comité des courses de la *Société d'encouragement*. Le titre : *Des paris*, n'y est pas non plus oublié. Du reste, mêmes mœurs et coutumes, absolument. Il serait donc superflu d'y revenir.

Quant à savoir comment les steeple-chases font « progresser l'élevage des chevaux de commerce, » comme on le prétend, c'est ce que nous ne sommes pas en mesure de dire. En y regardant de près, on est même obligé de reconnaître qu'ils encouragent surtout autre chose que « le goût du cheval et de l'équitation hardie, » qu'il y aurait, d'après le considérant de l'un des arrêtés ministériels qui les instituent, « un intérêt sérieux à propager. »

Comme pour les courses plates, il n'est pas douteux que le plus sérieux de l'affaire se passe au betting-room, où ne pénètre que la gentilhommerie dont il était parlé tout à l'heure, et, les jours de course, sur le turf, dans les rangs de cette ridicule jeunesse des magasins et des bureaux qui prétend à la singer. Les débats de la police correctionnelle nous ont, à cet égard, révélé de curieux détails. Ces Athéniens dégénérés de l'aune et du grattoir tiennent pour la casaque jaune, rouge ou verte, et font leur book, tout comme un noble membre du Jockey-Club. Seulement il arrive que le dépositaire des enjeux s'échappe un jour sans régler ses comptes ; et comme leur betting-room, à eux, est en plein soleil, ils tombent par là même en plein droit commun, et c'est à la magistrature qu'incombe le soin de vider, au nom de la morale publique, leurs petits différends.

Courses au trot. — Dans le système de l'administration française des haras, les courses au trot ne l'intéressent qu'en ce qui concerne l'épreuve publique sur l'hippodrome, exigée pour tous les étalons nés et élevés en France (ceux de gros trait exceptés) qui doivent entrer dans les dépôts de l'État ou dans la classe des étalons approuvés. Courent au trot, en ce cas, le « demi-sang carrossier », soit monté, soit attelé seul, et le « trait léger », attelé seul. Des autres courses au trot, elle se soucie peu. Dans le haut monde hippique, on ne les voit point d'un bon œil. On les considère comme dérobant aux courses plates au galop, les seules importantes, une part de la subvention qui leur est due.

Cette question de subvention laissée de côté, il est certain pourtant que l'institution des courses au trot est la seule dont l'utilité ne puisse point être contestée.

L'allure du trot est celle à laquelle sont utilisés la plupart des chevaux légers, et exclusivement les chevaux d'attelage et de transport des voyageurs. Il y a évidemment intérêt à favoriser son développement. Il serait par conséquent désirable de voir instituer des courses de ce genre dans tous les centres de production de ces chevaux, comme moyen de stimuler l'application qui doit leur être faite de la gymnastique fonctionnelle, et d'en sanctionner les résultats par des preuves publiques.

Mais quelque utiles qu'elles puissent être, les courses au trot, pas plus que les autres, ne sauraient devenir ou rester sans abus une institution d'État. Il n'appartient qu'aux associations particulières, et tout au plus aux conseils généraux ou provinciaux, de les subventionner. Il n'est pas admissible qu'en France, par exemple, les contribuables du Var ou des Alpes-Maritimes aient intérêt à ce qu'il se produise en Normandie ou dans le Perche de beaux trotteurs. Seuls les Normands et les Percherons y sont intéressés, parce qu'ils les vendront plus cher et gagneront ainsi davantage dans leur industrie.

C'est donc à eux seuls qu'incombe la charge des frais à faire pour arriver à leur but. Le budget de l'État doit être réservé pour d'autres devoirs. Ajoutons toutefois, pour bien marquer la situation présente, que sur la somme de plus de 2,000,000 de fr. portée à ce budget pour les encouragements à l'industrie chevaline, la subvention des courses au trot ne prend pas au delà de 200,000 fr. Le plus souvent même, dans les dernières années, elle ne les a pas atteints.

Concours et expositions. — En France, les Équidés n'étaient pas admis, jusqu'à ces dernières années, dans les concours et expositions d'animaux institués par le gouvernement. Les crédits ouverts pour cet objet par les lois de finances sont portés au chapitre des encouragements à l'agriculture. Il était administrativement entendu que les Équidés ne sont point des produits agricoles. La direction ministérielle de l'agriculture ne disposait par conséquent pas, en faveur de la production chevaline, des fonds d'encouragement qui lui étaient votés exclusivement pour celle des Bovidés, des Ovidés et des Suidés, ainsi que pour celle des oiseaux et animaux de basse-cour. C'est la direction des haras qui administre cette production chevaline, et elle ne lui ouvrait ni expositions, ni concours autres que ceux que nous avons déjà vus, sous forme de courses.

Maintenant les Équidés peuvent être admis, mais toujours sous la direction de l'administration des haras, dans les concours régionaux au même titre que les animaux reproducteurs des autres genres.

Il existe en outre depuis quelque temps, en France, une société puissante par l'argent dont elle dispose, sous le nom de Société hippique française pour l'encouragement des chevaux de service, et qui, chaque année, organise, sur divers points de la France, des concours de circonscription, couronnés par un concours général à Paris.

Cette société, instituée sur les bases les plus pratiques, rend de véritables services à la production. Ses concours sont des marchés auxquels les épreuves de toutes sortes qu'y subissent les chevaux exposés, eu égard aux diverses spécialités de service, donnent un grand attrait. Le public élégant s'y rend avec empressement et paie des droits d'entrée qui mettent à la disposition de la Société des ressources considérables.

On ne saurait être trop élogieux pour l'initiative prise par ses fondateurs et surtout pour l'esprit pratique dont ils ont fait preuve dans son organisation. Ils ont surtout suivi l'exemple donné depuis longtemps par la Société royale d'agriculture d'Angleterre; mais il ne leur en a pas moins fallu, pour arriver au succès légitime qu'ils ont heureusement atteint, déployer une activité éclairée et inspirée par le sentiment de l'intérêt public, qui est le véritable patriotisme.

Tandis que l'influence de la Société d'encouragement n'a guère fait que du mal à la production chevaline française, en dirigeant exclusivement son action du côté des courses et de la production de ce qu'elle nomme le pur sang, il n'est pas douteux que la Société hippique, par ses expositions et ses concours, lui fera le plus grand bien, tant qu'elle restera dans la voie où elle s'est engagée jusqu'ici.

Elle admet des chevaux de tout âge et de toute provenance, en les faisant concourir chacun dans la catégorie de service pour laquelle il a été déclaré. Elle ouvre des catégories selon les aptitudes admises par le commerce et fondées, soit sur les nécessités réelles, soit sur la mode actuelle, pour les chevaux de grands coupés, grandes berlines, grandes calèches, de petits coupés, landaus, phaétons, etc., de victorias, américaines, etc., de parc, de selle, les poneys. Ces aptitudes sont, comme on sait, principalement déterminées par la taille. Elle n'a pas, dans ses concours, d'autre parti pris que celui de mettre en lumière les sujets les plus aptes pour le service auquel ils doivent être employés, sans se préoccuper en aucune façon des questions de race. Elle est donc dans la voie la plus pratique.

S'il s'agissait de concours de reproducteurs, ce serait différent. Ceux-ci ne peuvent avoir utilement pour base que le respect du principe de la pureté de race, invariablement adopté dans les concours anglais. Nous nous sommes suffisamment expliqués sur l'importance de ce respect pour qu'il ne soit point nécessaire d'y revenir longuement ici. Dans un concours de reproducteurs, aussi bien pour les espèces chevalines que pour toutes les autres, qu'il s'agisse d'étalons ou de juments, seuls les individus de même espèce ou de même race, dans beaucoup de cas de même variété aussi, doivent concourir ensemble, si l'on veut faire quelque chose qui ait une véritable utilité pratique, quelque chose qui donne au public intéressé un enseignement précis. Il y faut donc autant de catégories de prix qu'il y a de variétés et tout au moins de races présentes au concours, l'importance des prix étant réglée d'après l'importance relative même de celles-ci.

Comme moyen de faire progresser la production, en outre des débouchés, qui resteront toujours le stimulant le plus énergique et le plus efficace, les expositions et les concours bien organisés, dans les centres de production pour les reproducteurs, dans les grands centres de consommation pour les produits, méritent seuls d'être pris en considération.

Toute institution d'intervention directe, comme celles qui fonctionnent actuellement et que nous avons passées en revue, a pour moindre défaut d'être inutile quand elle est bien dirigée, c'est-à-dire conformément aux nécessités pratiques, et de ne servir qu'à des intérêts privés, aux dépens du public. Le plus souvent, malheureusement, elle ne s'en tient pas là; étant mal dirigée, dans des vues systématiques et non éclairées par la science, elle devient nuisible, en détournant la production de ses voies normales.

En raison du principe que nous avons posé, l'État ne peut intervenir utilement que pour l'organisation des expositions nationales ou internationales. Les autres sont du ressort des conseils départementaux ou provinciaux, ou des associations particulières, agricoles ou hippiques, qui, chez une nation bien administrée, doivent rester juges de leurs intérêts locaux, et qui ont mieux que personne qualité pour les bien servir.

Remontes militaires. — Ainsi que nous l'avons déjà vu, l'argument qu'on a toujours fait valoir le plus, en tout pays, pour justifier l'intervention directe de l'administration publique dans la production chevaline, est celui de l'intérêt militaire. En présence des derniers événements de la politique européenne, cet argument a pris une recrudescence nouvelle. Partout les conseils des gouvernements se sont montrés de plus en plus convaincus de la nécessité de cette intervention, sous prétexte qu'il importe de plus en plus que les armées puissent trouver dans le pays même, en cas de guerre, sous le double rapport de la quantité et de la qualité, les chevaux qui leur sont devenus nécessaires en nombre croissant.

Depuis 1870-1871, la question a été plus que jamais agitée dans presque tous les États d'Europe. Elle y a donné lieu à des rapports et à des mémoires, à des discussions dans la presse, qui ne peuvent laisser aucun doute au sujet de la préoccupation générale signalée ici.

La nécessité militaire en question n'est pas contestable. Elle frappe tous les yeux. Il est évident que la sécurité, la grandeur et les finances nationales sont partout grandement intéressées à ce que cette question soit résolue. On ne peut différer d'avis que sur le choix des moyens de la résoudre. Pour notre compte, nous ne pensons pas que ceux adoptés chez nous soient les meilleurs.

Il ne paraît pas admissible, en effet, que les prescriptions de la loi de 1874, relatives à l'augmentation du nombre des étalons nationaux, aient la puissance d'augmenter celui des chevaux propres aux services militaires. Tout le monde sait, d'ailleurs, que dans le genre des chevaux que procréent ces étalons, ce n'est point le nombre qui fait défaut, mais bien l'aptitude, et que ceux-là seuls à la production desquels ils restent étrangers se produisent en abondance et en qualité excellente. Nous l'avons établi péremptoirement au commencement du présent chapitre.

Sans remonter, dans notre histoire, au delà d'une quarantaine d'années, on constate combien ont été grandes en 1840, en 1848, en 1854, en 1859, en 1870, les difficultés pour mettre la cavalerie et l'artillerie de nos armées sur un bon pied de guerre. Ce n'est point exagérer de dire qu'il y a eu véritablement impossibilité de trouver alors, dans la production de notre pays même, les éléments nécessaires. Les nécessités actuelles sont plus que le double de celles de ces temps-là. Si les étalons nationaux d'alors n'ont pu y suffire (et personne, parmi ceux qui savent l'histoire, ne le contestera), ce n'est donc pas en se bornant à doubler leur nombre qu'on mettra la production nationale en mesure de faire face aux nouvelles nécessités.

Il y a, sur ces matières, des vérités élémentaires, qui sont acceptées sans contestation pour tous les approvisionnements militaires autres que ceux dont il est ici question. Qu'il s'agisse de vêtir, de chausser ou de nourrir des soldats, de fabriquer leurs armes, toutes choses qui ont une importance au moins égale à celle de leurs chevaux, on trouve tout naturel de s'en rapporter à l'industrie pour les draps, les cuirs, les blés, les bestiaux ou la viande, le fer, le cuivre, le bois, etc., l'administration de la guerre met les fournitures en adjudication ou passe des marchés de gré à gré. Elle subit les conditions générales du commerce, en imposant les siennes propres au sujet des qualités qu'elle désire, et les offres ne lui font jamais défaut.

Quelle raison y a-t-il d'agir autrement pour ce qui est relatif aux chevaux? En réalité il n'y en a aucune. Les chevaux ne sont-ils pas une marchandise comme toutes les autres? Est-ce que leur production obéirait à des lois économiques particulières? C'est ce qu'il est impossible de soutenir sérieusement.

Pour les chevaux militaires, comme pour les vêtements, les chaussures, les denrées d'alimentation, grains ou farines, viandes, fourrages, le fer ou le bois, l'État n'est ni plus ni moins qu'un consommateur ou qu'un acheteur comme tous les autres, qui doit purement et simplement subir la loi du marché, la loi de la concurrence. Seulement, pour une certaine sorte de chevaux, il est, sinon le seul acheteur, du moins à beaucoup près le plus gros de tous : nous voulons parler des chevaux de cavalerie légère, dont la sorte, dans l'état actuel des habitudes sociales, n'a guère d'autres emplois. Ces chevaux lui étant indispensables, il a le plus grand intérêt à favoriser leur production, de telle sorte qu'il en existe toujours dans le commerce un stock suffisant pour parer à tous ses besoins éventuels.

Ce n'est certes pas en mettant des étalons à la disposition des producteurs qu'il la favorisera; c'est en lui ouvrant un débouché constant et avantageux, conformément à la loi économique. C'est encore là une de ces vérités élémentaires dont nous parlions il n'y a qu'un instant et qu'il serait superflu de développer, après ce que nous en avons dit (t. II, p. 352), en étudiant les conditions générales de la production animale.

Les remontes militaires étant considérées comme des institutions hippiques, qui doivent avoir pour objet tout à la fois de satisfaire aux besoins immédiats des armées et d'encourager la production chevaline, il nous appartient par conséquent d'examiner l'organisation la plus capable de leur faire atteindre ce double but.

Il serait oiseux de dire que les divers systèmes usités jusqu'ici pour l'achat des chevaux militaires n'y sont point arrivés. La situation de l'industrie, en ce qui les concerne, le rend évident.

La première condition pour qu'une industrie quelconque fonctionne régulièrement et se développe, surtout lorsqu'elle comporte, comme c'est le cas de la production chevaline, des entreprises à long terme, c'est qu'elle soit à peu près assurée que ses produits trouveront un débouché permanent et régulier. Les industriels qui raisonnent bien leurs opérations ne se lancent point à l'aventure dans un genre de production dont les chances ne puissent pas être prévues et calculées avec l'exactitude désirable, quant aux bénéfices de ces opérations.

Ces bénéfices dépendant ici, en grande partie, de l'importance de la demande, il est clair que les producteurs doivent prendre pour base de leurs calculs l'état normal des achats annuels. On ne produit qu'en vue de la consommation la plus probable, car on redoute l'encombrement, qui a pour conséquence fatale l'avilissement des prix.

En outre de cette condition fondamentale pour tous les genres de production, la question se complique ici d'un élément particulier. Il est des marchandises qui s'améliorent et acquièrent de la valeur, en attendant le débouché ; d'autres qui, n'en acquérant pas, conservent au moins celle qu'elles ont, ou bien rendent des services qui compensent leurs déperditions.

Les chevaux produits exclusivement en vue des services militaires ne peuvent être rangés dans aucune des catégories ainsi caractérisées. S'ils ne sont point vendus dès qu'ils ont atteint l'âge réglementaire, le service auquel ils sont propres ne trouvant pas d'emploi utile chez le producteur, à mesure que leur valeur réelle décroît, leur prix de revient augmente de la quotité de leurs frais d'entretien.

Le motif est péremptoire pour que la production soit réglée sur les achats du pied de paix et non point sur les besoins éventuels de la mobilisation, en cas de guerre.

Évidemment on ne saurait exiger des agriculteurs que, par pur patriotisme, ils se ruinent à produire des chevaux pour les tenir prêts à toute éventualité. Ils obéiront, sans nul doute, comme tous les autres citoyens, avec empressement aux prescriptions de la loi sur les réquisitions. En cas de mobilisation de l'armée, ils livreront sans difficulté tous les chevaux inscrits sur les contrôles, dont ils seront possesseurs. Mais serait-il raisonnable d'admettre une surproduction en vue d'une telle éventualité ?

Cependant, c'est d'être garantie contre l'insuffisance, en cas pareil, qu'il importe le plus pour la force nationale ; c'est de trouver, dans le pays, des remontes solides et nombreuses, pour mobiliser les armées et les entretenir en campagne, qu'il faut être assuré. Il n'y a pour cela qu'un seul moyen pratique, indiqué déjà depuis longtemps par nous sans aucun succès.

Dans ses conditions actuelles, l'armée française, sur le pied de paix, a besoin d'environ 90,000 chevaux. En cas de mobilisation, ce nombre de 90,000 chevaux nécessaires se trouve être porté à un peu plus de 260,000. Il faut donc, pour que le problème soit résolu, assurer la présence permanente, dans le pays, d'environ 180,000 chevaux prêts à être incorporés et à entrer en service, indépendamment de ceux qui forment l'effectif constant des corps de troupes.

On ne le peut qu'en constituant une réserve de chevaux, comme la loi sur le recrutement de l'armée a constitué des réserves d'hommes. Seulement, au lieu de l'imposer par une loi analogue à celle qui régit le recrutement des soldats, ce qui n'est pas admissible, il faut l'obtenir du libre jeu de la loi économique, en vertu de laquelle toute marchandise régulièrement demandée se produit de même régulièrement.

Le calcul montre qu'en portant les achats annuels de jeunes chevaux de quatre ans au cinquième de l'effectif normal, et en limitant la durée du service militaire à six ans pour ces chevaux, le but serait atteint. De cette façon, le système de remontes ouvrirait un débouché annuel certain à près de 20,000 chevaux, sur lequel les éleveurs pourraient toujours compter, et leur production serait réglée en conséquence.

D'un autre côté, en tenant compte de la mortalité et des réformes pour cause d'incapacité de service, l'armée rendrait chaque année à la nation environ le même nombre de chevaux libérés à l'âge de dix ans. Ces chevaux, vendus aux enchères, rencontreraient infailliblement, chez les personnes qui utilisent des moteurs animés, la faveur qui s'attache, dans le commerce, aux chevaux faits et dressés, dont le tempérament a été éprouvé. Entre les mains de ces personnes, ils seraient soumis à la loi sur la conscription des chevaux, comme tous les autres, et il y aurait ainsi certitude de trouver toujours, en cas de mobilisation de l'armée, environ 100,000 chevaux de dix à quinze ans, connaissant bien le métier militaire, capables d'entrer immédiatement en campagne et de résister aux fatigues de la guerre.

Pour les chevaux comme pour les hommes, l'armée deviendrait ainsi une sorte d'école. Il ne paraît même pas indifférent, pour l'instruction militaire des cavaliers et des conducteurs, que les chevaux soient plus fréquemment renouvelés dans les régiments et que le travail du dressage y prenne un plus grand développement.

Aux objections financières qui pourraient être faites, en présence du système de remontes préconisé ici, il suffirait de répondre par la nécessité supérieure de l'indépendance nationale, qui s'impose à notre patriotisme. Mais il n'est même pas du tout sûr que finalement l'application de ce système dût entraîner, pour une série d'années, des dépenses plus élevées que celles qui ont été occasionnées, dans le passé, par les remontes éventuelles, et qui le seraient, dans l'avenir, par la réquisition des chevaux n'ayant jamais servi dans l'armée. Nous ne discuterons cependant point la question. A notre avis, on n'a pas le choix.

Il est certain toutefois que le surcroît de dépenses serait moins fort que celui résultant de la création de dépôts de poulains comme ceux qui existent en Prusse et en Italie, dont il a été question. Et nous avons démontré (1), en outre, que l'idée d'une telle création ne supporte pas pratiquement l'examen.

Le débouché permanent et régulier assuré, dans les proportions que nous venons de voir, le problème de la production n'est pas encore complètement résolu. C'est là seulement un des éléments indispensables de sa solution. Il y en a encore un autre, qui est celui du bénéfice.

Nous avons vu que, dans notre pays, l'industrie de la production chevaline de bonne qualité n'est pas possible, à moins que les produits n'atteignent des prix de vente moyens de 800 fr. pour les chevaux de cavalerie légère, et de 1,000 fr. pour ceux de cavalerie de réserve. Au-dessous de ces prix, l'armée ne peut acquérir que les rebuts du commerce ou les déchets de la production, entreprise et exécutée dans des conditions très-inférieures. Or, chez nous, les tarifs des remontes sont bien loin de les atteindre. Ils ne dépassent guère des moyennes de 600 et 900 fr. Il est indispensable que ces moyennes soient élevées et portées aux limites que nous venons d'indiquer.

Que l'État, après avoir réglé ses achats de manière à ce qu'ils soient d'une quantité constante chaque année, se place pour les prix qu'il offre dans les conditions ordinaires du commerce, et que d'ailleurs il se désintéresse complètement de ce qui concerne la production chevaline, on peut lui garantir que celle-ci sera en mesure alors de lui livrer, selon les qualités désirées, tous les chevaux dont il pourra avoir besoin.

(1) *Journal de l'Agriculture*, de Barral, t. II, de 1881.

Notre pays, répétons-le, est à ranger parmi les plus favorisés, sous le rapport des conditions naturelles de production. Il n'est point de sortes de chevaux que nous ne puissions produire en abondance, pourvu que leur débouché soit lucratif. On l'a vu par nos descriptions des populations chevalines françaises. On a vu aussi à quelle condition ces populations sont prospères, en étudiant celle des chevaux percherons, bretons et boulonnais, qui se vendent bien et cher, pour les besoins industriels de la France et de l'étranger. Quand on veut qu'une marchandise se présente sur le marché, il faut la payer son prix.

Pour assurer les remontes militaires, il y a conséquemment nécessité d'élever les tarifs des prix d'achat. Voilà plus de soixante ans, qu'en France, tous les hommes vraiment compétents ne cessent de le répéter. Et ici, nous sommes en mesure de faire voir que cela se peut sans augmenter les dépenses publiques.

Les services de l'administration des haras, dont nous avons montré l'influence nuisible et au moins inutile, sont portés au budget de l'État pour une somme totale d'environ 9 millions de francs. Les étalons nationaux et l'administration spéciale qui les régit étant supprimés, cette somme devient disponible. Reportée au budget de la guerre, chapitre de l'achat des chevaux, elle permet, sur la base que nous avons posée d'un achat annuel de 20,000 chevaux, d'en élever le prix moyen par tête de 400 fr., ce qui porterait celui de la cavalerie légère à 1000 fr., et celui de la réserve à 1,300 fr., au delà par conséquent de ceux indiqués comme suffisamment rémunérateurs pour la production.

Étant connu que celle-ci ne peut pas avoir de meilleur stimulant que la rémunération de ses efforts, on ne voit point d'objection sérieuse à la proposition.

CHAPITRE IX

PRODUCTION ET EXPLOITATION DE LA FORCE MOTRICE

Aptitude mécanique des Équidés. — La connaissance des moteurs animés a fait récemment de sensibles progrès. Ils n'avaient jusqu'alors été étudiés que par les mécaniciens purs, étrangers aux notions de la physiologie animale. Ceux-ci ne pouvaient, en conséquence, prendre pour base de leurs études que la constatation empirique des résultats obtenus dans l'exploitation courante de ces moteurs.

Maintenant, la machine animale nous est mieux connue. Nous sommes en mesure de la discuter et de calculer son effet utile et son rendement, comme le mécanicien discute et calcule l'effet utile et le rendement de la locomotive, à laquelle nous l'avons assimilée et qui n'en est d'ailleurs qu'une grossière imitation.

Nous montrerons, dans le cours de ce chapitre, que l'exploitation industrielle des moteurs animés dont il s'agit ici a reçu, par le fait des nouvelles connaissances acquises, un concours qui se traduit par des bénéfices appréciables en millions de francs.

Les mécaniciens ne se sont occupés jusqu'ici que de la force déployée par les chevaux, laissant de côté celle des mulets qui, à plusieurs titres, ne sont pas à prendre en moindre considération, ainsi que nous le ferons voir.

Les résultats obtenus pour la journée de dix heures d'un cheval vigoureux, à une vitesse moyenne de 0ᵐ 90 à 1ᵐ 16 par seconde, donnent un travail moyen de 2,392,000 kilogrammètres. D'après Courtois, ce travail serait de 2,568,000 ; d'après le général Morin, de 2,268,000 ; d'après Navier, de 2,168,000 ; d'après Poncelet, de 2,592,000 ;

d'après Ruhlmann, de 2,362,000. C'est, pour le travail moyen, à la seconde, environ 66 kilogrammètres, ou un peu plus des 5/6 de la force du cheval-vapeur, admise à 75 kilogrammètres.

On sait comment a été adoptée cette unité du cheval-vapeur, pour l'évaluation de la force des machines. Watt s'était engagé à construire une machine capable de remplacer un cheval de première force, attelé à un manège actionnant une pompe et produisant ainsi ce travail de 75 kilogrammètres par seconde, c'est-à-dire élevant à un mètre dans le même temps 75 kilogrammes d'eau. L'engagement ayant été rempli, la force de la machine a été considérée comme égale à celle du gros cheval de brasseur dont il s'agissait et prise pour unité, sous le nom de cheval-vapeur. Elle paraissait représenter le maximum de la capacité mécanique du moteur animé lui-même.

On ne pensait pas que cette capacité pût être dépassée, ni même atteinte par la moyenne des chevaux employés à la traction. Dans tous les calculs comparatifs du travail disponible des moteurs animés et des moteurs à vapeur, la force du cheval vivant était toujours estimée bien au-dessous de celle du cheval-vapeur.

Nous avons montré (1) que c'était là une erreur due à diverses circonstances. D'abord il est connu que le rendement du manège est un des moindres qu'on puisse obtenir dans l'application de la force de traction des moteurs animés. Le travail effectué par son intermédiaire ne pouvait donc pas fournir un bon moyen pour estimer la capacité ou l'aptitude mécanique du cheval. Ce travail était nécessairement un minimum et ne donnait ainsi point la mesure exacte de l'effort moyen possible, dans le plus grand nombre des cas, pour les chevaux de la force de celui considéré. Si, au lieu d'être attelé au manège, celui-ci l'avait été à une résistance directe, le résultat se fût montré tout autre, comme nous le savons bien à présent.

(1) *Comptes-rendus*, t. LXXVIII, p. 1315 (4 mai 1874).

L'effort extrême ou maximum du cheval peut aller jusqu'à l'égal de son poids et même au delà, et cet effort extrême peut se renouveler un certain nombre de fois. Le cheval qui saute des haies ou des barrières élève chaque fois le poids de son corps à une certaine hauteur et doit pour cela faire un effort égal à ce poids. Bien des fois on a constaté, en l'attelant sur un dynamomètre, qu'il est capable de plus encore, et du reste on le voit bien lorsqu'il saute portant un cavalier. En ce cas, si cheval et cavalier pèsent 600 kil., la barrière ayant une hauteur suffisante pour que le corps doive être élevé à un mètre, le travail déployé atteint au moins 600 kilogrammètres.

Mais ce n'est pas de l'effort ou du travail extrême qu'il s'agit ; c'est du travail moyen dont le cheval est capable, du travail disponible durant un certain temps, qui est celui de la journée du moteur animé.

La durée de cette journée varie comme les modes d'emploi de la force motrice. L'observation empirique avait fait admettre des bases dont nous avons maintenant l'explication scientifique. Par la force même des choses, la journée effective d'un moteur animé qui travaille à l'allure du pas ne peut guère dépasser dix heures, à cause du temps nécessaire pour l'alimenter. On sait aussi que celle du moteur travaillant à l'allure du trot modéré est de quatre heures à quatre heures et demie au plus. Au delà de cette durée, il ne peut plus fournir un travail soutenu. Quand on l'y oblige, la machine se détraque bientôt, et le moteur périt.

Le rapprochement des deux faits montre à lui seul que, dans l'appréciation du phénomène, il y a autre chose que la considération de l'effort dont le cheval est capable, d'après le volume même de son système musculaire ou le nombre des fibres contractiles dont il est composé. L'effort moyen dépend en outre de l'alimentation de la source du travail ou de ce que les mécaniciens nomment maintenant le potentiel. Et, en effet, il a été établi (t. I, p. 351) que l'effort moyen maximum possible est déterminé à la fois par la constitution du mécanisme de la machine, c'est-à-dire par le volume de ses organes musculaires, et par la puissance de son générateur de force, dépendant de l'aptitude digestive, qui marque la mesure de son alimentation.

C'est ce dont il n'avait été tenu aucun compte dans l'évaluation de l'aptitude mécanique des moteurs animés en question par les auteurs cités plus haut, évaluation variable, comme on l'a vu, entre un minimum de 2,168,000 et un maximum de 2,508,000 kilogrammètres disponibles pour une journée de dix heures à l'allure lente. Les nombres indiqués résultent d'expériences exécutées sur de certaines catégories de chevaux ; et pour ces catégories ils sont sans doute exacts. Mais ils ne valent que pour les cas particuliers auxquels ils se rapportent, et nous en trouvons la facile explication dans les conditions mêmes de ces expériences, en tant qu'elles nous sont connues.

Ainsi nous savons que les généraux Morin et Poncelet ont expérimenté sur des chevaux d'artillerie, dont la ration alimentaire était bien loin d'atteindre la limite de leur aptitude digestive. Ces chevaux ne pouvaient naturellement déployer qu'un effort moyen en rapport avec leur alimentation. Leur aliment de force journalier ne dépassait pas un poids de 4 kilogrammes en avoine, tandis que les chevaux d'omnibus de Paris, par exemple, qui ne pèsent guère plus qu'eux, en digèrent jusqu'à 8 et 9 kilogrammes. Il est dès lors facile de comprendre que l'aptitude mécanique de ces chevaux d'artillerie ne se soit pas montrée plus élevée.

Quant aux nombres de Courtois, de Navier et de Ruhlmann, nous sommes sans renseignements sur la sorte de chevaux à laquelle ils se rapportent ; mais leur concordance avec les autres rend probable que leur faiblesse doit être attribuée au même motif. Nous allons voir que tous représentent, non pas une moyenne de l'aptitude mécanique des moteurs animés en question, mais bien un minimum. Et cela est évidemment très important pour leur exploitation.

Nous possédons aujourd'hui des centaines d'essais dynamométriques dignes de confiance, exécutés en Amérique et en Europe sur la traction des machines à faucher et à moissonner des divers modèles connus. H. Fritz (1), de Zurich, en a rassemblé deux cent cinquante, dans lesquels le tirage moyen a varié de 98 à 213 kilogrammes. Dans le plus grand nombre des cas, il a dépassé 140 kilogrammes.

Des calculs de l'auteur, il résulte que le travail exigé par journée de dix heures, à des vitesses de 0ᵐ 88 à 1ᵐ 11, a été, par cheval, de 3,643,200 kilogrammètres pour les faucheuses à un seul cheval; de 2,332,800 pour les faucheuses à deux chevaux; de 3,168,000 pour les faucheuses-moissonneuses à deux chevaux; de 4,017,600 pour les moissonneuses à un seul cheval, sans javeleur automatique; de 2,797,200 pour les moissonneuses à deux chevaux, sans javeleur; enfin de 3,288,100 pour les moissonneuses à deux chevaux, avec javeleur automatique.

Depuis l'invention de ces machines, des millions d'hectares de prairies et de céréales ont été fauchés et moissonnés, et en Europe comme en Amérique les chevaux qu'on y attèle ont suffi à la tâche. Les recherches de Grandvoinnet (2) sur le travail moteur exigé par les divers instruments et machines agricoles, et notamment par les charrues, l'ont conduit à des nombres qui ne s'éloignent point de ceux que nous venons de voir. Comme nous, notre savant collègue estime que les chevaux agricoles, ceux de l'école de Grignon en particulier, travaillant la journée entière, effectuent un travail moteur utile d'au moins 3,000,000 de kilogrammètres.

En prenant comme moyenne ce nombre rond de 3,000,000 de kilogrammètres, pour les chevaux du poids

---

(1) *Fühling's landwirthschaftliche Zeitung*, XXIII Jahrg, p. 280, avril 1874.

(2) *Rapports du jury international de l'Exposition universelle de 1867*, à Paris, t. XII, p. 59, et *Mémoires publiés par la Société centrale d'agriculture de France*, 1876.

vif de 650 à 700 kilogrammes, qui est celui des moteurs employés en général pour la traction des lourdes charges à petite vitesse, on a ainsi un travail moyen de 83 kilogrammètres par seconde, supérieur par conséquent de 8 kilogrammètres à celui du cheval-vapeur, qui est, comme nous savons, de 75 kilogrammètres seulement.

Il y a donc lieu de rectifier la notion généralement admise parmi les mécaniciens, au sujet de la force disponible des chevaux ou du travail effectif qu'il sont capables de déployer en moyenne. Ce travail est considéré comme étant de beaucoup inférieur à celui du cheval-vapeur, tandis qu'il est en réalité supérieur, ainsi que cela vient d'être établi.

Travail total et travail disponible. — Comme la locomotive, le moteur animé exécute son travail utile en se déplaçant lui-même, c'est-à-dire qu'en changeant de lieu il entraîne avec lui sa charge, soit qu'il la porte sur le dos, soit qu'il la fasse glisser sur le sol, dans le sol, ou rouler sur des roues. Ce travail se compose donc, en somme, de plusieurs parties, dont le travail effectif ou utile, considéré jusqu'à présent, n'est pas toujours la principale.

Il y a d'abord le *travail intérieur*, celui que se déploie pour mouvoir le sang par les contractions du cœur et mettre en jeu l'élasticité des vaisseaux, pour dilater et comprimer les poumons dans les mouvements respiratoires, pour contracter les intestins afin d'y faire cheminer les matières alimentaires, pour contracter la vessie lors de l'expulsion de l'urine, pour maintenir les muscles des membres en état de tension, afin qu'ils s'opposent à la fermeture des angles osseux et assurent ainsi la station ; il y a enfin le travail moléculaire des actions nutritives déterminant les échanges d'éléments.

C'est le travail de la vie proprement dite, exécuté dans l'intérêt unique de l'individu lui-même. Son intensité varie comme les individus. Il est alimenté par ce que nous nommons la ration d'entretien.

Ce travail intérieur, dans l'examen des questions relatives à l'exploitation des moteurs animés, n'a pas été jusqu'à présent l'objet d'une considération suffisante. En tenir compte comme il convient, d'après la connaissance théorique que nous en avons maintenant, conduit à des conclusions pratiques très-importantes, ainsi que nous le verrons plus loin.

Après le travail intérieur, il y a ce que nous nommons le *travail extérieur*, ou celui qui s'effectue par un déplacement visible de la masse, par un changement de lieu de l'animal, à une vitesse quelconque. Il résulte de la contraction ou du raccourcissement des muscles, actionnant les leviers osseux et leur imprimant des mouvements coordonnés que nous avons étudiés. (T. I, p. 96 et suiv.)

Contrairement à la théorie admise en mécanique générale, le cas n'est plus ici le même que celui de la locomotive. Les facteurs du travail sont différents. Ce n'est pas seulement la masse et la vitesse ou le chemin parcouru dans l'unité de temps qui font varier ce travail; c'est encore l'allure de la marche. Pour une même masse et une même vitesse, le travail du moteur animé se déplaçant lui-même peut différer du simple au double, ce qui ne saurait avoir lieu dans le cas de la locomotive, où il n'y a pas d'autre différence que celle de la vitesse entre l'allure rapide et l'allure lente.

En effet, chez le cheval à l'allure du pas, l'effort pour le porter en avant n'a pas d'autre résistance que celle opposée par la stabilité du centre de gravité, qui doit être déplacé suivant une ligne horizontale, toujours équidistante des points d'appui sur le sol.

Aux allures du trot et du galop, au contraire, il y a toujours, entre deux appuis, un instant, de durée variable selon la vitesse, pendant lequel le corps doit vaincre la pesanteur et être projeté en avant, à la manière d'un projectile. Il parcourt une trajectoire plus ou moins tendue et de forme différente, selon qu'il s'agit de l'allure du trot ou de celle du galop. Il est évident qu'ici l'effort nécessaire pour donner l'impulsion à la masse ne peut pas être le même que dans l'allure du pas. Il est nécessairement plus grand.

Dans les deux cas le déplacement étant également horizontal, l'effort n'est qu'une fraction du poids du corps. Il est représenté par la résultante des deux composantes horizontale et verticale, du chemin parcouru par le centre de gravité et de la pesanteur. Mais, dans le second, celle-ci devant être vaincue tout entière, tandis que dans le premier elle ne doit l'être qu'à demi, il est clair que dans l'allure du pas la composante verticale sera moitié moindre que dans celles du trot et du galop, et que conséquemment la résultante, représentant la grandeur de l'effort, deviendra pour ces dernières allures d'une longueur double de celle de l'allure du pas.

Il n'est pas extrêmement rare de rencontrer des chevaux qui, à cette allure du pas, marchent à une vitesse égale à celle que d'autres chevaux de même poids ne peuvent atteindre qu'à l'allure du trot. C'est une question de conformation, sur laquelle nous aurons à nous expliquer en détail. Pour l'instant, il suffit de poser le fait, qui n'est point contestable et que chacun peut vérifier. Eh bien! d'après ce que nous venons de dire, pour le même chemin parcouru, le travail extérieur des premiers est moitié moindre que celui des seconds, quoique le temps et la masse déplacée soient égaux.

On voit donc que cette masse et sa vitesse ne sont pas seules à considérer dans le calcul du travail extérieur des moteurs animés, parce que l'effort ne croît pas seulement en fonction de la vitesse, mais bien aussi en fonction de l'allure. Il ne croit en fonction de la vitesse seule, pour un même poids et un même temps, que pour la même allure.

Supposons maintenant que nous ayons la mesure du *travail total* qu'un moteur est capable de déployer, ce qui n'est point une supposition gratuite, et qu'il s'agisse de déterminer son *travail disponible*, ou en d'autres termes la charge qu'il pourra déplacer ou transporter durant un certain temps sans dépasser la somme d'énergie dont il dispose, sans ruiner sa constitution. Ce travail disponible sera évidemment représenté par la différence entre la somme du travail intérieur, plus celle du travail extérieur, d'une part, et de l'autre celle du travail total.

Le travail disponible étant seul utile industriellement, il est évident que dans l'exploitation des moteurs animés nous avons intérêt à réduire au minimum le travail intérieur et le travail extérieur que leur fonctionnement exige, afin de porter au maximum le travail disponible. La science nous fournit-elle des moyens de résoudre le problème? C'est ce que nous avons à voir.

Les nombres donnés plus haut, comme mesure de l'aptitude moyenne des Équidés, ne concernent que le travail disponible. Ils seraient bien insuffisants pour guider la pratique dans tous les cas, attendu que ce travail disponible varie suivant une foule de circonstances et conditions, dont les mécaniciens qui les ont déterminés n'ont tenu aucun compte, faute de les connaître. Nous ne les avons relevés et discutés que pour montrer jusqu'à quel point on resterait en dessous de l'utilité possible des moteurs animés, si on les prenait pour base de calcul, dans l'évaluation du travail qu'on en peut obtenir.

Modes du travail. — Le travail disponible est utilisé selon deux modes généraux. Le déplacement de masse qui le dépense est effectué à l'allure lente du pas ou aux allures vives du trot et du galop. Pour abréger, nous nommerons le premier *travail en mode de masse*, et le second *travail en mode de vitesse*. Dans l'un comme dans l'autre de ces deux modes, la charge à transporter peut être une masse déposée indifféremment sur le dos du moteur ou sur un véhicule auquel ce moteur est attelé et dont il opère la traction.

Dans la pratique, les moteurs animés qui portent à dos sont, comme on sait, appelés bêtes de somme lorsqu'ils travaillent à petite vitesse, transportant des denrées ou des marchandises, ou aussi des munitions ou des blessés de guerre. Ce sont le plus souvent des mulets ou des ânes. Ceux qui travaillent à toutes les vitesses, portant un cavalier, avec ou sans accessoires, sont les bêtes de selle et le plus ordinairement des chevaux.

Les moteurs qui travaillent par traction sont connus sous

les noms de chevaux ou de mulets de gros trait, de trait
léger ou d'attelage. Nous en avons donné les défini-
tions.

Les bêtes de somme et les animaux de gros trait travaillent en mode de masse, parce qu'ils vont au pas ; les
animaux de selle et ceux de trait léger ou d'attelage travaillent en mode de vitesse, allant le plus ordinairement,
et tout au moins la moitié du temps, aux allures vives du
trot ou du galop.

En thèse générale, les premiers gagnent en masse
transportée ou en charge ce qu'ils perdent en vitesse,
les seconds en vitesse ce qu'ils perdent en masse ; mais
ce que nous avons vu plus haut a bien fait pressentir
déjà que les compensations ne peuvent point s'établir
suivant des équivalences régulières, comme l'accroissement ou la décroissance de la vitesse, puisque, entre la
plus grande vitesse de l'allure du pas et la moindre vitesse
de celle du trot, le coefficient de l'effort subit lui-même
une variation considérable.

Rappelons que nous avons déterminé expérimentalement, en nous rapprochant autant que possible des conditions normales, ce coefficient pour l'allure du pas, et
nous l'avons vérifié par tous les moyens indirects qui
pouvaient s'y prêter. Nous avons trouvé qu'il est sensiblement de 0,05 du poids du corps. Conséquemment un
cheval pesant 500 kil., par exemple, déploie pour se déplacer au pas un effort de $500 \times 0,05 = 25$ kil.

Le coefficient du trot ou du galop étant double, comme
nous l'avons vu, est d'après cela $= 0,10$; et le même cheval exerce dès lors, pour se déplacer à l'une ou à l'autre
allure, un effort moyen de $500 \times 0,10 = 50$ kil.

Dans le premier cas, son travail extérieur est de 25 kilogrammètres par seconde, s'il marche à la vitesse de
1 mètre ; dans le second, à la même vitesse, il est de 50.
Il faudra donc, dans ce dernier cas, moitié moins de
temps, à travail disponible égal, pour épuiser le potentiel
ou travail total emmagasiné, ou pour le même temps le
travail disponible sera moitié moindre. Le moteur, par
conséquent, ne pourra transporter dans sa journée qu'une

charge réduite à la moitié, ou bien, si la charge est égale, il ne pourra travailler que durant une demi-journée.

Mais l'égalité de vitesse que nous admettons n'est point le cas ordinaire. Dans les conditions communes, la vitesse du trot modéré est généralement un peu plus du double de celle du pas, pour le même trajet. Cela change les données du problème et rend encore plus saisissante l'importance de la considération des modes de travail dans l'emploi utile des moteurs animés.

En effet, continuant de prendre pour exemple notre cheval du poids vif de 500 kil., et le faisant marcher à la vitesse moyenne de $2^m 20$, qui est celle du trot modéré, nous aurons pour son travail extérieur, par journée de 4 heures ou 14,400 secondes, $500 \times 0,10 \times 2,20 \times 14,400 = 1,584,000$ kilogrammètres ; tandis qu'au pas de 1 mètre par seconde et pour une journée de dix heures nous n'aurions que $500 \times 0,05 \times 36,000 = 900,000$ kilogrammètres; soit 684,000 kilogrammètres de moins. Si le travail total emmagasiné est de 3,000,000 kilogrammètres, en nombre rond, il n'en restera que 1,416,000 disponibles dans le premier cas, tandis qu'il en restera 2,100,000 dans le second. Le rendement absolu du moteur sera donc bien différent.

On voit par là combien il importe de tenir compte de l'allure, quand il s'agit de régler le travail des moteurs animés. Sans doute l'observation empirique a depuis bien longtemps fait établir des règles pratiques à cet égard. Nul n'ignore que ces moteurs ne peuvent ni porter ni traîner les mêmes charges durant le même temps aux allures différentes. Mais il ne saurait toutefois être indifférent de se rendre un compte précis des raisons mécaniques qui font que les choses sont ainsi. La connaissance de ces raisons est en tout cas le meilleur guide pour la pratique.

Ce qui est moins connu, c'est l'exacte appropriation des moteurs aux modes de travail pour lesquels ils conviennent le mieux, parce que leur travail disponible y atteint son maximum, ou qu'en d'autres termes ils sont utilisés au plus haut degré. Ceci concerne la détermination des aptitudes spéciales, qui doit guider dans leur choix pour

les divers services ou les divers modes de travail, et qui
est un des principaux motifs de succès ou d'insuccès
dans leur exploitation.

Aptitudes spéciales. — S'il est vrai que la puissance
absolue d'un muscle soit proportionnelle à son diamètre;
que le poids en soit proportionnel au volume; que le poids
total du corps soit de son côté proportionnel en général à
celui de l'ensemble des muscles, et que par conséquent
ce poids total ou poids vif puisse donner la mesure de la
puissance musculaire absolue ou de l'aptitude mécanique,
il n'est pas moins vrai que cette puissance se manifeste
selon des modes divers, qui dépendent de la forme des
muscles.

Il est également vrai aussi qu'à forme égale et à poids
égaux, leur puissance est proportionnelle à l'excitabilité
qui détermine leurs contractions. Qu'un muscle soit,
dans l'unité de temps, parcouru par un plus ou un moins
grand nombre d'ondulations contractiles (t. I, p. 361), il
déploiera plus ou moins de travail, à volume et à poids
égaux, c'est-à-dire avec le même nombre de fibres musculaires.

Lorsqu'on croyait que le moteur animé, attelé à une
résistance, entraîne cette résistance en raison de son
propre poids, à la manière de ce qui se produit sur les
chemins à double plan incliné, les auteurs théoriciens
eux-mêmes recommandaient d'augmenter artificiellement
ce poids, pour augmenter proportionnellement la puissance du moteur. Aujourd'hui, il nous est démontré que
c'est là une erreur capitale.

Cette puissance absolue croît comme le poids vif, parce
que généralement les masses musculaires croissent avec
lui; mais ce n'est nullement suivant une progression
régulière, ainsi que nous le verrons. Toutefois, dans le
travail dépensé en mode lent, on peut dire que la puissance musculaire est absolument et relativement proportionnelle à la masse des muscles, indépendamment de
leur forme, parce que les efforts des ondulations contractiles s'additionnent, s'ajoutent les uns aux autres, jusqu'à
ce que la résistance soit vaincue. En ce cas, l'étendue du

déplacement de cette résistance n'est point ce qui importe. Si petite qu'elle soit, le but est atteint. Une nouvelle somme d'efforts partiels vient se joindre à la première, et l'accélération fait le reste. L'observation du limonnier qui démarre sa charge, en commençant par l'ébranler peu à peu, nous donne l'image frappante du phénomène.

L'étude attentive du mécanisme de la contraction musculaire, par les moyens dont la science dispose à présent, nous a fait comprendre comment la forme des muscles importe beaucoup moins pour le travail lent ou en mode de masse que leur diamètre. Plus celui-ci est grand, plus le moteur animé est puissant. En ce sens, on peut dire d'une manière absolue que le cheval ou le mulet le plus lourd ou dont le poids vif est le plus élevé sera toujours celui dont l'aptitude mécanique se montrera la plus élevée aussi, l'effort total étant en raison de ce poids vif.

Dans le mode dont il s'agit, 100 faisceaux musculaires d'une longueur de 25 centimètres déploient finalement autant de travail que 50 dont la longueur est double ou de 0m50, à puissance de contraction égale, le nombre d'ondulations étant le même dans les deux cas. Il en résulte pratiquement que, pour le moteur dit de gros trait ou travaillant au pas, les formes corporelles peuvent sans inconvénient être trapues, arrondies, au lieu d'être sveltes et allongées. Il est même certain qu'à poids vif égal, le poids relatif des masses musculaires est plus élevé dans le cas des formes trapues que dans l'autre.

Par conséquent, la puissance motrice est plus grande, ainsi que le travail disponible, étant admis, d'après Ed. Weber, que la force déployée par un muscle est proportionnelle à son diamètre et non point à la longueur de ses fibres, ce qui n'est vrai que d'une manière absolue.

En effet, le professeur Welcker (1), de Halle, a clairement établi par ses recherches que quand, chez un animal

---

(1) **W. v. Nathusius**, *Landwirthschaftl. Jahrbücher, 1873*, et *Zeitschrift des landwirthschaftlichen Central Vereins der Provinz Sachsen*, etc., 30ᵉ Jahrg., nᵒ 12 (décembre 1873), p. 325.

donné, s'agrandit l'ensemble des dimensions, l'aptitude mécanique ne croît point proportionnellement. Par l'augmentation des dimensions linéaires, la somme des coupes transversales ou des diamètres des muscles grandira en raison du carré de cette augmentation ; mais en même temps la masse ou le poids de l'organisme entier, que les muscles ont d'abord à mettre en mouvement, croît de son côté comme le cube de cette même augmentation linéaire.

On en peut conclure que si l'agrandissement indéfini était possible, il arriverait un moment où l'animal ne disposerait plus de la force nécessaire pour mouvoir son propre organisme. Mais, sans aller dans ce domaine purement rationnel, il suffira pour bien faire saisir la portée pratique du théorème de mécanique animale dont il s'agit, de prendre avec notre auteur des exemples dans la limite de ce qui se laisse observer.

Les facteurs exacts, pour le calcul, n'ont point encore été déterminés expérimentalement, c'est-à-dire que nous ne disposons point de leurs valeurs diverses pour les différents cas. Ils restent à rechercher par des expériences longues et minutieuses. Mais, bien que les nombres adoptés soient arbitraires, ils n'en auront pas moins l'avantage de fixer mieux les idées que de simples signes algébriques, et d'indiquer plus clairement la direction dans laquelle les facteurs agissent.

Supposons un cheval, et désignons par le chiffre 1 ses dimensions linéaires, la somme de ses diamètres musculaires, sa masse ou son poids total ; désignons par 100 le travail moteur que son appareil musculaire est capable de déployer, travail dépendant de la somme de ses diamètres musculaires ; enfin désignons par 50 le travail exigé pour le déplacement de sa propre masse ; nous aurons ainsi toutes les données du calcul, auxquelles il sera facile de substituer des données réelles, quand elles auront été déterminées.

Supposons maintenant que les dimensions linéaires de ce cheval soient doublées ; elles seront par conséquent = 2. La somme des diamètres musculaires, croissant comme leur carré, sera $= 2 \times 2 = 4$. Le travail moteur sera $4 \times 100 = 400$.

La masse ou le poids vif, croissant comme le cube des dimensions linéaires, sera $= 2 \times 2 \times 2 = 8$. Le coefficient du travail exigé pour la mouvoir est 50; $50 \times 8 = 400$. Il s'ensuit que, dans le cas considéré, toute la force motrice dont l'appareil musculaire est capable sera consommée pour mouvoir l'organisme. Il ne restera plus aucun travail disponible.

C'est ce qui arrive pour les chevaux dépassant un certain poids, et que l'on fait mouvoir à l'allure du trot, à laquelle on voit d'après cela qu'ils ne sont point utilisables, puisqu'à cette allure la force dont ils disposent suffit tout juste pour les transporter eux-mêmes.

Appliquons le même calcul au cas de l'allure du pas, dans lequel nous savons que le coefficient est moitié moindre. Il sera donc ici de 25 au lieu de 50. La démonstration n'en sera que plus claire et encore plus pratique, en continuant de prendre pour base le cheval supposé. Pour lui, nous aurons :

Dimensions linéaires.. $= 1$.
Diamètres musculaires $= 1$. $1 \times 100 = 100 =$ travail emmagasiné.
Masse du corps....... $= 1$. $1 \times 25 = 25 =$ travail extérieur.

Reste........... $= 75 =$ travail disponible.

Doublons maintenant les dimensions; nous avons :

Dimensions linéaires.. $= 2$.
Diamètres musculaires $= 4$. $4 \times 100 = 400 =$ travail emmagasiné.
Masse du corps....... $= 8$. $8 \times 25 = 200 =$ travail extérieur.

Reste........... $= 200 =$ travail disponible.

Il ressort nettement de là que l'accroissement des dimensions linéaires du corps, défavorable pour le travail au trot, est au contraire favorable pour le travail au pas. Leur doublement fait plus que doubler le travail disponible, puisque de 75 il passe à 200. Il en faut conclure pratiquement qu'il y a, pour les moteurs animés, un certain poids vif au-dessus duquel ils ne sont plus utilisables en mode de vitesse, parce qu'il ne reste plus du travail qu'ils sont capables d'emmagasiner, ou d'engendrer, ou de déployer, comme on voudra, rien de disponible.

A la limite extrême de ce poids vif, qui peut être fixée vers 700 kilogrammes, il ne subsiste guère de doute dans l'esprit des praticiens. Tous savent que le cheval d'un tel poids n'est point apte à courir, à fournir un bon service au trot. Sans se rendre compte théoriquement du phénomène mécanique qui le concerne, ils le qualifient de *lourd*, seulement parce qu'il manque d'agilité.

Mais en deçà de cette limite, surtout lorsque la forte masse du corps se trouve jointe à la bonne disposition des membres et à la vivacité qui assurent cette même agilité relative, la pratique empirique se montre le plus souvent en défaut dans le choix de ses moteurs animés. Dans les écuries des grandes administrations de transports les mieux dirigées, les chevaux dont le rendement en travail disponible ou utile est peu élevé, à cause de leur trop fort poids, ne sont pas encore rares.

Dans les conditions de la pratique, le travail disponible nécessaire pour exécuter le service journalier exigé des chevaux qui fonctionnent en mode de vitesse, ou à l'allure du trot, ne dépasse point 1,000,000 kilogrammètres, en nombre rond. Nous verrons plus loin qu'un cheval du poids vif d'environ 500 kilogrammes peut facilement, en raison de son aptitude digestive, accumuler en 24 heures l'énergie correspondant à cette quantité de travail, plus celle qui est nécessaire pour le mouvoir lui-même, et, en raison de ses diamètres musculaires, la déployer.

Il y a donc lieu de considérer ce poids de 500 kilogrammes comme le plus favorable, économiquement, pour la fonction de moteur animé devant déployer en mode de vitesse le maximum de travail utilisable, en admettant, bien entendu, que les conditions de conformation précédemment indiquées soient réalisées. Celles-ci valent, du reste, pour la solidité du moteur et conséquemment pour sa durée.

Mais les données que nous venons de voir, relativement aux variations des dimensions linéaires du corps, ne concernent que l'aptitude spéciale au travail en mode de vitesse modérée, c'est-à-dire ne dépassant pas la moyenne de 2 mètres à 2m20 par seconde, ou 7 à 8 kilomètres à l'heure. Elles ne s'entendent aussi que de l'agrandissement absolu de ces dimensions qui conserve les proportions, qui est en un mot l'amplification totale du corps. En ce cas seulement, le poids vif croît comme le cube des dimensions, tandis que les diamètres musculaires ne croissent que comme leur carré.

Il n'en est pas toujours ainsi. L'agrandissement ne concerne parfois que certaines dimensions, sans rien changer aux diamètres musculaires. En allongeant seulement certains os, et notamment ceux de la poitrine et ceux des membres, il a pour seule conséquence d'augmenter la longueur des faisceaux musculaires moteurs du mécanisme.

L'augmentation de la masse du corps est en ce cas évidemment bien moindre. Celle de la puissance musculaire devrait être considérée comme nulle, si on admettait qu'elle est seulement proportionnelle au diamètre des muscles. Quoi qu'il en soit, ce qui est certain, c'est que, égale ou différente, elle agit suivant un mode nouveau.

Les muscles des membres ont pour fonction de fermer les angles que forment entre eux les os sur lesquels se trouvent situés leurs points d'attache, ou de les maintenir à leur degré normal d'ouverture. Ces os forment en général des leviers du troisième genre ou interpuissants. Le bras de la résistance est toujours plus long que celui de la puissance.

Une telle disposition n'est point favorable à l'action de la force motrice, mais on sait qu'elle favorise l'étendue de l'aire parcourue par le bras de levier de la résistance, cette aire étant en raison de sa longueur. La vitesse d'une roue, le chemin parcouru par sa circonférence dans l'unité de temps sont, à force motrice égale, proportionnels à la grandeur de son rayon. C'est pourquoi la locomotive du train express ou de grande vitesse a des roues plus grandes que celles du train de marchandises ou de petite vitesse.

Le muscle qui se contracte brusquement, qui déploie son travail en une fraction de seconde, sous l'influence d'une excitation motrice rapide, se raccourcit d'une quantité proportionnelle à sa longueur, qui sera par hypothèse d'un dixième de cette longueur. Si celle-ci est, par exemple, de 0m30, le raccourcissement atteindra en conséquence 0m03; si elle est de 0m 50, il atteindra 0m 05. Le mouvement obtenu étant en raison du raccourcissement du muscle, il est clair que son étendue sera, dans les deux cas, dans le rapport de 3 : 5, ou que le chemin parcouru par l'extrémité mobile du levier étant de 0m 30 dans le premier cas, elle sera de 0m 50 dans le second. La vitesse aura été ainsi presque doublée, quels que puissent être d'ailleurs les diamètres musculaires. Ceux-ci étant différents feront varier en raison directe le travail déployé; ils n'auront aucune influence sur l'étendue et sur la rapidité du mouvement du levier considéré isolément.

Il suit de la théorie ainsi exposée que cette rapidité et cette étendue dépendent avant tout de la longueur des muscles, et que celle-ci, chez les moteurs animés, caractérise, tout le reste égal, l'aptitude aux allures vives, au travail en mode de vitesse. Cette aptitude dépend donc, de son côté, de l'accroissement des dimensions linéaires en hauteur, celles en largeur restant les mêmes.

L'exemple du cheval de course nous donne la représentation extrême du théorème. Dans le choix des moteurs pour travailler en mode de vitesse, il y a lieu par conséquent de se rapprocher le plus possible des conditions de construction que présente ce cheval, de rechercher des leviers osseux relativement longs, parce qu'ils commandent la longueur des muscles qui les mettent en mouvement. Les chevaux de selle, les chevaux d'attelage, qui doivent mouvoir aux allures vives, à grande vitesse, durant un temps court, des charges relativement légères, sont d'autant plus aptes à leur service qu'eu égard à leur poids vif total, la longueur relative de leurs membres et surtout celle des parties musclées, des épaules, des cuisses, des avant-bras et des jambes, est plus grande.

Nous savons que l'aptitude mécanique ou la capacité totale de travail n'est pas toujours directement proportionnelle au poids du corps, parce que l'aptitude digestive, qui la gouverne pour une forte part, lui est elle-même inversement proportionnelle. Les limites extrêmes de cette aptitude digestive sont telles, en général, que le taux de la ration journalière, en matière sèche alimentaire d'une relation nutritive convenable pour le genre et l'âge de l'individu, ne peut guère descendre au-dessous de 2,5 pour 100 du poids vif et s'élever au-dessus de 3.

Entre ces deux limites, le taux croît à mesure que le poids vif s'abaisse. C'est ce que Baudement (1) a établi depuis longtemps expérimentalement. Il a montré que pour une même alimentation et une même dépense en travail disponible, les chevaux les plus lourds sont ceux qui conservent le mieux leur poids, dans les conditions de l'expérience, qui étaient celles de la cavalerie alors en garnison à Versailles. On sait que la dépense proportionnelle en travail intérieur croît à mesure que le volume de l'animal diminue, et qu'il en est de même pour la capacité digestive.

Le problème a été attaqué par tous ses côtés. Nous l'avons nous-même abordé au point de vue de l'élimination de l'acide carbonique (2) et nos résultats ont été confirmés depuis par Max Rubner (3). Toujours l'expérimentation l'a résolu dans le même sens.

Il est donc bien certain que l'aptitude mécanique ne

(1) E. Baudement, *Études expérimentales sur l'alimentation du bétail.* (*Annales de l'Institut agronomique.* Versailles, 1851.)

(2) A. Sanson, *Recherches expérimentales sur la respiration pulmonaire chez les grands mammifères domestiques.* (*Journal de l'anat. et de la physiol.* de Ch. Robin, t. XII, 1876.)

(3) Max Rubner, *Ueber den Einfluss der Koerpergroesse auf Stoff und Kraftwechsel.* (Zeitschrift für Biologie, XIX Bd., 4 Heft, p. 535, 1883.)

croît point selon la même raison que celle de la progression du poids ; mais, en fût-il autrement, le mode d'emploi de cette aptitude ou de la capacité totale de travail introduirait dans le calcul un élément nouveau, qui en changerait complètement le résultat. Pour des vitesses égales ou peu différentes, nous avons déjà vu que le changement d'allure double la dépense en travail extérieur. Pour peu que la vitesse soit accélérée, si apte que le moteur puisse être à la produire, en raison de sa conformation spéciale, il arrive un moment où l'énergie accumulée ne peut plus suffire que durant un temps très-court au déplacement du corps, si celui-ci a atteint un certain poids.

On a donc bien tort, dans le choix des chevaux de guerre, de ne pas abaisser le minimum de taille exigé maintenant jusqu'à la limite de ce qui est nécessaire pour que le cavalier puisse tenir à cheval, dût-on élever son assiette par un artifice comme celui dont se servent les Arabes, les Cosaques, les Hongrois, etc. La cavalerie de ces peuples a toujours été la plus mobile, la plus résistante, la plus infatigable de toutes, précisément parce qu'elle est composée de très-petits chevaux.

Les grands et lourds chevaux de selle, d'ailleurs si difficiles à produire bons et bien conformés, ne rendent dans la cavalerie militaire que de pitoyables services. Ils doivent être réservés pour les attelages de luxe où ils n'ont à fournir qu'un très-faible travail.

En résumé, les aptitudes spéciales des deux sortes de moteurs, travaillant en mode de masse et en mode de vitesse, sont faciles à déterminer, eu égard au travail disponible qui est le but pratique de l'exploitation dont ils sont l'objet. Dans l'industrie, les bénéfices qu'ils procurent sont proportionnels, pour une même somme d'aliments dépensés, à ce travail disponible.

Le problème se pose de deux façons :

Ou bien, étant donné un Équidé, cheval ou mulet, il s'agit de savoir quel est le mode de travail auquel il sera le plus propre, dans lequel il rendra le plus, et auquel il convient par conséquent le mieux de l'employer;

Ou, étant donné un mode de travail à exécuter, de choisir les moteurs les plus aptes, ceux qui fourniront le plus fort rendement.

C'est ce dernier cas qui se présente pour les services militaires et pour les entreprises industrielles de transport de matériaux, de marchandises ou de personnes. La solution du problème, en ce cas, engage toujours les inté rêts les plus considérables. Elle a dès lors une importance de premier ordre.

Les détails dans lesquels nous sommes entrés montrent clairement que pour le travail en mode de masse, pour le travail à l'allure lente du pas, le moteur le plus lourd, à conformation égale, est toujours le meilleur ou le plus apte, parce qu'il a les diamètres musculaires les plus grands. C'est celui qui rend le plus de travail disponible. Un moteur de gros trait, cheval ou mulet, ne saurait donc jamais être de trop grande taille ni trop volumineux. A cet égard, du reste, la pratique est déjà conforme à la théorie. L'observation empirique l'a éclairée.

Il n'en est malheureusement pas de même en ce qui concerne le travail en mode de vitesse, du moins pour la plupart de ceux qui ont à le faire exécuter, par devoir ou par industrie. Mais ici, toutefois, il n'est pas moins clair, après nos explications, qu'inversement l'aptitude est proportionnelle à la légèreté du moteur, parce que le rendement en travail disponible s'élève à mesure que le poids à mouvoir ou à transporter diminue.

Dans chacune des races légères, les sujets les plus légers, parmi les mieux conformés, sont donc les plus aptes au service de selle ou à celui de la traction à grande vitesse, à l'allure du trot, sauf à augmenter le nombre des moteurs en raison de la charge à transporter. On prendra pour base le travail disponible calculé pour chacun, comme nous l'indiquerons plus loin.

Les diverses variétés de la race britannique, la grosse boulonnaise, la suffolk, celle des gros percherons de la race séquanaise, celle des flamands, des clydesdales et des poitevins de la race frisonne, celles du Brabant, du Hainaut et de la Hesbaye de la race belge, fournissent, à cause de leur fort poids vif, les meilleurs chevaux de gros

trait. Il en est de même des grands et lourds mulets du
Poitou. Le poids vif, dans ces variétés, ne descend pas au-
dessous de 700 kilogrammes et va jusqu'à 900 kilogrammes.
Les moteurs qu'elles fournissent, alimentés au maximum,
disposent en moyenne d'un travail utilisable de 2,500,000 kilogrammètres.

Les petites variétés percheronne et boulonnaise, la variété bretonne du littoral de la race irlandaise, les variétés
condrozienne et ardennaise de la race belge, la petite variété des mulets poitevins, fournissent les meilleurs moteurs de traction à vitesse modérée pour les lourdes
charges, par conséquent pour les attelages des omnibus,
des diligences, des trains militaires et de l'artillerie, allant
à une vitesse moyenne de 2m20 par seconde. Leur poids
vif moyen est de 500 à 550 kilogrammes, et leur force utilisable est de 500,000 kilogrammètres, aussi avec l'alimentation au maximum.

Les nombreuses variétés des races asiatique et africaine et leurs populations métisses toutes plus ou moins
légères, peuplant les régions méridionales de l'Europe,
les pays orientaux et le nord de l'Afrique, sont seules
aptes au travail à grande vitesse, avec de faibles charges,
soit en les portant, soit en les tirant. Elles fournissent
donc les meilleurs chevaux de selle pour les services
militaires et les meilleurs chevaux d'attelage pour le
transport des personnes sur des voitures dont le poids
ne dépasse pas 500 kilogrammes par cheval. Leur poids
vif varie beaucoup, comme leur taille, ainsi qu'on l'a
pu voir par leur description. Il descend jusqu'à 200 kilogrammes, mais ne s'élève guère au-dessus de 400 kilogrammes.

Leur travail utilisable ne varie point entre des limites
aussi écartées. Étant au maximum d'environ 400,000 kilogrammètres, il ne descend pas, pour les plus petites
tailles, au-dessous de 300,000 kilogrammètres. Deux de
ces petits chevaux, ou deux mulets de même taille,
comme ils se produisent dans les mêmes régions, rece-
vant toute la protéine brute alimentaire qu'ils peuvent
digérer, sont donc capables de fournir ensemble, attelés

à une voiture légère, un travail journalier moyen d'environ 600,000 kilogrammètres, plus élevé conséquemment que celui d'un individu de la plus forte taille à laquelle la race puisse atteindre.

Ces dernières données sont conformes à la pratique des entreprises de transport les mieux administrées, pratique éclairée par de longs tâtonnements empiriques. Elles la confirment et en donnent l'explication théorique. Elles pourront à la fois servir de base à de nouveaux perfectionnements et de guides pour les entreprises nouvelles du même genre, ainsi que pour l'administration de la cavalerie militaire, lorsque le sentiment de l'utilité de la science spéciale aura pénétré dans les états-majors généraux.

Rendements comparatifs. — Au point de vue pratique, il n'importe pas seulement de comparer le rendement des moteurs animés à celui de la machine à vapeur qui leur est le plus analogue, à celui de la locomotive; il y a lieu en outre de comparer entre eux ceux du même genre, qui ne se présentent pas tous dans les mêmes conditions.

Parmi les chevaux, les différences de sexe, notamment, doivent être considérées. Le cheval est-il un moteur préférable à la jument? Le cheval entier est-il, comme on le croit généralement par simple induction, un moteur plus puissant que le cheval hongre? Le cheval est-il supérieur ou inférieur, comme rendement, au mulet?

La comparaison du moteur animé avec le moteur à vapeur doit d'abord nous occuper. Elle a été diversement résolue ou tranchée, soit au sujet des travaux de culture (labourage à vapeur), soit au sujet du transport des personnes dans l'intérieur des villes, sur les voies ferrées auxquelles nous avons conservé leur nom américain de tramway. Notre cadre comporte que nous soumettions la question à la discussion scientifique.

On sait que la machine animale jouit de la propriété de s'entretenir elle-même, avec sa propre alimentation. Le calcul des frais qu'elle occasionne, pour être mise en action, ne comporte donc que la valeur de cette alimentation, sans aucun accessoire. Elle n'a pas besoin d'huile pour graisser ses organes mécaniques. Elle la fabrique toute seule avec ses aliments, en même temps qu'elle dégage de ceux-ci l'énergie que sa fonction est de transformer en travail moteur. Le tout est de savoir si ce travail est plus ou moins coûteux à obtenir dans le cas de cette machine animale que dans celui de la machine à vapeur.

C'est le côté économique de la question, qui, au point de vue industriel, domine toutes les considérations de mécanique théorique.

Pour les usages agricoles, la question ne serait pas à poser. En ce qui concerne le labourage à vapeur, notamment, il faut être tout à fait étranger aux notions zootechniques modernes pour le croire économiquement possible dans une exploitation régulière et normalement organisée. Dans une telle exploitation, l'emploi de la force des moteurs animés est un des éléments nécessaires de la production animale, sans laquelle il n'y a point d'économie rurale bien entendue. Que ses conditions comportent la production chevaline ou la production bovine, ou les deux à la fois, cela ne change rien au problème. En tout cas, l'exploitation dispose d'une force motrice en regard de laquelle celle de la vapeur ne peut point soutenir la concurrence, attendu que cette force motrice ne coûte rien. Ses frais de production sont payés par la plus-value qu'acquièrent les moteurs, qui sont des sujets en période de croissance.

Mais supposons nonobstant qu'il n'en soit point ainsi, et considérons le travail exécuté, d'une part, à l'aide de la traction de chevaux nourris spécialement en vue de la fonction, comme ils le sont encore malheureusement trop souvent en agriculture, et, de l'autre, par la traction à vapeur.

Dans le système le plus perfectionné qu'il y ait aujourd'hui, pour mouvoir six socs de charrue, deux machines sont employées, de la force chacune de douze chevaux vapeur. C'est donc une force de vingt-quatre chevaux qui est nécessaire. Les deux machines travaillent alternativement, chacune la moitié du temps ; mais quand elles se reposent, elles n'en doivent pas moins être maintenues en pression, c'est-à-dire chauffées. Admettons que les repos alternatifs, combinés avec cette dernière considération, réduisent la force effective à seize chevaux, et que les machines consomment 5 kil. de charbon par heure et par force de cheval, ou une valeur en argent de 0 fr. 225, à raison de 45 fr. la tonne.

Un cheval d'une force égale à celle du cheval vapeur, pouvant fournir une journée de travail de 10 heures, consommera pour cela une ration alimentaire d'une valeur commerciale d'environ 2 fr., soit 0 fr. 20 par heure de travail.

Mais les seize chevaux employés au labourage feront mouvoir huit socs de charrue, à deux par attelage, tandis que les seize chevaux vapeur n'en meuvent que six. L'heure de travail, par soc, sera donc réduite dans la proportion de 8 : 6 ou de 1,33 : 1, c'est-à-dire qu'au lieu de coûter 0 fr. 20 par force de cheval, elle ne coûtera que 0 fr. 15, ou 0 fr. 05 de moins qu'avec la traction à vapeur.

En ne considérant donc que les seuls frais d'alimentation, l'économie serait évidente. Elle devient encore plus appréciable si l'on fait intervenir tous les autres éléments du problème, dût-on négliger ceux qui concernent le transport de l'eau, l'entretien des machines, etc., pour ne s'occuper que de l'intérêt du capital que représente leur valeur.

Le prix courant de ces machines est de 1,000 fr. par force de cheval, soit 24,000 fr. pour les deux de douze chevaux chacune, ou 1,200 fr. d'intérêt annuel. La valeur des seize chevaux qu'elles remplacent, à 1,200 fr. par tête, n'est que de 19,200 fr., représentant un intérêt de 960 fr. La différence de dépense annuelle, 1,200 — 960 = 240 fr., est encore en faveur de la traction par les chevaux.

En admettant pour les machines à vapeur 100 journées de travail de 10 heures, ou 1,000 heures de travail en tout, cela augmente de 1 fr. 20 le prix de revient de l'heure, ou de 0 fr. 07 par force de cheval effectif. Pour les moteurs animés, utilisés à d'autres travaux, le nombre des journées annuelles n'est pas moindre de 300, ou de 3,000 heures. Leur valeur individuelle étant de 1,200 fr. et celle de l'intérêt de 60 fr., cela n'augmente que de 0 fr. 02 le prix de revient de l'heure de travail par force de cheval.

Ce prix de revient est finalement de 0 fr. 225 + 0 fr. 07 = 0 fr. 295 dans le cas de l'emploi des machines à vapeur, tandis qu'il n'est que de 0 fr. 15 + 0 fr. 02 = 0 fr. 17 dans celui de l'emploi des chevaux. Il y a par conséquent en faveur de ces derniers une économie de 0 fr. 295 — 0 fr. 17 = 0 fr. 125 par heure et par force de cheval.

Les calculs que nous venons de faire, et que nous avons rendus moins favorables à notre thèse en négligeant plusieurs éléments accessoires de dépense nécessités par l'emploi des machines à vapeur, s'appliquent à plus forte raison à celles de moindre force utilisées dans les villes pour la traction des voitures sur les voies ferrées. Voici des renseignements, puisés à bonne source, sur celles qui étaient alors employées à la traction sur le tramway de la gare Montparnasse à la Bastille, à Paris :

Force, 8 chevaux. — Consommation, 3 kil. de coke par kilomètre. — Parcours, 125 kilomètres par jour.

Poids remorqué.	Machine avec ses approvisionnements.	5,500ᵏ	11,500ᵏ
	Voiture	2,300	
	50 voyageurs......................	3,750	

Prix d'achat, rendue à Paris, 16,800 fr. (Ce prix est considéré comme excessif.)

Entretien par jour, 13 fr. — Personnel, 4 mécaniciens à 6 fr., 24 fr. — Chaque équipe de 2 hommes travaille 8 heures par jour.

Dépense journalière...	Combustible........	20 fr. 63	57 fr. 63
	Entretien..........	13 »	
	Personnel.	24 »	

Calculant comme nous l'avons fait tout à l'heure, cette dépense totale de 57 fr. 63 pour 8 chevaux vapeur utilisés pendant 16 heures, met le prix de revient de l'heure de travail, par force de cheval, à 0 fr. 45.

Le même travail, sur d'autres lignes desservies par la Compagnie générale des omnibus, est fourni par 6 attelages de 2 chevaux, soit 12 chevaux, dont la ration journalière coûtait en moyenne 2 fr. 50 par tête, soit en somme 30 fr. par jour. Un seul cocher, dont le salaire est de 6 fr., suffit. Le salaire du palefrenier nécessaire pour panser les 12 chevaux s'élève à 4 fr. Le compte de la dépense s'établit donc ainsi pour les 12 chevaux :

Dépense journalière...
$\begin{cases} \text{Alimentation à 2 fr. 50 ...} & \text{30 fr.} \\ \text{Un cocher à 6 fr...........} & 6 \\ \text{Palfrenier................} & 4 \end{cases}$ 40 fr.

ce qui met le prix de revient de l'heure de travail, par force de cheval, à 0 fr. 208, et constitue finalement, pour les 16 heures de travail effectif, une économie de 57 fr. 63 — 40 fr. = 17 fr. 63.

En aucun cas, d'après ce qui précède, il n'est par conséquent économique de substituer la traction à vapeur à celle que peuvent fournir pratiquement les chevaux, pas plus dans les entreprises de transport que dans les travaux agricoles.

Examinons maintenant comparativement les moteurs animés du genre des Équidés, et voyons quels sont ceux qui fournissent le plus fort rendement pour une même alimentation.

Il ne paraît guère douteux, en se plaçant au point de vue absolu, que les chevaux mâles entiers doivent être des moteurs plus puissants que les mâles émasculés ou chevaux hongres, et aussi que les juments. Toutes les fois que la question a été mise en discussion, aucun de ceux qui concluent d'après la méthode à priori n'a hésité à la résoudre en ce sens.

Il est certain, en effet, que les diamètres musculaires sont plus grands, chez le cheval, avant qu'après son émasculation, et que conséquemment le cheval entier peut déployer une plus forte somme de travail total que celle dont le cheval hongre est capable. Si nous possédions un dynamomètre assez puissant pour mesurer la limite extrême de l'effort de traction, dépassant ordinairement le poids même du corps, nul doute que cet effort ne se montrât plus grand chez le cheval entier que chez le cheval hongre. L'excitabilité nerveuse, qu'on appelle énergie ou vigueur, est évidemment plus grande aussi chez le premier que chez le dernier.

Tout semble donc réuni, même en laissant de côté la beauté physique, pour faire accorder la préférence au cheval entier ; et longtemps il l'a obtenue sans conteste dans la cavalerie des grandes entreprises de transport. Celle de la Compagnie générale des omnibus de Paris, par exemple, a toujours fait sous ce rapport l'admiration des connaisseurs. Elle n'a nulle part de rivale sérieuse.

Mais les questions comme celle que nous abordons ici ne sont point si simples qu'on se montre disposé à le croire, quand on les résout ainsi par une pure induction. Comme nous l'avions déjà fait remarquer en plusieurs occasions, pour les étudier expérimentalement il faut faire intervenir des éléments complexes, et notamment celui du mode d'emploi de la force et celui de son rendement final en travail utile ou disponible.

La force totale qu'un moteur est capable de déployer n'est point le principal ; ce qui importe le plus à l'industriel qui l'exploite, c'est celle qu'il utilise, celle dont l'industriel bénéficie. De celle-là, l'expérience seule peut donner la mesure. Il n'est pas possible de la déterminer en se fondant seulement sur des considérations comme celles visées plus haut. Si de cette puissance incontestablement plus grande qui lui appartient, le cheval entier consomme une forte partie en pure perte, une partie plus grande que la différence qui existe en réalité entre sa capacité ou aptitude mécanique et celle du cheval hongre, évidemment sa supériorité comme moteur n'existera plus.

La question, posée en ces termes, a été mise à l'étude dans la cavalerie de la Compagnie générale des omnibus de Paris, pendant plusieurs années. Des proportions progressivement de plus en plus grandes de chevaux hongres et de juments y ont été mises en service. Aujourd'hui, cette question peut être considérée comme résolue par le tableau suivant des résultats constatés, dont nous devons la communication à l'obligeance amicale de M. Lavalard, alors directeur et maintenant administrateur de la cavalerie de la Compagnie.

ANNÉES	CHEVAUX ENTIERS.				CHEVAUX HONGRES.			
	Nombre total des réformes	Proportion p. 100 de l'effectif	Nombre total des morts.	Proportion p. 100 de l'effectif	Nombre total des réformes	Proportion p. 100 de l'effectif	Nombre total des morts.	Proportion p. 100 de l'effectif
1872	1090	15,07	254	3,50	268	14,60	92	5,00
1873	842	11,81	149	2,08	209	11,86	29	1,63
1874	738	10,30	204	2,85	178	9,58	41	2,20
1875	886	11,84	288	2,80	242	9,93	52	2,21
Moyennes	886	12,25	204	2,80	222	11,79	54	2,20

Tels qu'ils se présentent d'après les nombres de ce tableau, il est évident que les services des chevaux hongres ont été meilleurs que ceux des chevaux entiers. La réforme et la mortalité proportionnelles, qui en peuvent le mieux donner la mesure exacte, à travail égal des deux côtés, sont l'une et l'autre en faveur des chevaux hongres. Tandis que la première s'est montrée de 12,25 pour 100 de l'effectif des chevaux entiers, elle n'a été que de 11,79 à l'égard des hongres. La mortalité, qui atteint 2,80 dans le premier cas, s'est arrêtée à 2,20 dans le second.

Pour bien saisir toute la signification de ces valeurs comparatives, il ne faut pas perdre de vue que, dans l'effectif total de la cavalerie de la Compagnie, les chevaux hongres ne comptaient encore que pour un quart au plus, et que dans les premières années de l'essai leur proportion était beaucoup plus faible. Il est clair que cette circonstance tourne en leur défaveur, ainsi que le montre bien d'ailleurs le nombre exceptionnellement très-élevé de la première année (1872), correspondant à l'effectif le plus faible. Malgré cela, on voit que pour les deux dernières années, dans lesquelles cet effectif a atteint son maximum, les nombres proportionnels se sont constamment montrés très-inférieurs pour les réformes et pour la mortalité (9,58 et 9,93 contre 10,30 et 11,84 ; 2,20 et 2,21 contre 2,85 et 2,80).

Les mêmes comparaisons, faites entre les chevaux entiers et les juments, qui ont été aussi mises à l'essai pour un nombre à peu près égal à celui des chevaux hongres, donnent des résultats semblables. En 1880, les sorties d'effectif, qui étaient de 16,98 pour 100 pour les chevaux entiers, ne se sont élevées qu'à 12,13 pour les hongres et 12,42 pour les juments. Sur un effectif total de 12,758 chevaux, on en comptait alors 4,821 entiers, 4,040 hongres et 3,897 juments.

Il est maintenant admis en principe à la Compagnie que les chevaux hongres et les juments seront progressivement substitués aux chevaux entiers, à mesure que les ressources fournies par le commerce le permettront.

A l'argument péremptoire tiré du meilleur service ainsi constaté s'en vient joindre un autre qui n'est point négligeable. Les chevaux entiers sont sujets aux hernies inguinales, dont les chevaux hongres sont exempts. L'habileté des vétérinaires de la Compagnie et l'expérience acquise sur les conditions de réussite dans l'opération de ces hernies ont réduit la mortalité à des proportions très-faibles, de ce chef. Ainsi, sur un effectif si fort, il n'y a eu que 6 morts en 1872 pour cause de hernie, 5 en 1873, 4 en 1874 et 2 en 1875. Eu égard au nombre des cas ayant nécessité l'opération, c'est au plus une mortalité de 10 pour 100, par conséquent très-faible pour une opération si grave.

Mais la mortalité, en cas pareil, n'est pas la seule chose à prendre en considération. Les pertes qu'elle peut occasionner sont même de beaucoup surpassées par celles qu'entraînent les incapacités de travail auxquelles sont condamnés les opérés qui guérissent. Le nombre proportionnel de journées de travail effectif est donc plus grand du côté des chevaux hongres et des juments que du côté des chevaux entiers.

En définitive, les premiers sont certes moins brillants au service que ceux-ci, mais ils sont incontestablement plus utiles et par conséquent plus avantageux à exploiter. C'est ce que l'expérience poursuivie à la Compagnie des omnibus montre avec la dernière évidence, et c'est aussi, en vérité, ce qui n'est pas difficile à expliquer théoriquement.

Nous avons vu (t. II, p. 77), en examinant les différences sexuelles, que le mâle a besoin, pour s'entretenir, d'une proportion d'éléments nutritifs plus forte que celle qui suffit, à poids vif égal, à la femelle et au neutre. Nous avons vu aussi qu'il est en général plus vif, plus impétueux, et que par conséquent il travaille moins paisiblement, moins régulièrement, dépensant une partie de sa force musculaire en mouvements désordonnés. Tout ce qui est ainsi dépensé, soit en surplus de travail interne, soit en travail externe désordonné et superflu, est perdu pour le travail utile ou effectif, dont la quotité disponible, sur le travail total que le moteur peut engendrer, se trouve réduite d'autant.

On comprend donc sans peine que le rendement utile du cheval entier soit inférieur à celui de la jument et du cheval hongre, comme l'expérience l'a montré d'une manière incontestable et sans doute bien imprévue, pour quiconque n'était pas au courant de tous les éléments de la question.

Ce rendement utile est le but économique de l'exploitation des moteurs animés. C'est lui qui, à alimentation égale, détermine le bénéfice de cette exploitation. Il mérite, à ce titre, d'être pris en très-grande considération, au lieu d'être négligé pour ne s'en tenir qu'aux apparences absolues dont s'inspirait l'ancienne zootechnie empirique.

Nous n'avons malheureusement pas encore, pour résoudre le problème de la comparaison entre les chevaux et les mulets, comme moteurs animés, des résultats d'expérience aussi précis que ceux que nous venons de voir. On est obligé, pour cela, de se contenter de ceux fournis par l'observation pure. Mais ces résultats sont

tellement nombreux et tellement concordants, ils constituent par leur ensemble une telle évidence, qu'on ne
risque guère de se tromper en les interprétant.

Personne ne fera de difficulté pour admettre, par exemple, qu'il soit possible d'obtenir, à nourriture proportion-
tionnellement égale, plus de travail d'un cheval de race
orientale que d'un autre pris parmi l'une quelconque de
nos races occidentales. C'est là ce que signifie, comme
nous l'avons déjà fait remarquer, ce que nous nommons
la sobriété, chez les chevaux de race orientale. En ce
sens, leur rendement absolu est beaucoup plus élevé que
celui des autres.

La même supériorité appartient évidemment aux
mulets, indépendamment de leur aptitude bien connue à
puiser la protéine alimentaire à des sources qui seraient
en grande partie nulles pour la plupart des races de
chevaux. Les mulets, modèles de sobriété, mettent en
valeur des aliments dont les chevaux ne pourraient
extraire que peu de chose, et ils en tirent une forte
quantité proportionnelle de travail disponible. Ce sont
donc des machines à très-grand rendement. Celui-ci
est vraisemblablement le plus fort de tous ceux auxquels peuvent atteindre les Équidés. D'où il suit que
le mulet est, parmi eux, le plus économique de tous
les moteurs, en même temps que le plus facile à exploiter.

Il serait superflu de revenir ici sur les qualités que
nous lui avons reconnues en décrivant ses variétés et au
premier rang desquelles se placent sa rusticité et sa
longévité. On s'explique mal, après avoir constaté cela,
qu'il n'en soit pas fait un plus grand usage dans les
services militaires. Pour la traction des pièces d'artillerie,
notamment, les mulets seraient excellents, en tout cas
bien supérieurs aux chevaux qu'on y peut utiliser. Un
préjugé peu sérieux s'opposerait seul à leur emploi pour
ce service.

Dans l'industrie, leur usage tend à prendre de l'extension, comme nous avons eu déjà l'occasion de le faire
remarquer. Une connaissance plus complète et plus

approfondie de leur valeur en qualité de moteurs animés ne pourra que favoriser cette extension.

Calcul du travail. — Pour appliquer utilement les notions de mécanique animale exposées dans le présent chapitre, il faut être en mesure de calculer aussi approximativement que possible le travail des masses en mouvement, charge à déplacer ou moteur animé lui-même, dans les divers modes suivant lesquels le mouvement se produit. Le but pratique du calcul est d'établir l'équation entre l'alimentation du moteur, où se trouve la source de l'énergie qu'il doit transformer en travail, et la quantité de celui-ci qu'il doit déployer pour accomplir le service exigé de lui.

Si cette équation n'existe point, il peut arriver de deux choses l'une : ou bien l'alimentation dépasse la mesure du nécessaire, et alors l'excédent est consommé en pure perte ; ou elle reste en dessous, et en ce cas le moteur, dégageant de l'énergie aux dépens de sa propre substance, altère sa constitution et périclite, détruit le capital qu'il représente.

Dans les deux circonstances, son exploitation est ruineuse.

L'équation exacte entre le travail disponible et le travail utilisé est la première condition de conservation des moteurs animés, celle qui assure leur plus longue durée, et qui, dans les entreprises dont ils sont l'objet, contribue le plus à porter les bénéfices au maximum.

On trouverait facilement, dans l'histoire des grandes entreprises de transport, dans celle des postes aux chevaux surtout, de nombreuses preuves à l'appui de la proposition. Que de cavaleries ont été décimées par la morve, ruinant ceux qui les exploitaient, lorsqu'il y a une trentaine d'années un nouveau réglement vint augmenter la vitesse des malles-poste ! Ce surcroît de vitesse, auquel ne correspondait point un accroissement équivalent de la ration alimentaire, ne tarda pas à faire naître la misère physiologique qui, chez le cheval, a pour conséquence presque infaillible d'engendrer la terrible maladie dont le nom vient d'être écrit. Celle-ci, une fois développée, se propage ensuite par contagion avec d'autant plus de facilité que les organismes y sont mieux préparés par l'épuisement résultant du travail excessif.

On voit donc par là combien il importe de bien connaître la mesure du travail, pour diriger au mieux de ses intérêts l'hygiène des moteurs dont nous nous occupons.

Rappelons d'abord les facteurs du calcul, qui sont la masse ou le poids à déplacer, puis le chemin parcouru, mesuré par la vitesse et la durée du mouvement. Rappelons aussi que tout travail externe d'un moteur animé se compose nécessairement de deux parties : 1° celle qui résulte de son propre déplacement ou de son propre transport ; 2° celle qui résulte du déplacement ou du transport de la masse ou du poids qui lui est surajouté et que nous nommons sa charge.

Cette charge se transporte de deux façons. Ou bien il la porte à dos : c'est le cas des chevaux de selle et des bêtes de somme ; en ce cas, elle se confond avec lui ; le travail qui la concerne se calcule en même temps que celui qui est afférent au transport du moteur lui-même. Ou celui-ci est attelé, directement ou indirectement, à sa charge glissant ou roulant sur le sol ou sur des rails.

La résistance engendrée dans les divers cas de ce dernier mode n'équivaut jamais à la totalité de la charge. L'effet utile n'en est pas moins le produit de la masse déplacée par sa vitesse et par le temps ; mais il faut se garder de confondre cet effet utile, purement théorique, avec le travail réel.

La résistance effective que la masse oppose à son déplacement est toujours seulement une fraction plus ou moins forte de son poids. Cette résistance porte en pratique le nom de *tirage*. Elle représente l'effort nécessaire pour déplacer horizontalement la masse, correspondant à l'élévation d'un certain poids et s'évaluant par conséquent en kilogrammes. Le tirage ne peut pas s'apprécier à la balance ; il s'évalue au *dynamomètre*, instrument que nous n'avons point à définir ni à décrire.

Pour arriver à l'exactitude dans le calcul du travail en

mode de traction, il faudrait dans tous les cas déterminer préalablement le tirage. Cela n'est pas pratique. On est obligé de se contenter d'approximations tirées d'analogies entre le cas considéré et ceux sur lesquels il a été fait des déterminations expérimentales. Ces approximations ne peuvent être suffisantes, toutefois, qu'à la condition d'une connaissance théorique complète des circonstances qui font varier le tirage, d'un bon esprit d'observation pour apprécier exactement ces circonstances, et d'un sens pratique excellent pour faire du tout une application judicieuse.

Déjà nous possédons un grand nombre de résultats d'essais dynamométriques, exécutés sur les diverses sortes de véhicules, sur les machines et les instruments agricoles, dans des conditions très-variées. Plus ils se multiplieront, plus cela sera utile pour la pratique. Elle y trouvera des indications précieuses, qui permettront d'estimer d'une manière de plus en plus approchée, par la simple appréciation des circonstances accessibles à l'observation, le tirage dans un cas donné.

On trouvera dans notre premier volume (p. 117 et suiv., 355 et suiv.) les principales indications théoriques sur le sujet. Les résultats des essais dynamométriques sont consignés dans les ouvrages de mécanique pratique et dans les rapports sur les concours d'instruments et de machines agricoles. Nous ne pouvons pas songer à les rassembler ici. Cela nous entraînerait au delà des limites dans lesquelles nous devons nous maintenir.

Le tirage varie entre 0,20 et 0,01 de la charge ou du poids à déplacer à la surface du sol. Il est le produit d'un coefficient beaucoup plus fort, lorsqu'il s'agit de remuer ce sol lui-même, comme dans le cas du labourage ou du hersage. Dans plusieurs mémoires présentés à la Société centrale d'agriculture de France, Grandvoinnet [1] a fait connaître des résultats d'expériences qui seront consultés avec fruit.

---

[1] J. GRANDVOINNET, *Mémoires publiés par la Société centrale d'agriculture de France*, 1876.

Etant donné le tirage, le travail s'obtient en multipliant sa valeur par la vitesse et par le temps.

En désignant le travail par T, la charge par P, le coefficient de tirage par t, la vitesse par V, et le temps en secondes par S, le calcul se représente par l'expression algébrique suivante, applicable à tous les cas :

$$T = Pt \times V \times S$$

Il suffit, pour chaque cas particulier, de substituer dans le calcul les valeurs connues aux signes correspondants. Et l'on voit que dans la formule la seule valeur difficile à trouver est celle de t ou du coefficient de tirage. Elle se trouve, répétons-le, par l'expérience directe ou s'évalue à l'estime, d'après la connaissance qu'on a des cas analogues dans lesquels elle a été déterminée expérimentalement.

La détermination directe est, bien entendu, toujours préférable quand elle est possible. On ne saurait trop la recommander dans les grandes entreprises de transport, dans l'armée ou dans les grandes exploitations agricoles, où il s'agit de régler d'après le travail la ration alimentaire d'un grand nombre de moteurs animés, et où par conséquent les erreurs d'appréciation peuvent avoir une portée très-étendue, parce qu'elles se multiplient par un fort coefficient.

Voyons maintenant le calcul du travail effectué dans le transport du moteur lui-même, c'est-à-dire de ce que nous avons nommé le travail extérieur de ce moteur.

Ici la formule de tout à l'heure n'est point suffisante pour tous les cas, ou du moins la signification de tous ses signes ne reste point tout à fait la même. Dans cette formule, la valeur de T resterait toujours égale, encore bien qu'on ferait varier en sens inverse et à la fois celle de P et celle de V ou celle de S, ou celle des deux derniers signes, pourvu que les facteurs fussent affectés de telle sorte que l'un augmentât d'une quantité proportionnellement égale à celle dont l'autre serait diminué.

Ainsi une charge double pourrait être mue à la même

vitesse durant un temps moitié moindre, ou une charge
moitié moindre pourrait l'être à la même vitesse durant un
temps double, ou à une vitesse double durant le même
temps, sans que la quantité de travail fût en rien chan-
gée. Dans tous ces cas la valeur de T resterait la même.

$$2\,Pt \times V \times \frac{1}{2}\,S = \frac{1}{2}\,Pt \times V \times 2\,S = \frac{1}{2}\,Pt \times 2\,V \times S$$

Le déplacement du moteur fait intervenir un nouvel
élément, qui affecte la masse transportée d'un coefficient
tout différent de celui du tirage proprement dit et que
nous savons déjà dépendre de l'allure particulière à laquelle la vitesse est obtenue. Ce coefficient n'est point,
comme celui du tirage, à déterminer ou à estimer pour
chaque cas. Il nous est connu, ayant été déterminé une
fois pour toutes. Nous savons qu'il est de 0,05 dans l'allure du pas et de 0,10 dans celle du trot et du galop. Il ne
reste donc à déterminer que le poids même du moteur,
pour calculer son travail à toutes les vitesses et à toutes
les allures, ce qui est beaucoup plus facile que la détermination du tirage.

Mais il est clair d'après cela que pour le même moteur,
le poids restant nécessairement le même, les variations
de la vitesse et du temps ne peuvent plus s'équivaloir
que pour la même allure, et que par la nature des choses
elles sont maintenues dans des limites déterminées et
très-étroites. On ne pourrait plus ici donner un sens absolument général aux égalités formulées plus haut.

Ce coefficient connu, pour les différentes allures, est
celui de l'effort moyen nécessaire pour déplacer le corps.
En le désignant par e et en le mettant à la place de t dans
notre première formule, il vient :

$$T = Pe \times V \times S$$

qui sert pour calculer le travail extérieur du moteur.

Supposons que le poids de ce moteur soit 600 kil. et
qu'il marche au pas d'une vitesse de 1 mètre, durant

10 heures ou 36,000 secondes. En ce cas, T $=$ 600 P 0,05 e $\times$ 1 $\times$ 36,000 $=$ 1,080,000 kilogrammètres.

Supposons un autre moteur du poids de 450 kil. allant au trot d'une vitesse de 2^{m}50 durant 5 heures ou 18,000 secondes. Alors T $=$ 450 P 0,10 e $\times$ 2,50 $\times$ 18,000 S $=$ 2,025,000 kilogrammètres.

Il est évident que dans les deux cas le travail utile des moteurs devra être réglé de façon à ce que, s'ajoutant à ces nombres, la somme n'ait pas une valeur supérieure à celle du travail total qu'ils sont capables de déployer, ou en d'autres termes, de façon à ce que le travail utile ne dépasse point le travail disponible.

Le réglement s'opère, s'il y a excès, en diminuant la charge, la vitesse ou le temps ; s'il y a insuffisance, en les augmentant ; et dans les deux hypothèses, conformément aux équivalences indiquées et suivant les besoins pratiques.

Ceux-ci font que tantôt la charge et tantôt le temps sont le plus à considérer. Dans le premier cas, il convient de réduire la vitesse et conséquemment de diminuer le chemin parcouru dans le même temps ; dans le second, où il y a intérêt à ne rien changer ni à la vitesse ni au temps, c'est la charge qui doit être réduite, jusqu'à ce que le travail soit ramené à la quotité disponible.

Le travail utile des moteurs qui portent se confond dans le calcul, comme on le comprend bien, avec leur travail extérieur. Leur charge s'ajoute purement et simplement à leur propre poids. Le surplus d'effort qu'elle nécessite dépend du même coefficient, variable en sens inverse de celui du tirage, qui diminue à mesure que la vitesse augmente. D'où il suit que les masses transportables à dos sont toujours beaucoup, incomparablement plus faibles que celles transportables par traction.

Le cheval qui porte un cavalier du poids de 80 kil. durant 2 heures, au trot d'une vitesse moyenne de 2^{m}50, déploie un travail utile de 80 $\times$ 0,10 $\times$ 2,50 $\times$ 7,200 $=$ 144,000 kilogrammètres. Le mulet qui porte durant 6 heures, au pas de 1 mètre de vitesse, deux blessés sur des cacolets ou un poids total de 200 kil. environ, déploie un travail de $200 \times 0{,}05 \times 1 \times 21{,}600 = 216{,}000$ kilogrammètres.

Le calcul du travail de l'Équidé allant alternativement au pas et au trot serait dès lors en erreur, si la vitesse était ramenée à une moyenne, sans tenir compte de la différence du coefficient d'effort moyen. Il ne peut être exécuté exactement qu'en comptant séparément le travail au pas et le travail au trot, et en faisant la somme des deux.

Prenons pour exemple le cheval de cavalerie faisant une marche de 6 heures, moitié au pas de 1 mètre et moitié au trot de 2^m30, avec une charge de 90 kil., cavalier, harnachement, paquetage et armes compris. Son travail utile au pas est $90 \times 0{,}05 \times 3{,}600 \times 3 = 48{,}600$ kilogrammètres ; au trot, il est $90 \times 0{,}10 \times 2{,}30 \times 3{,}600 \times 3 = 243{,}560$. Il effectue donc une somme de $48{,}600 + 243{,}560 = 272{,}160$ kilogrammètres de travail utile, qu'il lui faut avoir disponible, sans quoi c'est aux dépens de son propre fonds qu'il devra la couvrir ; et pour peu qu'une telle dépense journalière se renouvelle, il deviendra bientôt insolvable, c'est-à-dire épuisé, ne pouvant plus s'entretenir.

Alimentation des Équidés moteurs. — C'est au moyen de l'alimentation, comme on sait, que le moteur accumule l'énergie nécessaire pour suffire aux besoins de son travail intérieur, de son travail extérieur et de son travail utile, composant son travail total. Lorsque cette alimentation est réglée de manière à ce qu'elle fournisse, dans les échanges nutritifs, l'énergie en suffisance, le moteur conserve son propre poids, tout en travaillant journellement. Dans le cas contraire, il dissocie une partie plus ou moins forte de sa substance, pour couvrir le déficit, et l'usure par épuisement arrive infailliblement tôt ou tard, selon l'importance de ce déficit.

L'alimentation suffisante est celle qui fournit la protéine digestible, source de la force, en quantité correspondante à celle du travail, c'est-à-dire la protéine brute alimentaire en relation nutritive convenable et conformément à son équivalent mécanique.

On sait que cet équivalent est de 1,600,000 kilogrammètres par kilogramme de protéine brute alimentaire, du
coefficient de digestibilité le plus élevé (t. I. p. 355). La
ration, pour être suffisante, doit donc contenir autant de
fois 1 kilogramme de protéine brute alimentaire qu'il y a
de fois 1,600,000 kilogrammètres dans le travail à effectuer, indépendamment de la quantité nécessaire pour les
besoins du travail intérieur ou pour l'entretien de la machine n'exécutant aucun travail externe.

Une première question se présente : c'est celle de savoir
quelle est la relation nutritive qui, chez les Équidés adultes
tels que le sont ceux exploités le plus ordinairement,
porte au maximum la digestibilité de la protéine brute.

Bien que cette question n'ait encore été mise en expérimentation qu'un petit nombre de fois (1), elle peut être
considérée comme résolue par les résultats obtenus,
joints à la quantité innombrable d'observations que nous
possédons. De nouvelles expérimentations rigoureuses ne
pourraient évidemment que fortifier nos connaissances,
en leur donnant encore plus de certitude. Il serait donc
bon qu'elle fussent entreprises et poursuivies avec soin
et compétence. Mais, en vérité, la science n'est point sur
le sujet aussi pauvre qu'on a bien voulu le dire.

Encore une fois, si le bilan alimentaire, chez les Équidés, a été fait moins souvent par des recherches chi-
miques directes, que chez les ruminants, pour lesquels
ces recherches s'élèvent aujourd'hui au nombre d'un
millier environ, il n'en est pas moins vrai que les
résultats obtenus ont été confirmés indirectement plusieurs milliers de fois, dans les grandes administrations
qui exploitent une nombreuse cavalerie et qui l'alimen-
tent conformément aux indications fournies par la science
expérimentale.

(1) E. WOLFF, W. FUNKE, C. KREUZHAGE, O. KELLNER, O.
VOSSLER, TH. MEHLIS, *Pferde-Fütterungversuche ausgeführt auf
der landw. Versuchs-Station zu Hohenheim.* (*Die landwirthsch.
Stationen* XX Band. 1877 et *Landwirthschaftliche Jahrbücher,*
XIII Bd. 1884, Heft 2, pp. 257 et 271.)

Tout porte à penser qu'on ne risque guère de se tromper en considérant que la relation nutritive $= 1 : 5$, admise pour les Équidés adultes, est la vraie.

Pour régler une ration, quelle que doive être sa force, il convient donc de commencer par se préoccuper de ce rapport, afin de tirer des aliments à faire consommer tout le parti utile possible, afin que les éléments nutritifs qu'elle contient soient digérés et fixés dans l'organisme au maximum.

Lorsqu'il s'agit de l'exploitation des Équidés comme moteurs animés, cette considération a une importance majeure, parce que, dans les conditions économiques de cette exploitation, les résidus de l'alimentation ne peuvent point être envisagés comme ils le sont à l'égard des animaux agricoles. Ceux-ci, dans l'entreprise agricole, ont un rôle complexe : ils sont à la fois des produits et des agents de production, non seulement par la force motrice qu'ils peuvent fournir, mais surtout par les matières fertilisantes tirées de leurs déjections. Plus ces déjections sont riches, plus ils sont utiles en ce sens.

Un excès de matières azotées dans leur ration n'est donc point perdu. N'étant pas digéré, il va au fumier, et les plantes cultivées l'utilisent. En dehors de l'agriculture, au contraire, il est perdu pour l'exploitant, attendu que le fumier, jusqu'à présent, ne se vend point toujours d'après sa richesse. En fût-il autrement, la question resterait d'ailleurs la même, l'industrie consistant à produire de la force motrice et non point du fumier.

Comme il y a toujours avantage à se placer dans les conditions de la plus grande exactitude, la connaissance précise de la composition immédiate des denrées alimentaires, avec lesquelles la ration doit être composée, est toujours utile. Les exploitants d'une nombreuse cavalerie, ceux qui dirigent de grandes entreprises, ont par conséquent un intérêt non douteux à faire analyser au préalable toutes celles qu'ils mettent en consommation. Les variations qui, normalement, se présentent dans leur composition immédiate quantitative sont tellement grandes, qu'en se bornant à l'évaluer à l'estime, d'après les

tables publiées, on s'expose à des erreurs très-préju-
diciables, quand elles se multiplient par des grands
nombres.

La teneur en protéine brute de l'avoine, par exemple,
varie de 6,3 à 21,4 pour 100, d'après les analyses qui ont
été faites d'un grand nombre d'échantillons ; celle de
l'orge varie de 2,6 à 27,4 ; celle du sarrasin de 2,6 à 13,4.
Les circonstances qui déterminent de si grandes variations, pour les mêmes espèces végétales, ne sont pas
faciles à apprécier justement ; et d'ailleurs, dans les
conditions où se font les grandes acquisitions de ces
denrées, on ne les connaît que bien rarement.

Quand on calcule la ration d'après la moyenne probable, qui est pour l'avoine de 12 pour 100, ou 120 grammes
par kilogramme, il se peut donc que cette ration se
trouve être moitié moins riche en protéine qu'on ne
l'admet, comme il se peut aussi qu'elle ait presque le
double de richesse.

Sans doute les probabilités sont pour que, dans la généralité des cas, la teneur de la denrée considérée ne
s'écarte guère de la moyenne indiquée ; et pour une
petite consommation, celle-ci suffit à la pratique, d'autant plus qu'il est toujours facile à un observateur
attentif de corriger par le tâtonnement ses premières
approximations, en constatant les effets obtenus. En ce
cas, les conséquences de l'erreur ne vont jamais bien
loin. On peut donc se borner à faire usage des tables de
la composition chimique immédiate des aliments (t. I,
p. 206 et suiv.), en se pénétrant bien des instructions qui
les précèdent.

Mais encore une fois, dans les entreprises ou les administrations où l'on fait consommer par année des milliers
et des centaines de milliers de quintaux de denrées alimentaires de toutes provenances, on ne peut procéder
sagement qu'à la condition de faire analyser par un
chimiste compétent, par un homme spécial, chacune des
livraisons reçues. Ce serait, pour ces entreprises ou ces
administrations, une bonne mesure de s'attacher un de
ces hommes spéciaux, en l'outillant convenablement.

Le moindre bénéfice qu'elles en pourraient tirer **ne** serait certes pas au-dessous du décuple de ses émoluments.

Étant connues la teneur des denrées alimentaires en principes immédiats nutritifs qui entrent dans l'établissement de la relation, c'est-à-dire en protéine brute, en matières solubles dans l'ether et en extractifs non azotés, ainsi que celle en eau ou en substance organique sèche (ce qui est indifférent), il est facile ensuite de composer la ration, de telle sorte que sa relation soit conforme à la limite posée plus haut, de telle sorte que la protéine brute représentant 1, la somme des matières solubles dans l'éther plus les extractifs non azotés représentent 5 au plus, et au moins 4 à 4,5.

La loi de compensation entre les extractifs et la partie digestible des fibres brutes ou ligneuses qui restent en dehors de la relation doit faire considérer comme avantageux de rester plutôt au-dessous de 5 pour le second terme. C'est le moyen de faire utiliser cette partie digestible des fibres ligneuses, dont la présence est indispensable dans la ration, et qui passerait inattaquée dans les déjections, si les extractifs étaient en quantité suffisante pour parfaire tout seuls ce second terme.

Celui-ci, comme nous savons, se compose à la fois des matières solubles dans l'éther, dites grasses, et des extractifs. Rappelons que la somme des deux n'est pas seulement ce qui importe et que la part des premières dans cette somme n'est point indifférente. Leur quantité doit rester telle qu'elle conserve avec la protéine brute un rapport déterminé, qui est entre 1 : 4 et 1 : 3; c'est-à-dire que le poids des matières grasses doit être d'au moins le quart de celui de la protéine et ne point dépasser le tiers.

Si nous prenons pour exemple le foin de bonne qualité, que nous considérons comme l'aliment normal du cheval adulte, nous avons la composition centésimale suivante:

Protéine brute.	Matières solubles dans l'éther.	Extractifs non azotés,	Relation nutritive.	Rapport des matières grasses à la protéine.
10,60	2,60	52,88	1 : 5	1 : 4

Avec l'avoine, nous avons :

12,00	6,00	56,60	1 : 5	1 : 2
	Moyennes..........		1 : 5	1 : 3

La ration normale pourrait donc indifféremment être composée de foin de pré de bonne qualité ou d'avoine de composition moyenne, ou de foin et d'avoine dans des proportions quelconques, s'il n'y avait à tenir compte que de la relation nutritive. Dans tous les cas celle-ci serait satisfaisante. Mais d'autres considérations doivent encore intervenir. Deux au moins nous sont bien connues : celle du volume de la ration et celle des propriétés autres que les nutritives.

On sait que les viscères digestifs fonctionnent d'autant mieux qu'ils sont plus remplis, sans cependant que leurs parois soient distendues douloureusement. C'est par conséquent une condition nécessaire que la ration se présente sous un volume tel que l'estomac, à chaque repas, soit en état de replétion.

L'estomac des Équidés a une capacité nécessairement variable selon leur taille. D'après Haubner, les variations se maintiennent entre 6 et 15 décimètres cubes. L'observation montre que, dans tous les cas, il est satisfait à la nécessité que nous visons en ce moment, lorsque dans la ration il entre en aliment grossier ou adjuvant séché à l'air, riche en fibres brutes ou ligneuses, 1 pour 100 du poids vif du sujet à nourrir, soit en foin de pré, par exemple, 5 kilogrammes pour un cheval du poids de 500 kilogrammes. Ces 5 kilogrammes contiennent en ligneux indigestible environ 1,500 grammes qui, absorbant dans l'intestin au moins six fois leur poids d'eau, forment un résidu dont le volume dépasse 9 décimètres cubes ou 9 litres, quand il est expulsé après que tous les éléments digestibles de la ration ont été osmosés. En l'absence de ce résidu, remplissant le rôle de lest ou de ballast, la digestion est moins parfaite ; une plus forte proportion des principes immédiats nutritifs contenus dans la ration échappe à son action ; les aliments ingérés sont conséquemment moins bien utilisés.

C'est pourquoi ce cheval de 500 kil. ne serait certainement pas nourri au même degré avec 5 kil. d'avoine, bien qu'il reçût ainsi 100 grammes de protéine brute en plus. La raison en est que dans l'avoine il ne recevrait que 450 grammes de ligneux, pouvant fournir seulement un résidu final de 3 litres au plus.

Cette considération de volume, prise dans un sens trop absolu, a été assurément parfois exagérée. On l'a considérée comme indispensable. La vérité est qu'elle a seulement une grande utilité économique plutôt qu'hygiénique. Cela ne diminue point son importance, en vue du but que l'on se propose d'atteindre dans l'exploitation des Équidés moteurs ; mais en la présentant comme une nécessité physiologique absolue, on s'expose à compromettre l'autorité de la science aux yeux des praticiens, qui savent fort bien que les chevaux peuvent être entretenus durant un certain temps en consommant de l'avoine seule, sans que leur santé en souffre sensiblement.

Les aliments n'agissent pas seulement en fournissant à l'organisme les principes immédiats nutritifs nécessaires pour l'entretenir et pour subvenir aux besoins du travail externe. Ils en contiennent d'autres qui, pour n'être point nutritifs, ne sont cependant pas dépourvus d'action. Au premier rang de ceux-ci s'en présente un qui nous intéresse particulièrement ici : c'est celui qui donne à l'avoine la propriété de mettre en jeu l'excitabilité du système nerveux moteur.

Nous avons exécuté sur ce principe immédiat, faisant partie du groupe de ceux que l'éther dissout et qui sont confondus dans les analyses sous le nom commun de matières grasses brutes, des recherches directes, en vue de l'isoler et de mesurer expérimentalement l'intensité de son action (1).

(1) A. SANSON, *Recherches expérimentales sur l'action excitante de l'avoine.* (Journal de l'Anatomie et de la Physiologie de Ch. Robin et G. Pouchet, t. XIX (mars-avril 1883), p. 113.

Ces recherches nous ont conduit à des résultats pleinement satisfaisants, qui nous permettent d'éclairer la pratique sur tous les points du sujet qui l'intéressent.

L'avoine est généralement considérée en France comme l'aliment de force par excellence. On ne pense pas qu'un cheval puisse bien remplir sa fonction de moteur, sans que l'avoine entre pour une part dans sa ration. L'observation, dans un grand nombre de cas, confirme l'opinion ainsi formulée. Mais une analyse plus précise des faits a permis d'établir une distinction qui n'est pas sans importance, au point de vue économique, en déterminant exactement la propriété spéciale de la céréale en question, et aussi le rapport qui existe entre cette propriété et les divers modes de manifestation de la force motrice.

Nous savons que le déploiement de cette force par les muscles peut être lent ou rapide, suivant que la contraction des fibres se produit par des ondulations transversales se succédant lentement ou rapidement ; que cette contraction est conséquemment prolongée ou brusque.

Pour l'exécution du travail en mode de masse, comme nous l'avons défini, effectué à l'allure lente, la puissance finale des contractions additionnées ou accumulées importe plus que la rapidité de leur production ; pour celle du travail en mode de vitesse, au contraire, dans laquelle l'essentiel est que les muscles se raccourcissent, dans le moindre temps, de la plus forte quantité possible, c'est précisément cette rapidité de contraction qui passe au premier rang. Elle dépend du degré d'excitabilité du système nerveux moteur, qui élabore et transmet les ordres de contraction, parce que la vitesse de transmission de ces derniers est en raison de cette même excitabilité. Tout agent ayant la propriété de la mettre en jeu en l'augmentant favorise donc, à disposition égale du mécanisme, non point la puissance musculaire, mais la rapidité de ses manifestations.

Le tempérament des chevaux dans nos climats tempérés est tel qu'on ne peut point obtenir une allure vive un peu soutenue en l'absence, d'une excitation artificielle. Leur travail total est dans tous les cas proportionnel à la quantité de protéine brute alimentaire qu'ils ont digérée et assimilée, conformément à l'équivalence connue ; mais ce travail ne se dépense en mode de vitesse que si leurs nerfs sont excités.

Dans les climats chauds, il en est autrement : l'excitabilité nerveuse normale est suffisante ; elle n'a pas besoin d'excitant artificiel. Indépendamment de ce que la machine animée a un rendement plus fort, selon toute apparence, elle dépense son travail accumulé en mode de vitesse sans aucune difficulté. Partout, pour le dépenser lentement ou en mode de masse, cette machine se passe facilement d'excitant spécial. Et c'est ce qui n'est pas assez connu, dans l'intérêt de l'alimentation économique des chevaux.

Il suit de là que si l'avoine, qui seule parmi les aliments utilisables par ces moteurs animés contient cet excitant spécial, que nous avons isolé pour en étudier les propriétés, est indispensable pour le travail aux allures du trot et du galop, dans les climats tempérés, elle ne l'est nullement pour le travail à celle du pas. La protéine brute qu'elle fournit à la ration peut en ce dernier cas être indifféremment empruntée à un autre aliment concentré quelconque, en tenant compte seulement des coefficients de digestibilité différents.

L'équivalent mécanique de la protéine digestible étant toujours le même, la source du travail sera dans tous les cas également alimentée. L'excitation n'étant pas indispensable devient superflue. Il n'est même pas téméraire d'admettre, d'après ce qui résulte de la comparaison des services obtenus des chevaux entiers et des chevaux hongres par la Compagnie des omnibus de Paris, qu'elle puisse avoir pour effet de diminuer dans une mesure quelconque le travail disponible, en augmentant la proportion du travail extérieur dépensé en pure perte par les mouvements désordonnés qu'elle provoque. A puissance égale, le moteur animé qui rend le plus en travail utile est toujours celui qui suit sa direction le plus paisiblement, de la manière la plus calme et la plus continue.

La même raison vaut également pour le service au trot

comme pour le service au pas, mais dans une mesure différente. C'est cette mesure qu'il importe de déterminer pour l'allure vive. Où commence ici le superflu ? A quel degré l'excitation nécessaire et même indispensable est-elle suffisante ? A quel moment a-t-elle pour effet de produire l'agitation désordonnée qui gaspille la force, au lieu du mouvement régulier qui la fait utiliser dans les conditions de vitesse désirée ?

Pour résoudre la question, il faut savoir d'abord que l'action excitante de l'avoine est passagère, comme toutes celles du même ordre, et d'une intensité proportionnelle à la dose du principe immédiat spécial qu'elle contient. Un adage vulgaire dit : « L'avoine du soir va dans les jambes ; l'avoine du matin va dans le crottin. » Cet adage est parfaitement vrai, en ce qui concerne l'alimentation de la force ; il est faux à l'égard du stimulant de la vitesse.

L'observation poursuivie avec attention et persévérance sur la cavalerie des grandes administrations de transport, a appris que les meilleurs résultats sont obtenus de la ration journalière d'avoine, quand on la distribue en plusieurs fois dans le courant de la journée de travail, par portions égales, à cause évidemment de l'action fugace de son principe excitant. La dose entière, administrée en une seule fois, produit une excitation plus intense, excessive même quand elle est forte, mais moins durable, cessant avant la fin de la journée de travail et manquant par conséquent le but visé.

D'après les résultats de nos expériences précises, dans lesquelles l'action excitante a été mesurée exactement, il y a de grandes différences sous ce rapport entre les diverses sortes d'avoine. Les blanches, sauf quelques exceptions, n'excitent pas du tout.

L'effet excitant de la dose contenue dans un kilogramme d'avoine noire dure en moyenne une heure, à partir du moment de son administration, en s'affaiblissant progressivement.

Ces faits indiquent comment doit être distribuée la ration d'avoine, pour en obtenir les meilleurs effets. Cela dépend, comme on le comprend bien, de sa qualité et de la manière dont le travail se répartit durant le jour.

Le travail au trot ne pouvant guère durer en tout plus de quatre heures, les distributions ou les repas varieront selon que ce travail sera exécuté en deux, en trois ou en quatre fois. Aux omnibus, on donne au premier repas du matin deux huitièmes de la ration. Le reste se répartit par huitièmes, de trois en trois heures durant la journée, jusqu'à huit heures du soir. Lorsque le travail s'éxécute en deux fois, comme c'est le cas pour les chevaux qui font un service d'aller et retour, la ration doit être partagée de même, et chaque repas avoir lieu avant le départ.

Mais les mêmes faits indiquent en outre la dose d'avoine nécessaire pour que l'effet excitant soit obtenu au degré que comporte un bon travail au trot. Ils montrent que cette dose est d'au moins un kilogramme par heure de travail. Au-dessous, le cheval n'a plus une excitabilité suffisante. Au-dessus, il y en a un excès, qui peut le rendre plus élégant dans son allure, plus agréable à voir, et qui peut convenir à ce titre pour le cheval de luxe, mais qui est sans utilité pour le cheval de service, auquel on ne demande que d'accomplir sa tâche dans les meilleures conditions d'économie du travail, à la vitesse fixée par le calcul ou par les conventions.

C'est ce qu'il nous faudra retenir quand nous en serons arrivés à nous occuper de la composition de la ration complète de travail ; auparavant, il convient d'en déterminer la richesse, d'après les bases posées.

Calcul des rations. — Deux cas se présentent, dans la pratique de l'exploitation des moteurs animés.

La somme de travail à effectuer par jour est déterminée par des circonstances indépendantes de la volonté de l'exploitant, ou il lui appartient de la régler à sa guise, en employant, pour l'exécuter, le nombre de jours ou le nombre de moteurs qu'il juge le plus favorable à son intérêt.

Le premier cas est généralement celui des services publics, dans lesquels il faut être à la disposition de la clientèle, dont la demande est variable, et aussi celui des services de guerre, dont les éventualités sont extrêmement diverses.

Le second cas se présente dans les entreprises de transport de matériaux, de déblais, de marchandises, etc., dans lesquelles le temps n'est point limité par les conventions ou laisse une certaine latitude.

Dans le premier, s'il s'agit d'un service régulier, la ration journalière doit être calculée d'après une moyenne probable de travail, que l'expérience indique au bout d'un certain temps d'observation. Au début, il vaut toujours mieux dépasser un peu cette moyenne, plutôt que de rester en dessous. Si on l'a dépassée, les moteurs nourris en excès gagnent du poids. On ramène alors la ration, par le tâtonnement, à la quotité suffisante pour que leur poids normal se conserve.

Il n'est pas bon qu'un moteur animé soit gras. La graisse nuit au travail musculaire, et en outre elle fait dépenser en pure perte le travail nécessaire pour la transporter. Il suffit que l'entretien de la machine animale la maintienne en bon état de santé. Des muscles volumineux, saillants sous la peau, fonctionnent mieux que ceux empâtés dans des masses de graisse sous-cutanée, donnant au corps des formes arrondies. On ne saurait à cet égard trop s'élever contre le préjugé généralement répandu, même parmi les hommes qui passent pour instruits et possédant des connaissances spéciales.

L'embonpoint convient pour les chevaux de luxe, auxquels il donne des formes plus élégantes et dont le travail n'est point l'objet d'une exploitation industrielle. Pour ceux qui valent en raison des bénéfices qu'ils procurent, il est nuisible, étant une cause de dépense en pure perte, et par les aliments qu'il nécessite pour son entretien et par le surplus de travail extérieur qu'il exige, lequel est surtout à considérer quand il s'agit d'un moteur d'allure vive.

Dans le second des cas posés, c'est l'aptitude digestive qui règle le calcul de la ration, en réglant de même la charge du moteur, son aptitude mécanique étant en raison de son aptitude digestive. Il y a toujours intérêt à tirer d'un moteur animé tout le travail qu'il est capable de donner. Il en est de la machine animale comme de toutes les autres. Le plus économique, dans son exploitation, est de supprimer les chômages.

Le moteur qui, dans les vingt-quatre heures, est capable de digérer, par exemple, en sus de ce qui est nécessaire pour son entretien, 2 kilogrammes de protéine brute, peut fournir en travail externe total $1,600,000 \times 2 = 3,200,000$ kilogrammètres. Si on ne lui en donne à digérer que 1,500 grammes, son utilité, pour le même capital engagé et pour les mêmes frais accessoires, se borne à 2,400,000. Le bénéfice de son exploitation est ainsi réduit d'un quart, attendu qu'en définitive sa fonction économique consiste à transformer la protéine alimentaire en force motrice ou travail moteur.

Pour ce cas, le calcul de la ration consiste donc, de son côté, à déterminer d'abord l'aptitude digestive. Nous avons des bases générales, pour nous servir de guides et de points de repère dans l'application. Il s'agit seulement de les adapter aux individualités par l'observation attentive et judicieuse. Elles fournissent une première approximation, autour de laquelle s'exerce ensuite l'expérience.

Nous savons que la quantité de substance sèche alimentaire que nos grands animaux domestiques peuvent digérer varie entre 2,5 et 3 pour 100 de leur poids vif, et que la proportion augmente à mesure que le poids vif diminue. Ainsi, un cheval de 300 kil. digérera plus facilement 9 kil. de substance sèche alimentaire qu'un cheval de 600 kil. n'en digérera 15 kil., réserve faite des individualités; mais aussi le rendement proportionnel du plus lourd sera plus grand, ainsi que nous l'avons déjà vu.

Afin de simplifier le calcul, nous réduisons l'expression de la ration de travail à celle de la protéine brute alimentaire, étant entendu qu'elle implique la relation nutritive avec son second terme et aussi l'adjuvant nécessaire pour fournir le lest. Quand nous disons, par exemple,

1 kil. de protéine alimentaire, cela signifie 6 kil. de substance sèche alimentaire, dont 5 kil. de matières solubles dans l'éther et hydrates de carbone, plus le ligneux qui les accompagne, pour que la ration atteigne son volume normal.

Donnée seule, la protéine brute n'alimente point. En la qualifiant d'alimentaire, nous indiquons suffisamment les compléments auxquels elle doit la propriété d'alimenter la source du travail.

Et c'est là ce qui rend oiseuses, pratiquement, les controverses sur la question de savoir si cette source est bien, comme nous le pensons nous-même, dans les albuminates plutôt que dans les hydrates de carbone et les matières grasses, comme on le pense en Angleterre et ailleurs. Il suffit de constater que ni les uns ni les autres, administrés isolément et exclusivement, ne pourraient constituer une ration de travail, pour savoir que pratiquement la question n'a aucune importance.

Ce qui est seulement vrai, c'est que la source du travail est dans la protéine alimentaire dont la définition vient d'être donnée, et que par conséquent on l'amoindrit en renforçant isolément soit le premier, soit le second terme de la relation nutritive convenable, parce que la modification dans les deux sens a pour effet nécessaire de produire une dépression de la digestibilité des albuminates et des hydrates de carbone à la fois.

Il est donc, d'après cela, on ne peut plus facile de calculer la ration nécessaire pour un travail déterminé, ou le travail exigible pour une certaine ration consommée, sachant l'équivalent mécanique de l'unité de protéine alimentaire sèche ou du kilogramme, qui est 1,600,000 kilogrammètres.

Le travail à fournir par cheval, travail extérieur et travail utile, calculés comme nous l'avons dit, étant en somme, par exemple, de 2,000,000 kilogrammètres, en nombre rond, la ration devra contenir

$$\frac{2,000,000}{1,600,000} = 1^k 250 \text{ de protéine alimentaire sèche.}$$

La ration que le moteur peut digérer contenant cette

même quantité de protéine, son travail possible est conséquemment $1,250 \times 1,600,000 = 2,000,000$ kilogrammètres.

S'il en est exigé moins de lui, la différence exprime une perte équivalente en protéine alimentaire, dont la valeur est appréciable en argent, d'après le prix de revient total de la ration ; s'il en est exigé plus, le travail est excessif, et il se produit aux dépens de la conservation du moteur, dès lors aux dépens du capital qu'il représente. Son amortissement devient ainsi plus fort, tellement plus fort, dans la généralité des cas, que le surcroît de bénéfice tiré du travail n'est point suffisant pour le compenser.

D'où il suit que le travail excessif exigé des Équidés moteurs a toujours été une opération ruineuse pour les entreprises dans lesquelles elle s'est produite.

Moins grave est l'excès d'alimentation, pour un travail déterminé. Suivant son importance, il diminue les bénéfices de l'exploitation, les réduit à zéro, ou va jusqu'à occasionner une perte. Mais celle-ci n'atteint jamais les limites auxquelles on a vu tant de fois arriver l'excès contraire, déterminant tout à coup une mortalité effrayante dans la cavalerie exploitée. A tous les points de vue économiques, le calcul exact est évidemment une des principales choses à prendre en considération.

Une des démonstrations pratiques les plus nettes des inconvénients de l'insuffisance de ration nous est fournie par ce qui s'est toujours passé, jusqu'à présent, dans les armées françaises en campagne, où la mortalité, pendant et surtout immédiatement après la guerre, a constamment atteint une proportion énorme.

Nos chevaux de ligne, par exemple, qui pèsent en moyenne 500 kilogrammes, et qui ont à fournir dans ces conditions un service moyen de 5 à 6 heures par jour, avec une charge de 80 à 90 kilogrammes, et cela à l'allure du pas durant 3 heures et à celle du trot durant 2 au moins, déploient un travail externe total de 1,295,640 kilogrammètres ($270,000 + 48,000 = 318,600$ au pas, $+ 828,000 + 149,040 = 977,040$ au trot $= 1,295,640$).

Leur ration réglementaire, quand elle est régulièrement distribuée, contient 850 grammes de protéine alimentaire, dont 400 grammes au moins sont nécessaires pour l'entretien. Il n'en reste conséquemment que 450 grammes pour le travail. Or, ces 450 grammes n'équivalent qu'à 720,000 kilogrammètres. Il y a conséquemment chaque jour un excès de travail de 1,295,640 — 720,000 = 575,640 kilogrammètres, ou un déficit d'environ 280 grammes de protéine, correspondant à ce travail. Ils doivent être pris sur les 400 nécessaires pour l'entretien. Il n'en reste conséquemment plus que 120 disponibles, quantité évidemment insuffisante pour assurer cet entretien. La machine n'étant plus entretenue suffisamment ne peut donc que péricliter. Et c'est ce qu'elle fait, comme nous le savons.

D'où la conclusion pratique que les chevaux dont il s'agit devraient, quand ils sont en campagne, recevoir une ration journalière contenant au moins 1 kilogramme de protéine alimentaire, pour se conserver en santé.

Composition des rations. — Maintenant que nous connaissons toutes les bases du calcul des rations de travail, nous pouvons aborder le côté pratique de l'alimentation, en nous occupant de la composition des rations d'après les bases les plus économiques.

C'est là un sujet qui depuis longtemps a préoccupé tous ceux qui exploitent le travail d'un grand nombre de chevaux et qui a été l'objet de nombreuses tentatives, toutes infructueuses, jusqu'au moment où le problème fut enfin posé et étudié sur le terrain véritablement expérimental.

L'histoire de l'alimentation empiriquement économique des chevaux est vraiment lamentable. Il serait superflu de la faire ici. Elle explique sans difficulté, si elle ne la justifie pas, la résistance que rencontrent les notions scientifiques modernes sur ce même sujet, dans l'esprit des personnes qui n'y ont pas été préparées par une éducation suffisante. Soit qu'elles eussent pour but de réaliser l'économie dans le prix de revient de la relation, en substituant complètement à l'avoine des denrées moins coûteuses, d'après des équivalences imaginaires telles que celle, par exemple, de la teneur en corps gras ; ou bien en diminuant le poids total de la ration, sous prétexte que ses composants hachés, aplatis, concassés, avaient une valeur nutritive plus grande dans une proportion également imaginaire ; dans tous ces cas, les tentatives auxquelles nous faisons allusion ont été suivies d'insuccès si éclatants, qu'en vérité l'on ne peut point être surpris des défiances qu'excitent, chez ceux qui ne sont pas au courant de l'état actuel de la science expérimentale, les nouvelles propositions analogues.

Avant de les formuler, il convient d'insister toutefois encore un peu sur la nécessité de prendre pour base, dans la composition de la ration alimentaire du cheval moteur, une certaine quotité de bon foin de pré, correspondant à ce qui est nécessaire pour son entretien.

A l'égard du lest qu'il fournit par ses fibres brutes indigestibles, ce foin peut être remplacé par de la paille ou par tout autre fourrage grossier. Pour le reste, il ne le peut pas, à cause de sa relation nutritive naturelle. A la dose de 1 pour 100 du poids vif, que nous avons indiquée, il contient en moyenne, par kilogramme, 85 grammes de protéine alimentaire, digestible à raison de 60 pour 100.

Il en fournit donc ainsi, par 100 kil. de poids vif, $\dfrac{85 \times 60}{100}$

$= 51$ grammes à l'entretien des tissus, conformément aux lois naturelles.

Que cette nécessité de l'entretien normal puisse être négligée dans l'alimentation des ruminants, dont les savants allemands se sont surtout occupés, cela n'est pas douteux. Ces animaux n'ont à fournir qu'une courte carrière, et leur fonction économique consiste à s'engraisser ou à secréter du lait, non point à déployer leur force musculaire au maximum. Il importe donc peu que les organes moteurs soient entretenus dans de meilleures conditions.

Que, d'un autre côté, l'on observe chez nous des chevaux constamment nourris avec des foins de légumineuses, ce n'est point contestable. Mais il faut remarquer qu'il s'agit de jeunes chevaux en période de croissance, n'ayant par conséquent pas à s'entretenir, ou de chevaux adultes qui s'entretiennent mal et ne durent pas long-temps, s'ils ont à fournir un fort travail.

La durée du moteur étant un des principaux éléments du bénéfice que procure son exploitation, il y a un intérêt énorme à l'entretenir dans les meilleures conditions, et il est évident que c'est son aliment naturel qui réalise le mieux ces conditions.

Toute ration de cheval exploité comme moteur doit donc avoir pour base invariable une quantité de bon foin de pré égale à 1 pour 100 de son poids vif, constituant à la fois l'aliment essentiel d'entretien, par sa protéine alimentaire, et l'aliment adjuvant ou lest, par ses fibres brutes ou ligneuses indigestibles, auxquelles se joignent celles de la paille qui passe par le râtelier avant de servir pour la litière.

Le reste de la ration, constituant l'aliment de force, ou ce qu'on nommait anciennement la ration de production, est composé diversement, selon qu'il s'agit d'un moteur travaillant à l'allure lente, en mode de masse, ou aux allures vives, en mode de vitesse.

Pour le moteur lourd, dit cheval de gros trait, qui marche au pas, il n'importe point que la protéine alimentaire soit empruntée à un aliment concentré plutôt qu'à l'autre, si ce n'est pour une raison d'économie. Toutes les combinaisons sont possibles. Celui qui la fournit au meilleur compte, d'après l'état du marché, est préférable. Que ce soit l'avoine, l'orge, le maïs, le sarrasin, le son de froment, la féverole, etc., c'est indifférent, pourvu que la quantité de protéine consommée corresponde au travail à déployer, d'après son équivalent mécanique.

Une telle proposition rencontrera, nous le savons bien, de fortes résistances dans le préjugé relatif aux qualités spéciales de l'avoine. L'expérience en aura raison avec le temps. Notre devoir, à nous, est de la formuler ici sans hésitation, avec la conscience de donner un enseignement utile, résultant de la science expérimentale, et **profitable à la fois à la fortune publique et à la fortune privée.**

Dans les conditions considérées, 1 kil. de son de froment, par exemple, d'une valeur commerciale de 0 fr. 15, a le même effet utile au moins que celui de 1 kil. d'avoine, dont le valeur commerciale est de 0 fr. 20 ; 1 kil. de féverole, dont la valeur est 0 fr. 20, a un effet utile double. La substitution du son ou de la féverole à l'avoine réalise donc une économie de 0 fr. 05 ou 0 fr. 10 par kilogramme. Si la ration comporte 10 kil. de l'aliment concentré usuel, cela fait donc une économie de 0 fr. 50 ou de 1 fr. par jour et par ration, par conséquent 2 fr. 50 ou 5 fr. par attelage de 5 chevaux. On voit que cela vaut la peine d'être pris en considération.

Pour le moteur léger, allant au trot et exceptionnellement au galop, nous savons que l'avoine est indispensable à un degré déterminé, dans nos climats tempérés. Le champ des substitutions est par conséquent moins large et aussi dès lors celui des économies. On constatera cependant tout à l'heure qu'il vaut encore la peine qu'on s'en occupe.

Là donc l'aliment de force doit être représenté dans la ration par une quantité d'avoine d'autant de fois un kilogramme que le moteur a d'heures effectives de travail à fournir. Si cette quantité correspond, par la protéine qu'elle contient, à l'équivalent du travail, la ration est complète, il n'y a plus rien à y ajouter. S'il en est autrement, elle peut être complétée par un ou plusieurs autres aliments concentrés quelconques.

Le choix alors n'est gouverné que par les considérations économiques, que par la valeur commerciale de ces aliments, dont quelques-uns ont été signalés plus haut. Il s'agit seulement de parfaire la somme de protéine, sans s'écarter de la relation nutritive indiquée comme portant le coefficient moyen de digestibilité à son maximum.

D'après les rapports de l'administration de la cavalerie de la Compagnie générale des omnibus de Paris sur ses opérations pendant l'exercice 1880, les denrées consommées par la cavalerie, durant cet exercice, ont été, en outre du foin, de la paille et de l'avoine, les féveroles, le maïs, les tourtaux de maïs, le sarrasin, le son de froment, l'orge et les carottes.

La Compagnie a pu réaliser ainsi une économie totale de 1,010,539 fr. Si les rations de la cavalerie avaient contenu exclusivement de l'avoine, le prix de revient de sa nourriture eût été augmenté d'une somme égale à celle que nous venons d'écrire, en raison des prix payés pour l'achat de la denrée.

es mêmes rapports nous fournissent la preuve que cette économie considérable, réalisée sur le prix de revient de l'alimentation de la cavalerie, ne l'a pas été aux dépens du capital social. En effet, durant l'exercice, ce capital s'est conservé aussi bien et même mieux que sous l'empire des anciens errements de la nourriture exclusive à l'avoine.

En défalcant la mortalité due à l'affection typhoïde qui a, comme on sait, fortement sévi sur les jeunes chevaux récemment achetés, en 1880, et à laquelle l'alimentation était évidemment étrangère, on arrive à constater que les pertes n'ont pas dépassé 3,25 0/0 de l'effectif. Or la mortalité moyenne calculée pour toute la durée de l'exploitation s'élève à 3,69 0/0.

Cela montre incontestablement que les nouvelles rations, comportant dans leur composition une proportion des aliments concentrés autres que l'avoine, indiqués plus haut, ont été au moins aussi favorables à la conservation des chevaux et à leur aptitude au service que l'ancienne généralement usitée.

Eu égard au service régulier des chevaux d'omnibus, ce service a été plutôt meilleur, en raison de l'excitation excessive produite auparavant par la forte ration d'avoine. Celle-ci, par la substitution, s'est trouvée justement réduite aux taux correspondant au nombre d'heures de travail.

L'irrégularité, l'imprévu du service des voitures de place, dont le stationnement peut se prolonger ou se réduire à de courts instants, rend très-difficile le règlement de l'alimentation des chevaux employés à leur traction. Ils ne pourraient pas, dans les vingt-quatre heures, digérer la quantité de protéine alimentaire correspondant au travail de leur journée, non plus que recevoir, durant celle-ci, le principe immédiat excitant de l'avoine en quantité égale à celle que nous avons indiquée comme désirable. Ils restent attelés durant tout le jour et une partie de la nuit, à la disposition du public. Il leur est donc impossible de fournir un travail quotidien. Ils passent une journée à emmagasiner de la force en se nourrissant, et la suivante à la dépenser en travail, trouvant à peine le temps de calmer leur appétit et leur soif.

Rien ne peut mieux qu'un tel régime, rapproché des résultats constatés, donner la preuve de la vérité théorique sur laquelle nous fondons l'alimentation des moteurs animés. Pour ceux qui ne seraient point disposés à tenir compte des notions sur la dynamique animale, faute de s'en être pénétrés par des études générales préalables, il est péremptoire.

Cela dit, il ne nous reste plus qu'à donner des **exemples de rations composées d'après les principes que nous avons exposés.** Ces rations sont calculées en vue d'alimenter au maximum un poids vif de 100 kilogrammes. Pour les appliquer, il suffira de multiplier la valeur de chacune des matières alimentaires composant la ration par le coefficient déduit de $\frac{n}{100}$, dans lequel n représente le poids vif réel du moteur à alimenter. Ainsi, ce poids étant, par exemple, 550 kil., le coefficient sera 5,50; et s'il y a dans le modèle de ration 0^k800 d'avoine, il en faudra, dans ce cas, $0^k800 \times 5,50 = 4^k 400$. De même pour les autres aliments.

1° *Rations pour 100 kil. de cheval de trait au pas.*

(A.)	Matière sèche.	Protéine.	Matières solubles dans l'éther.	Extractifs non azotés.	Ligneux.
1^k000 foin de pré.....	0,857	0,085	0,030	0,383	0,293
1,500 orge...........	1,225	0,150	0,035	0,961	0,106
0,600 féverole........	0,515	0,150	0,009	0,277	0,070
1,000 paille..........	—	—	—	—	—
	3,597	0,385	0,074	1,621	0,469

Relation nutritive : $\dfrac{\text{M A } 385}{\text{M N A } 74 + 1621} = \dfrac{1}{4,4}$

(B.)

	Matière sèche.	Protéine.	Matières solubles dans l'éther.	Extractifs non azotés.	Ligneux.
1ᵏ000 foin de luzerne.	0,836	0,144	0.023	0,257	0,347
1,500 maïs..........	1,309	0,150	0,102	0,915	0,114
0,700 son de froment.	0,606	0.098	0,026	0,315	0,128
1,000 paille.........	—	—	—	—	—
	2,751	0,401	0,156	1,497	0,589

$$\text{Relation nutritive}: \frac{M\,A\ 401}{M\,N\,A\ 156 + 1487} = \frac{1}{4}$$

(C.)

	Matière sèche.	Protéine.	Matières solubles dans l'éther.	Extractifs non azotés.	Ligneux.
1ᵏ000 foin de sainfoin (esparcette)..	0,836	0,133	0,025	0,345	0,271
1,500 seigle.........	1,285	0,165	0,030	1,008	0,055
0,800 germes de malt (touraillons).	0,713	0,189	0,023	0,289	0,160
1,000 paille.........	—	—	—	—	—
	2,834	0,487	0,078	1,642	0,486

$$\text{Relation nutritive}: \frac{M\,A\ 487}{M\,N\,A\ 78 + 1642} = \frac{1}{3,5}$$

(Le coefficient moyen de digestibilité étant moins fort, cette dernière ration doit avoir une relation plus étroite.)

2° *Rations pour 100 kil. de cheval travaillant aux allures vives.*

(A.)

	Matière sèche.	Protéine.	Matières solubles dans l'éther.	Extractifs non azotés.	Ligneux.
1ᵏ000 foin de pré.....	0,857	0,085	0,030	0,383	0,293
0.800 avoine	0,690	8,096	0,048	0,452	0,072
0,600 maïs..........	0,523	0,063	0,040	0,366	0,045
0,100 féverole.......	0,085	0,025	0,002	0,044	0,011
1,000 paille.........	—	—	—	—	—
	2,155	0,269	0,120	1,245	0,421

$$\text{Relation nutritive}: \frac{M\,A\ 269}{M\,N\,A\ 120 + 1245} = \frac{1}{5}$$

(B.)	Matière sèche.	Protéi c₀	Matières solubles dans l'éther.	Extractifs non azotés.	Ligneux.
1ᵏ000 foin de pré	0,857	0,085	0,030	0,383	0,293
0,800 avoine	0,690	0,096	0,048	0,452	0.072
1,000 sarrasin........	0,868	0,078	0,015	0,580	0,176
0,500 germes de malt.	0,446	0,118	0,015	0,181	0,100
1,000 paille	—	—	—	—	—
	2,861	0,377	0,108	1,596	0,641

$$\text{Relation nutritive : } \frac{\text{M A } 377}{\text{M N A } 108 + 1596} = \frac{1}{4,7}$$

(C.)	Matière sèche.	Protéi c₀	Matières solubles dans l'éther.	Extractifs non azotés.	Ligneux.
1ᵏ000 foin de pré.....	0,857	0.085	0,030	0,383	0,293
0,800 avoine	0,690	0,096	0,048	0,452	0,072
0,800 son de froment.	0,692	0,112	0,030	0,360	0,146
0,300 féverole........	0,257	0,075	0,005	0,133	0,035
1,000 paille	—	—	—	—	—
	2,496	0,368	0,113	1,328	0,546

$$\text{Relation nutritive : } \frac{\text{M A } 368}{\text{M N A } 113 + 1328} = \frac{1}{3,9}$$

(Dans cette dernière ration, dont la relation est un peu plus étroite que dans les deux précédentes, le complément du second terme sera emprunté à la partie digestible de la cellulose brute de la paille, en vertu de la loi de compensation découverte par Henneberg; et ainsi elle sera économiquement encore plus avantageuse que les autres.)

Conduite des moteurs. — L'allure du moteur animé économise le travail, en l'utilisant au maximum, ou elle le gaspille en partie, suivant qu'elle est régulière, bien ordonnée, ou désordonnée en une mesure quelconque. Tout le monde sait que le plus grand effet utile d'une force est obtenu quand elle agit perpendiculairement à la résistance. Le cheval attelé, par exemple, qui tire toujours suivant la même ligne droite, aura conséquemment un effet utile plus grand que celui qui tire obliquement, tantôt à droite, tantôt à gauche, brisant ainsi sa ligne de traction. Ceci est tellement élémentaire en mécanique générale, qu'il serait sans doute superflu d'en donner ici la démonstration.

Plusieurs conditions peuvent avoir pour effet de briser ainsi la ligne de traction, et toutes ne dépendent pas du moteur. Les aspérités de la voie, la rigidité des véhicules non suspendus qui portent la charge, en déterminant des ébranlements ou des chocs, augmentent de cette façon le tirage moyen.

On a vu (t. I, p. 358) que, d'après les résultats des expériences du général Morin, le tirage d'une charrette de roulage à quatre roues de 1ᵐ20 de rayon, sur un pavé en grès serré, est à l'allure du pas de $\dfrac{1}{64,7}$ de la charge, tandis que celui d'une voiture à trains suspendus n'est que de $\dfrac{1}{61,2}$. Les recherches de Marey (1) ont montré en outre que les traits élastiques diminuent considérablement le tirage. Des expériences exécutées à Halle (2), avec un appareil appelé en allemand *Pferdschoner*, et construit d'après le même principe, ont fait voir que l'économie atteint environ 20 pour 100.

Lorsque plusieurs chevaux sont attelés de front ou à la file, quel que soit le tirage de la charge, leur effet utile total est d'autant plus grand que leurs efforts sont plus synergiques, que leurs lignes de traction se rapprochent davantage du parallélisme ou se continuent plus directement. Quand elles sont divergentes, dans le cas de l'attelage de front, l'effet utile, au lieu d'être représenté par une ligne dont la longueur est égale à la somme des deux composantes, ne l'est plus que par la diagonale du parallélogramme construit avec ces deux composantes.

---

(1) *Travaux du laboratoire de M. Marey, année 1875*, dans la *Bibliothèque des hautes études*, vol. in-8°. Paris, G. Masson.

(2) *Ibid.* (traduction française de A. Sanson) et *Fühling's landwirthsch. Zeitung*, octobre 1874.

On comprend bien que cette diagonale, qui est la résultante, a une longueur d'autant moindre que les composantes sont plus divergentes ou forment entre elles un angle plus grand. Dans le cas de l'attelage en file, la résultante est de même la somme d'une série de diagonales, toujours moins grande aussi que celle des composantes.

Il suit de là que le premier soin à prendre dans la conduite des moteurs animés est de veiller à ce que leur allure soit toujours régulière et leur marche constamment rectiligne, afin que leur travail soit le plus possible utile, qu'il ne s'en perde que peu ou point du tout. L'économie en ce sens est plus considérable qu'on ne saurait peut-être disposé à l'admettre, quand on ne connait point les faits qui viennent d'être signalés.

Elle se manifeste pourtant d'une façon très-claire dans les grandes entreprises de transports comme celle des omnibus de Paris, par exemple, où il est facile à un œil expérimenté de reconnaitre les mauvais et les bons cochers ou meneurs, rien qu'en comparant l'état de leurs attelages. Tout est semblable dans le régime de ceux-ci, hormis la manière dont ils sont conduits, lorsqu'il s'agit des voitures d'une même ligne. Cependant les uns perdent de leur poids tandis que les autres le conservent. Les premiers correspondent toujours au mauvais meneur, à celui qui ne conduit pas ses chevaux conformément au principe posé, qui par l'irrégularité de sa direction leur fait dépenser du travail en pure perte, sans même atteindre souvent la vitesse réglementaire.

Ce que nous savons montre aussi combien il importe de faire à propos prendre l'allure du pas aux moteurs, pour économiser leur travail. Les rampes augmentent le tirage d'une quantité proportionnelle à leur inclinaison. Si l'allure n'y est pas ralentie, l'augmentation peut être telle que le travail moteur nécessaire pour gravir la rampe soit assez grand pour épuiser la plus forte partie de la quotité disponible. Il n'en reste plus suffisamment ensuite pour aller jusqu'au bout de la course. Le temps gagné à la rampe est plus que compensé par les retards qu'occasionne le ralentissement forcé, dû à l'épuisement; ou pour éviter qu'il en soit ainsi, il faut exiger du moteur des efforts excessifs.

Si, au contraire, les rampes sont gravies à l'allure lente du pas, le travail moteur nécessaire pour le transport du moteur est réduit à la moitié, comme nous le savons. On peut après, sans augmenter le travail total, regagner et au delà le temps perdu, en augmentant sur la voie plane, et encore mieux à la descente, la vitesse de l'allure.

Tout moteur animé a, pour chaque allure, une vitesse normale, dépendant de sa conformation et de son excitabilité nerveuse, qu'il ne peut pas dépasser sans des efforts excessifs. C'est une des obligations de sa bonne conduite d'étudier cette vitesse, d'apprendre à la connaître, afin de régler sa marche en conséquence et de lui épargner ces efforts excessifs qui ruineraient infailliblement son mécanisme en un temps très-court, en réduisant à rien ou presque rien la valeur du capital qu'il représente. Les écarts à la prescription ainsi formulée se traduisent dans les rapports des grandes administrations de cavalerie par les comptes établis sous les rubriques de « réforme » et de « sortie d'effectif, » comprenant les chevaux devenus impropres au service pour cause d'usure ou d'insuffisance de leurs organes locomoteurs.

Une manœuvre qui contribue aussi pour une forte part au résultat ainsi traduit est celle qui concerne l'arrêt aux allures vives. Suivant que cet arrêt se réalise brusquement ou progressivement, l'accélération qu'on nomme vitesse acquise, ou la quantité de mouvement accumulée, se dépense en travail sur les jarrets du moteur ou en frottement sur la voie.

On voit que les deux modes ne sont pas indifférents et que le premier seul est au détriment du moteur. Il doit donc être évité avec tout le soin possible. Plus longtemps à l'avance l'arrêt est préparé, mieux cela vaut pour la conservation du cheval. Il convient d'aller à cet égard jusqu'à la dernière limite de ce qui est pratiquement possible.

De même pour le démarrage de la charge, qui doit, lui aussi, être opéré progressivement, par des ébranlements successifs, au lieu de l'être brusquement. En ce dernier cas, le moteur y emploie son effort maximum, dont le plus souvent une forte part est superflue. Ce que quatre efforts accumulés de 50 kil. chacun auraient réalisé, par exemple, lui coûte un effort unique de 500 kil. En supposant que cet effort dure une seconde et déplace la charge à un mètre, c'est une dépense de 500 kilogrammètres, tandis que les quatre efforts de 50 kil. durant quatre secondes pour le même déplacement n'en dépensent que $50 \times 0,25 \times 4 = 50$.

Il y a donc, à démarrer lentement, pour le moteur une économie de 450 kilogrammètres dans le cas supposé. Pour les chevaux des omnibus de Paris, qui ont à démarrer leur charge en moyenne soixante-dix fois par jour, on voit que l'économie n'est pas négligeable. Elle est en somme pour eux de 31,500 kilogrammètres.

Tout cela fait bien sentir l'importance du bon choix des charretiers et des cochers, ainsi que celle de l'instruction spéciale des cavaliers, pour la conduite des moteurs animés, afin que leur force soit utilisée au maximum. Elle est ainsi économisée dans le véritable sens du mot, et ils conservent le plus longtemps possible leur aptitude au service pour lequel ils sont le plus propres, d'après les indications que nous avons données précédemment.

Appareillement des moteurs. — Aux considérations qui précèdent se joint la nécessité, pour ceux qui doivent travailler de front, d'un appareillement aussi complet que possible, eu égard à la similitude des angles de leurs organes locomoteurs et à l'égalité de leur excitabilité, afin que leurs allures ne diffèrent point, ce qui est la meilleure garantie de la synergie de leurs efforts et de la facilité de leur conduite. A conformation et à poids égaux, les moteurs les mieux appareillés et les mieux dressés sont toujours ceux qui rendent le plus en travail utile, étant menés par le même conducteur.

FIN DU TOME TROISIÈME.

AUTEURS CITÉS

Abdel-Kader, 15.
Arloing, 128.
Ayrault (Eug.), 6, 141.
Barrier (G.), 169.
Baudement, 328.
Bocher, 280.
Boucher de Perthes, 133.
Bourgelat, 73, 169, 170, 183.
Bradley, 81.
Broca (Paul), 56, 103.
Buckingham (Villiers, duc de), 16.
Buffon, 172, 193.
Bujault (Jacques), 88.
Charles Ier, 20.
Charles Martel, 28.
Chevallier, 50.
Christy, 138.
Colbert, 71, 280.
Courtois, 310, 313.
Cromwel (Olivier), 16.
Fitz-Stephen, 19.
Fritz (H.), 314.
Funke, 349.
Gayot (Eugène), 30, 59, 105, 109.
George (Hector), 132.
Goubaux, 127, 147, 169.
Grandvoinnet, 314, 344.
Hamilton (duc de), 85.

Hamy, 133.
Haubner, 353.
Hays (Ch. du), 115.
Henneberg, 370.
Héring, 47.
Hugel et Schmidt, 39, 41.
Jacques Ier, 16.
Kellner (O.), 349.
Kreuzhage (C.), 349.
Lafosse, 176.
Lartet, 138.
Lavalard, 338.
Lavoisier, 186.
Liebig, 151.
Lodezzano (Basilio), 165.
Low (David), 106, 109, 110.
Marey, 371.
Martin (Em.), 96.
Maury (Jules), 126.
Milne Edwards, 132.
Mehlis, 349.
Montendre (comte de), 105.
Morin (général), 310, 313, 371.
Natlusius (W. v.), 322.
Navier, 310.
Orloff Tschersmensky (comte), 43.

Pagenstecker, 145, 149.
Percivall, 132.
Place, 16.
Poncelet (général), 310, 313.
Quin, 25.
Riquet, 73, 75, 77.
Rousseau (Em.), 127, 147.
Rubner (Max.), 328.
Ruhlmann, 310, 313.
Rzewusky (comte), 39.
Schmidt et Hugel, 39, 41.
Settegast, 169.
Shaftoe (Sir Jennisson), 25.
Sirodot, 56, 62.
Stroganoff (duc de), 39.
Sully, 81.
Tchersmensky (comte Orloff), 43.
Tessier, 232.
Youatt (William), 17, 20, 21, 291.
Watt, 311.
Weber, 322.
Welcker, 322.
Wolff (Em.), 349.
Wossler, 349.

FIN DE LA TABLE DES AUTEURS CITÉS

INDEX ALPHABÉTIQUE

A

Abululu (jument arabe).... 40
Accouchement.........'... 232
Accouplement (âge de l').. 216
Administration des Haras. 280
Africain (cheval de course). 115
Africaine (race chevaline). 46
Agences de poules....... 295
Aleppo (étalon arabe)..... 40
Ali-Pacha (étalon afri-
  cain).............. 49, 51
Alimentation des mères... 227
  —   des moteurs. 348
  —   des nourrices 244
  —   des poulains 247
                253, 260
Allaitement.............. 241
Allemandes (variétés che-
  valines)............... 73
Allures (examen des)..... 194
Alsace-Lorraine (variété
  chevaline d')........... 36
Amurath (étalon arabe)... 40
Andalou (cheval)....... 33, 50
Anes (fonctions économi-
  ques)................. 4
Anes, distinction d'avec les
  chevaux.............. 125
Anes, race d'Afrique...... 130
  — d'Europe......... 136
  — du Poitou......... 140
Anglais (cheval de course). 16
Anglo-arabe............ 124
Anglo-bretons (métis)...'. 119
Anglo-danois et allemands
  (métis)............... 121
Anglo-normands (métis)... 112
Anglo-poitevins (métis)... 120
Appareillement des moteurs 374
Aptitude mécanique des
  Equidés............ 310
Aptitudes spéciales des mo-
  teurs 321

Arabe (variété chevaline).. 13
Ardennaise (variété cheva-
  line)................. 92
Ariégeoise (variété cheva-
  line)................. 31
Arqué (cheval).......... 185
Asiatique (race chevaline). 10
Asine d'Afrique (race)..... 130
Asine d'Europe (race)..... 136
  — (variétés)......... 139
Atelier de baudets du Poi-
  tou......... .. 141, 151, 221
Aude (variété chevaline de
  l')................. 33
Augerons (chevaux)...... 66
Auvergne (variété cheva-
  line de l')............. 29
Avant-bras (longueur)..... 186
Avoine pour les moteurs.. 355
Avortement.......... 228, 232

B

Babolna (haras de)....... 45
Backer................. 295
Bairactar.......... 40, 49, 51
Barbe (variété chevaline).. 53
Bardots................. 144
Barlett's-Childers......... 16
Baudet............. 140, 212
Bayadère (jument de cour-
  se)................. 115
Belge (race chevaline)..... 89
Berbère (variété chevaline) 53
Betting-Room 295
Bidets normands......... 67
Black-Horse............. 63
Blaze (étalon) 16
Bleedings-Childers........ 16
Bleimes................ 177
Bois-Roussel (cheval de
  course).............. 151
Book-Maker............ 295
Borinage (cheval du)..... 92

Borse (étalon russe d'Or-
    loff) 43
Bouchard (mulet) 147
Bouche (examen de la).... 192
Bouleté (cheval) 185
Boulets (examen des) 178
Boulonnaises (variétés che-
    valines) 64
Bourailloux (baudet) 213
Bourbouriens (chevaux)... 84
Boute-en-train........... 218
Brabant (variété chevaline
    du) 91
Brachycéphales (races che-
    valines) 9
Brasseur (cheval de) 84
Brassicourt (cheval) 185
Brelandage du baudet..... 222
Bretonnes (variétés cheva-
    lines) 58
Britannique (race cheva-
    line) 60

C

Cadenettes du baudet...... 212
Caennais (cheval) 66
Cagneux (cheval) 184
Camargue (variété cheva-
    line de la) 34
Campé (cheval).......... 185
Canons (longueur des) 185
Capelet 181
Capucine (jument de cour-
    se) 115
Carotte (valeur nutritive de
    la) 250
Carrossier (examen du)... 204
    — (du Yorkshire). 108
Castration 252
Catalogne (variété asine de
    la) 140
Cauchoise (variété cheva-
    line) 66
Chaleurs (signes des)..... 217
Cham (étalon turc)....... 39
Chanfrein (examen du).... 190
Chariot (utilité) 267
Cheval de guerre......... 197
    — entier ou hongre
        comme moteur.. 336
    — de luxe.......... 268
    — de selle.......... 197
    — carrossier 204
    — de trait léger...... 207

Cheval de gros trait 210
Childers 16
Cleveland............... 108
Clos (cheval)........... 185
Clydesdale (variété cheva-
    line) 84
Crebescie (jument arabe).. 40
Comité des courses 289
Comtoise (variété cheva-
    line) 78
Concours hippiques....... 299
Condroz (variété chevaline
    du) 91
Conduite des Équidés mo-
    teurs 370
Conformation (types de)... 171
Conquet (variété chevaline
    du) 59
Cornage................. 191
Cosaques (chevaux) 42
Corse (variété chevaline de
    la) 34
Côte ronde, plate......... 188
Cotentin (cheval du) 115
Courbe............ 181, 183
Couronné (cheval) 183
Course (variété chevaline
    de) 16
Courses plates........... 290
    — de haies 297
    — au trot.......... 298

D

Danois (cheval) 73
Darley-Arabian.......... 16
Délivrance 239
Deux-Ponts (variété cheva-
    line de) 36
Devonshire (étalon) 16
Diaphragme (obliquité du). 189
Diarrhée des poulains..... 245
Dina (jument africaine)... 52
Disqualifié (cheval)....... 290
Dombistes (chevaux)..... 78
Dongolawi (variété cheva-
    line)................. 47
Doublon (mulet)......... 150
Dressage des poulains..... 262

E

Éclipse (cheval de cour-
    se)................ 16, 115
Égyptienne (variété asine). 134

Elkanda (jument arabe).. 40
Éléphant (cheval de course) 25
Élevage des poulains...... 258
Emir (étalon arabe)...... 40
Encastellés (pieds)........ 177
Enceinte du pesage....... 289
Encolure (examen de l')... 202
Engagements de course.... 290
Engraissement des jeunes chevaux............... 270
Entrées de course........ 290
Éparvin.................. 181
Étalon (régime de l')...... 222
— d'essai............ 218
Étalons approuvés........ 286
— autorisés......... 287
— départementaux ou provinciaux 284
— nationaux........ 280
— rouleurs 222
Europe (race asine d')..... 136
Exploitation des poulains de dix-huit mois........... 258
Expositions hippiques..... 299
Extérieur du cheval....... 169

F

Fairfax's-Moroco (étalon anglais)............... 16
Fatime (jument africaine). 52
Ferrure.................. 255
Fille-de-l'Air (jument de course)............... 115
Flamande (variété chevaline)................ 83
Flanc (examen du)....... 191
Flying-Childers (cheval de course) 16
Flying-Deutschmann (étalon anglais) 124
Fonctions économiques des Équidés............... 1
Force motrice des Équidés. 310
Forester (cheval de course) 25
Forfait de course...... 25, 290
Formes chevalines (examen des) 174
Formes (tumeurs osseuses). 179
Frisonne (race chevaline). 79

G

Ganaches (examen des)... 190
Gasconne (variété asine) .. 140

Générateur de force (examen du) 186
Genou creux ou effacé 185
Germanique (race chevaline)................. 69
Gestation 226
— durée........... 232
Giton (mulet)........... 150
Godolphin-Ariabian (étalon arabe)............ 17
Goumousch-Bournou (étalon oriental). 40, 49, 51
Gladiateur (étalon anglais) 18
Grignon de manade 33
Grimcrak (cheval de course)................... 23
Guenenilloux (baudet) 213
Gyran (jument arabe)..... 40

H

Hacks 104
Hainaut (variété chevaline du) 91
Hamdany (jument africaine)................. 40
Handicap 292
Hanovriens (chevaux)..... 74
Haras. 280
Hasfouaa (jument orientale)................. 40
Helmsley-Turc (étalon oriental) 16
Hesbaye (variété chevaline de la)............... 91
Hippodromes............ 289
Hippophagie............. 1
Hollandaise (variété chevaline)................ 82
Hongroises (variétés chevalines)................ 44
Hunter................. 106
Hyksos................. 47

I

Individual potenz.......... 168
Institutions hippiques..... 276
Irlandais (cheval de chasse) 105
Irlandaise (race chevaline) 55

J

Jarosse (action toxique de la)................... 250

Jarde ou jardon....... 180, 182
Jarrets (examen des) 180
Jarretier (cheval)........ 185
Jockey-club.......... 283, 289
Jockeys................. 290
Juments comme moteurs.. 399

K

Kisber (haras hongrois de)   45
Kobi (jument africaine)...   52

L

Labourage à vapeur....... 333
Landes de Bretagne (variété
    chevaline des).......... 26
Landes de Gascogne (va-
    riété chevaline des)..... 30
Larynx (examen du) 190
Lath (étalon)............. 17
Léda (jument sarde)...... 35
Léon (variété chevaline du) 58
Levretté (ventre)........ 191
Limousin (variété chevaline
    du).................. 28
Logement des jeunes che-
    vaux................. 247
Lorraine (variété chevaline
    de).................. 36
Luxembourg (variété che-
    valine du)............. 92

M

Magenta (étalon anglais).. 115
Maladies des jeunes che-
    vaux................. 271
Mambrino (cheval de cour-
    se).................. 22
Mamelles (examen des) ... 196
Mameluk (étalon orien-
    tal)................. 39
Manade................. 33
Marana (jument orientale) 140
Maremmane (variété che-
    valine)............... 78
Mazud (étalon arabe)..... 40
Mecklembourgeoise(variété
    chevaline)............. 76
Médocain (cheval)........ 30
Membres (examen des).... 174
Mères en gestation (régime
    des) 226

Merlerault (variété cheva-
    line du)............... 115
Métis (caractères distinctifs
    des) 102
Métis anglais........... 104
    — anglo-allemands et
        danois.......... 121
    — anglo-bretons 119
    — anglo-normands 112
    — anglo-poitevins et
        saintongeois...... 120
    — divers............. 122
Métisses (populations che-
    valines).............. 102
Mezoehegyes (haras hon-
    grois de)............. 45
Mollettes.............. 178
Monte (pratique de la) 214
    — en liberté.......... 215
    — en main........... 216
    — (saison de la) 214
Morvan (variété chevaline
    du).................. 35
Moteurs (alimentation des) 348
    — (conduite des).... 370
Moustaché (baudet)....... 212
Mulassière (variété cheva-
    line) 87
Mulets (caractéristique des) 144
    — (fonctions économi-
        ques des) 4
    — (d'âge) 150
    — de bât............. 149
    — (variétés de)....... 148
    — de trait 149
Mululu (jument africaine). 52

N

Namur (variété chevaline
    de) 91
Naseaux (examen des) 190
Navarrine (variété chevali-
    ne) 31
Nedjid (jument africaine). 52
Néva (jument africaine)... 51
Noir (cheval)............. 63
Norfolk (variété chevaline
    du).................. 63
Normande (variété cheva-
    line)................. 77
Nourrice (régimes de la).. 226
Nouveau-né (premiers
    soins au).............. 237

O

Onagres 132
Organes sexuels (examen
  des) 195
Orloff (variété chevaline des
  trotteurs d') 43
Ouvert-du-derrière (che-
  val) 185

P

Palestro (cheval de course) 115
Panard (cheval) 184
Pansage des poulains...... 269
Parallélisme des leviers... 184
Paris de course 294
Parturition 232
Parure des pieds.......... 257
Pâturage (régime du)..... 226
Pedigree 168
Percheronnes (variétés che-
  valines)............... 98
Perchisés (chevaux) 100
Performances............. 169
Pferdschoner............. 371
Picarde (variété chevaline) 83
Pisseuse (jument)........ 217
Piste 289
Poitevine (variété cheva-
  line).................. 87
Poitevine (variété asine)... 140
Poitrine (examen de la)... 187
Poneys (variété des) 57
Portée bisannuelle........ 243
Pousse (caractère de la)... 195
Présentations anormales .. 236
Primes d'encouragement.. 287
Prix de courses.......... 291
Production asine et mulas-
  sière (condition économi-
  que de la)............. 4
Production chevaline (con-
  dition économique de la) 2
Production chevaline (bases
  financières de la)...... 272
Pur sang (cheval dit) 16
—   français........ 124

R

Ramdy (jument africaine). 49
Rations de travail (calcul
  des) 358

Rations de travail (compo-
  sition des) 363
Relation nutritive des Equi-
  dés moteurs........... 349
Remontes militaires 302
Rendements comparatifs
  des moteurs........... 332
Reproduction (méthodes de) 153
—   des races lé-
      gères 161
—   des races lour-
      des 161
—   des métis.... 165
Respiration (examen de la) 194
Roadster................. 104
Robe (examen de la)...... 196
Russes (trotteurs)........ 43
Rut (signes du).......... 217

S

Saady (jument orientale) . 40
Sabots (examen des) 176
Saillies (nombre des) 219
Saison de la monte 214
Saklavi-Djedran (race) 40
Salon des courses........ 295
Sampson (étalon de course) 16
Sang (définition du)....... 153
Sanglée (poitrine) 188
Sans-Pareil (étalon orien-
  tal).................. 52
Sardaigne (variété cheva-
  line de)............... 35
Schakhra (jument orien-
  tale).................. 40
Seimes................... 177
Sélection zootechnique des
  chevaux............... 168
Sélection zootechnique des
  ânes.................. 212
Selim (étalon oriental).... 40
Selle (examen du cheval de) 197
Séquanaise (race chevaline) 94
Sevrage des poulains 245
Shark (jument anglaise) .. 23
Shetland (variété) cheva-
  line de)............... 59
Smétanka (étalon afri-
  cain)............. 43, 49, 58
Snaps (étalon anglais).... 16
Société d'encouragement.. 288
Société hippique française. 300
Soubresaut de la pousse .. 195
Sous-lui (cheval).......... 185

Sphynx (jument africaine)   51
Steeple-chase   297
Suffolk (variété chevaline
    de)   63
Supercheries des maqui-
    gnons.................   194
Suros.................   179
Surprise (jument de cour-
    se)   115
Système nerveux (examen
    du).................   193
Sweet-Briar (étalon an-
    glais)................   22

T

Tajar (étalon oriental)....   40
Talonné (baudet)........   212
Tendon failli   179
Tirage.................   343
Trachée (examen de la)...   190
Traction à vapeur   335
Train de course..........   291
Trait (examen du cheval de)   207
Traits élastiques..........   371
Trakehnen (variété cheva-
    line de).............   37
Travail des étalons........   225
    —   des mères........   222
    —   des jeunes chevaux   262
    —   disponible........   317
    —   extérieur.........   316
    —   intérieur.........   315

Travail total..............   317
    —   (calcul du)   342
    —   (formule du)......   345
    —   (modes du).......   318
Trotteur de Norfolk.......   110
    —   d'Orloff.........   43
Tunisienne (race chevaline)   54
Turkomans (chevaux).....   47
Type spécifique (détermina-
    tion du).............   9

V

Ventre (examen du)   191
Vermouth (étalon anglais).   115
Vessigons.................   180
Virois (cheval)...........   65
Vision (examen de la)....   194
Voies respiratoires (exa-
    men des premières)....   190

Y

Yeux (examen des)   194

W

Wellesley - Arabian (éta-
    lon oriental)...........   17
White-Turk (The) (étalon
    oriental)............ 16, 20
Wurttemberg (variété che-
    valine du).............   39

FIN DE L'INDEX ALPHABÉTIQUE.

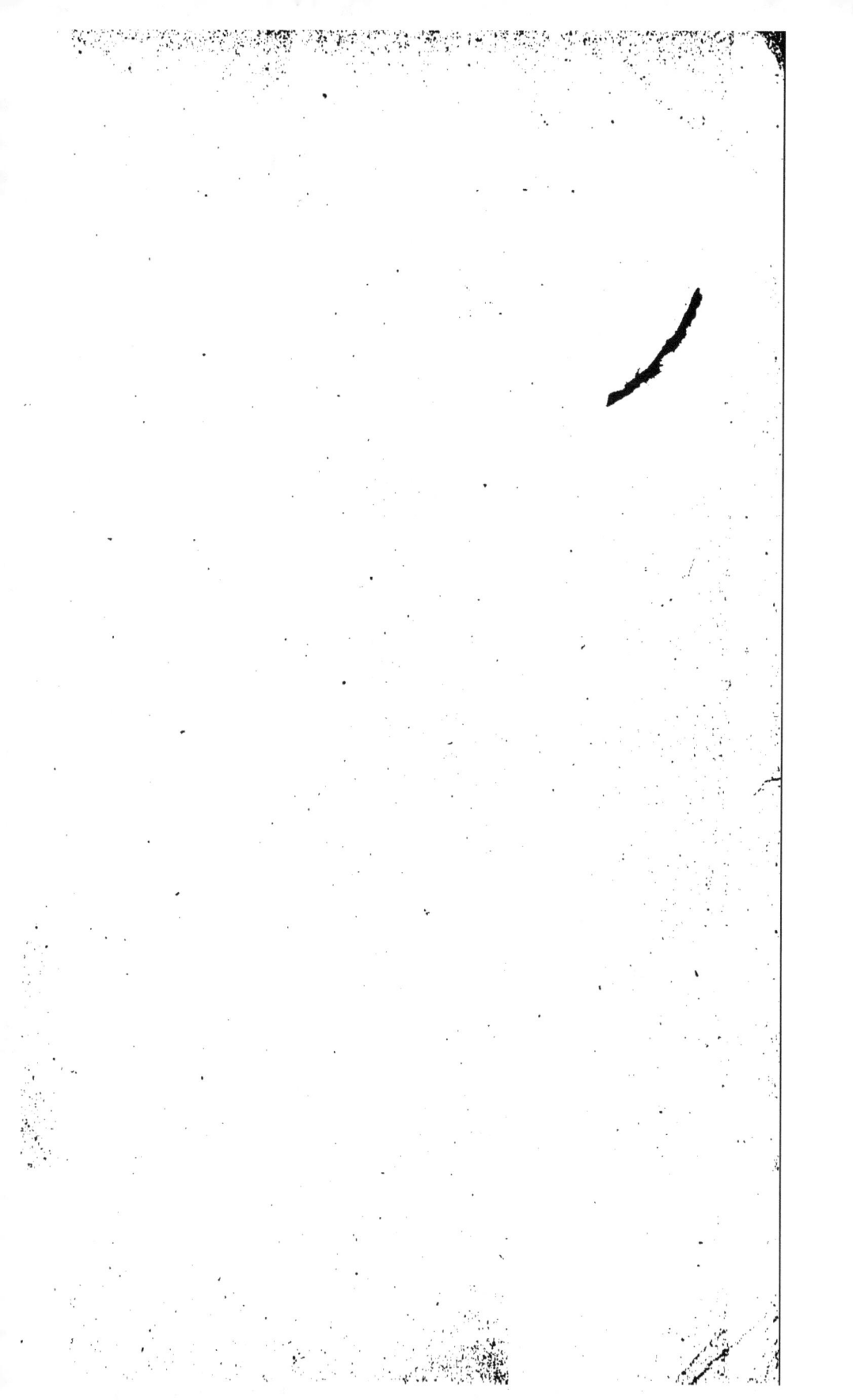

EXTRAIT DU CATALOGUE DE LA LIBRAIRIE AGRICOLE

BIBLIOTHÈQUE AGRICOLE ET HORTICOLE

42 VOLUMES, A 3 FR. 50 LE VOLUME

Agriculture de la France méridionale, par Riondet. 484 pages.
Alimentation des animaux domestiques, par Wolf. 380 pages.
Berquin agricole ou dialogues ruraux, par L. Félizet. 416 pages et 12 pl.
Bêtes à laine (Manuel de l'éleveur de), par Villeroy. 336 pages, 54 gravures.
Blé (le), sa culture, par Ed. Lecouteux. 401 pages et 60 gravures.
Chimie agricole, par Is. Pierre. 2 vol. de 780 pages.
    Tome Ier : L'atmosphère, l'eau, le sol, les plantes.
      — II : Les engrais.   } Se vendent séparément.
Cidre (Culture du pommier et fabrication du), par J. Nanot. 324 pages et 50 fig.
Connaissance pratique du Cheval, par A.-A. Vial. 372 pages et 72 fig.
Culture améliorante (Principes de la), par Ed. Lecouteux. 432 pages.
Économie rurale (Cours d'), par Ed. Lecouteux. 2 vol. de 984 pages.
    Tome Ier : La situation économique.   } Ne se vendent pas
      — II : Constitution des entreprises agricoles.   } séparément.
Économie rurale de la France, par L. de Lavergne. 490 pages.
Encyclopédie horticole, par Carrière. 550 pages.
Entretiens familiers sur l'horticulture, par Carrière. 384 pages.
Hygiène rurale (Traité d') par le Dr George, 432 pages et 12 fig.
Irrigations (Manuel des), par Muller et Villeroy. 263 pages et 123 gravures.
Leçons élémentaires d'agriculture, par Masure. 2 vol.
    Tome Ier : Les plantes, leur organisation et leur alimentation.
      — II : Vie aérienne et vie souterraine des plantes de grande culture.
Maïs (le) **et les autres fourrages verts**, culture et ensilage, par Ed.
    Lecouteux. 324 pages, 15 figures.
Maladies du cheval (Traité des), par Bénion. 310 pages et 25 gravures.
Métayage (Traité pratique du), par le comte de Tourdonnet. 372 pages.
Météorologie et physique agricoles, par Marié Davy. 400 pag., 53 grav.
Mouches et vers, par Eug. Gayot. 218 pages, 33 gravures.
Mouton (le), par Lefour. 392 pages, 76 gravures.
Ostréiculture (Traité d'), par P. Brocchi. 300 pages.
Pâturages (les), **les prairies naturelles et les herbages**, par G.
    Heuzé. 372 pages et 47 gravures.
Plantes fourragères, par G. Heuzé. 2 vol. avec gravures.
    Tome Ier : Les plantes à racines et à tubercules.   } Se vendent séparément.
      — II : Les prairies artificielles.
Plantes de terre de bruyère, par Ed. André. 388 pages, 31 gravures.
Porc (le), par Gustave Heuzé. 2e éd. 322 pages et 50 gravures.
Poulailler (le), par Ch. Jacque. 360 pages et 117 gravures.
Races canines (les), par Bénion. 260 pages et 12 gravures.
Sportsman (Guide du), par Eug. Gayot. 376 pages et 12 gravures.
Vers à soie (Conseils aux éducateurs de), par de Boullenois. 248 pages.
Vigne (Culture de la) **et vinification**, par J. Guyot. 426 pages, 30 gravures.
Vin (le), par de Vergnette-Lamotte. 402 pages, 31 grav. et 3 pl. coloriées.
Zootechnie (Traité de) par A. Sanson. 5 vol. 2016 pages et 236 gravures.
    Tome Ier. Organisation, fonctions physiologiques et hygiène des animaux
        domestiques agricoles.   } Ces
      — II. Lois naturelles et méthodes zootechniques.   } volumes
      — III. Chevaux, ânes, mulets.   } se
      — IV. Bœufs et buffles.   } vendent
      — V. Moutons, chèvres et porcs.   } séparément.

PARIS. — TYPOGRAPHIE GEORGES CHAMEROT, 19, RUE DES SAINTS-PÈRES. — 10041.